高等学校"十二五"规划教材

建筑工程管理入门与速成系列

建筑工程施工安全速成

王洪德　佟　芳　主编

哈尔滨工业大学出版社

内 容 简 介

本书根据《建设工程施工现场消防安全技术规范》(GB 50720—2011)、《建筑机械使用安全技术规程》(JGJ 33—2012)、《建筑施工起重吊装工程安全技术规范》(JGJ 276—2012)、《建筑施工扣件式钢管脚手架安全技术规范》(JGJ 130—2011)等国家现行标准编写,本书共分为10章,包括:施工安全基础知识、脚手架工程施工安全、模板工程施工安全、高处作业施工安全、施工现场用电安全、起重吊装安全、建筑机械使用安全、建筑工程冬期施工安全、施工现场消防安全以及建筑施工安全资料管理等。

本书内容通俗易懂,并结合实践操作,系统、全面地介绍了建筑工程施工安全的全过程。本书可作为从事建筑工程施工安全人员以及高等院校有关施工安全专业学生的参考书。

图书在版编目(CIP)数据

建筑工程施工安全速成/王洪德主编. —哈尔滨:哈尔滨
工业大学出版社,2013.12
 ISBN 987 – 7 – 5603 – 4405 – 8

Ⅰ.①建… Ⅱ.①王… Ⅲ.①建筑工程-工程施工-安全
管理-高等学校-教材 Ⅳ.①TU714

中国版本图书馆 CIP 数据核字(2013)第 274085 号

策划编辑　郝庆多　段余男
责任编辑　王桂芝　段余男
封面设计　刘长友
出版发行　哈尔滨工业大学出版社
社　　址　哈尔滨市南岗区复华四道街 10 号　邮编 150006
传　　真　0451 – 86414749
网　　址　http://hitpress.hit.edu.cn
印　　刷　哈尔滨市工大节能印刷厂
开　　本　787mm×1092mm　1/16　印张 14　字数 340 千字
版　　次　2013 年 12 月第 1 版　2013 年 12 月第 1 次印刷
书　　号　ISBN 987 – 7 – 5603 – 4405 – 8
定　　价　35.00 元

编 委 会

前　　言

　　建筑施工是一个极其复杂的过程,危险源众多,容易产生安全问题。因此,要确保建筑工程施工的安全,就必须建立、健全、完善的安全管理体系,加强施工过程的安全管理。除此之外,由于作业人员素质、材料的安全性等,都会对建筑工程质量和施工现场的安全带来或多或少的影响,需要建筑企业在施工中不断地积累经验,保障建筑工程施工安全。但由于现有机制不完善,法制不是很健全,致使当前的施工安全现状仍存在不少不容忽视的问题。为了使大家更好地了解施工安全的相关内容,特编写这本《建筑工程施工安全速成》。

　　本书以《建设工程施工现场消防安全技术规范》(GB 50720—2011)、《建筑机械使用安全技术规程》(JGJ 33—2012)、《建筑施工起重吊装工程安全技术规范》(JGJ 276—2012)、《建筑施工扣件式钢管脚手架安全技术规范》(JGJ 130—2011)等现行标准规范为依据,体现“规范”的思想,结合实际施工安全中运用的基本原理和方法,并结合实践操作,系统、全面地介绍建筑工程施工安全的全过程。

　　本书在编写过程中参考了有关文献,并且得到了许多专家和相关单位的关心与大力支持,在此表示衷心感谢。随着科技的发展,建筑技术也在不断进步,本书难存在现疏漏及不妥之处,恳请广大读者给予批评指正。

编　者

2013 年 6 月

目 录

1　施工安全基础知识

1.1　建筑业企业安全管理责任制度

1.1.1　勘察、设计、监理等有关单位安全责任

（1）工程勘察单位的注册资本、专业技术人员、技术装备和业绩应当符合规定，取得相应等级资质证书后，在许可范围内从事勘察活动。勘察单位应当按照法律、法规和工程建设强制性标准进行勘察，提供的勘察文件应当真实、准确，满足建设工程安全生产的需要。

勘察单位在勘察作业时，应当严格执行操作规程，采取措施保证各类管线、设施和周边建筑物、构筑物的安全。

（2）工程设计单位必须取得相应的等级资质证书。在许可范围内承揽设计业务的设计单位应当按照法律、法规和工程建设强制性标准进行设计，防止因设计不合理导致生产安全事故的发生。

设计单位应考虑施工安全操作和防护的需要，对涉及施工安全的重点部位和环节在设计文件中注明，并对防范生产安全事故提出指导意见。采用新结构、新材料、新工艺的建设工程和特殊结构的建设工程，设计单位应当在设计中提出保障施工作业人员安全和预防生产安全事故的措施建议。

（3）工程监理单位应当审查施工组织设计中的安全技术措施或专项施工方案是否符合工程建设强制性标准。

工程监理单位在实施监理过程中，发现存在安全事故隐患的，应当要求施工单位整改；情况严重的，应当要求施工单位暂时停止施工，并及时报告建设单位。施工单位拒不整改或不停止施工的，工程监理单位应当及时向有关主管部门报告。

工程监理单位和监理工程师应当按照法律、法规和工程建设强制性标准实施监理，并对建设工程安全生产承担监理责任。

（4）为建设工程提供机械设备和配件的单位，应当按照安全施工的要求配备齐全有效的保险、限位等安全设施和装置。

1）向施工单位提供安全可靠的起重机、挖掘机械、土方铲运机械、凿岩机械、基础及凿井机械、钢筋、混凝土机械、筑路机械以及其他施工机械设备。

2）应当依照国家有关法律、法规和安全技术规范进行有关机械设备和配件的生产经营活动。

3）机械设备和配件的生产制造单位应当严格按照国家标准进行生产，保证产品的质量和安全。

（5）出租的机械设备和施工机具及配件,应当具有生产(制造)许可证、产品合格证。

出租单位应当对出租的机械设备和施工机具及配件的安全性能进行检测,在签订租赁协议时,应当出具检测合格证明。禁止出租检测不合格的机械设备和施工机具及配件。

（6）在施工现场安装、拆卸施工起重机械和整体提升脚手架、模板等自升式架设设施,必须由具有相应资质的单位承担,其单位在施工中应当编制拆装方案、制定安全施工措施,并由专业技术人员现场监督。

施工起重机械和整体提升脚手架、模板等自升式架设设施安装完毕后,安装单位应当自检,出具自检合格证明,并向施工单位进行安全使用说明,办理验收手续并签字。

（7）施工起重机械和整体提升脚手架、模板等自升式架设设施的使用达到国家规定的检验检测期限的,必须经具有专业资质的检验检测机构检测。经检测不合格的不得继续使用,并应当出具安全合格证明文件,并对检测结果负责。

1.1.2　施工单位的安全责任

（1）施工单位从事建设工程的新建、扩建、改建和拆除等活动,应当具备国家规定的注册资本、专业技术人员、技术装备和安全生产等条件,并在其资质等级许可的范围内承揽工程。

（2）施工单位的项目负责人应当由取得相应执业资格的人员担任,依法对本单位的安全生产工作全面负责。施工单位应当建立健全安全生产责任制度和安全生产教育培训制度,制定安全生产规章制度和操作规程,保证本单位安全生产条件所需资金的投入,对所承担的建设工程进行定期和专项安全检查,并做好安全检查记录。

（3）施工单位对列入建设工程概算的安全作业环境及安全施工措施所需费用,必须用于施工安全防护用具及设施的采购和更新、安全施工措施的落实、安全生产条件的改善,不得挪作它用。

（4）施工单位应当设立安全生产管理机构,配备专职安全生产管理人员。

专职安全生产管理人员配备办法由国务院建设行政主管部门会同国务院其他有关部门制定,其负责对安全生产进行现场监督检查。发现安全事故隐患,应当及时向项目负责人和安全生产管理机构报告,对违章指挥、违章操作的,应当立即制止。

（5）建设工程实行施工总承包的,由总承包单位对施工现场的安全生产负总责。

总承包单位应当自行完成建设工程主体结构的施工,依法将建设工程分包给其他单位的,分包合同中应当明确规定各自的安全生产方面的权利、义务。总承包单位和分包单位对分包工程的安全生产承担连带责任。

分包单位应当服从总承包单位的安全生产管理,分包单位不服从管理导致生产安全事故的,由分包单位承担主要责任。

（6）特种作业人员包括垂直运输机械作业人员、安装拆卸工、爆破作业人员、起重信号工、登高架设作业人员等,必须按照国家有关规定经过专门的安全作业培训,并取得特种作业操作资格证书后,方可上岗作业。

（7）施工单位应当在施工组织设计中编制安全技术措施和施工现场临时用电方案,对达到一定规模的危险性较大的分部分项工程需编制专项施工方案,并附具安全验算结果,经施工单位技术负责人、总监理工程师签字后实施,由专业安全生产管理人员进行现场监督。

(8)建设工程施工前,施工单位负责项目管理的技术人员应当对有关安全施工的技术要求向施工作业班组、作业人员进行详细说明,并由双方签字确认。

(9)施工单位应当在施工现场入口处、施工起重机械、临时用电设施、脚手架、出入通道口、楼梯口、电梯井口、孔洞口、桥梁口、隧道口、基坑边沿、爆破物及有害危险气体和液体存放处等危险部位,设置明显的安全警示标志。其安全警示标志必须符合国家标准。

施工单位应当根据不同施工阶段和周围环境以及季节、气候的变化,在施工现场采取相应的安全施工措施。施工现场暂时停止施工的,施工单位应当做好现场防护,所需要的费用由责任方承担,或者按照合同约定执行。

(10)施工单位应当将施工现场的办公、生活区与作业区分开设置,并保持安全距离。施工现场临时搭建的建筑物应当符合安全使用要求。施工现场使用的装配式活动房屋应当具有产品合格证,施工单位不得在尚未竣工的建筑物内设置员工集体宿舍。

(11)施工单位应当遵守有关环境保护法律、法规的规定,在施工现场采取措施,防止或减少粉尘、废气、废水、固体废物、噪声、振动和施工照明对人和环境的危害和污染。

在城市市区内的建设工程,施工单位应当对施工现场实行封闭围挡。

(12)施工单位应当在施工现场建立消防安全责任制度,确定消防安全责任人,制定用火、用电、使用易燃易爆材料等各项消防安全管理制度和操作规程,设置消防通道、消防水源,配备消防设施和灭火器材。

(13)作业人员有权对施工现场的作业条件、作业程序和作业方式中存在的安全问题提出批评、检举和控告,有权拒绝违章指挥和强令冒险作业。

施工单位应当向作业人员提供安全防护用具和安全防护服装,并书面告知危险岗位的操作规程和违章操作的危害。

在施工中发生危及人身安全的紧急情况时,作业人员有权立即停止作业或者在采取必要的应急措施后撤离危险区域。

(14)作业人员应当遵守安全施工的强制性标准、规章制度和操作规程,正确使用机械设备、安全防护用具等。

(15)施工单位采购、租赁的安全防护用具、机械设备、施工机具以及配件,应当具有生产(制造)许可证、产品合格证,并在进入施工现场前进行查验。

施工现场的安全防护用具、机械设备、施工机具及配件必须由专人管理,定期进行检查、维修和保养,建立相应的资料档案,并按照国家相关规定及时报废。

(16)施工单位在使用施工起重机械和整体提升脚手架、模板等自升式架设设施前,应当组织有关单位进行验收,也可以委托具有相应资质的检验检测机构进行验收。使用承租的机械设备和施工机具及配件的,由施工总承包单位、分包单位、出租单位和安装单位共同进行验收,验收合格的方可使用。

(17)施工单位的主要负责人、项目负责人、专职安全生产管理人员应当经建设行政主管部门或者其他有关部门考核合格后方可任职。每年至少进行一次安全生产教育培训,其教育培训情况记入个人工作档案。安全生产教育培训考核不合格的人员,不得上岗。

(18)作业人员进入新的岗位或新的施工现场前,应当接受安全生产教育培训。未经教育培训或者教育培训考核不合格的人员,不得上岗作业。

施工单位在采用新技术、新工艺、新设备、新材料时,应当对作业人员进行相应的安全生产教育培训。

(19)施工单位应当为施工现场从事危险作业的人员办理意外伤害保险。

意外伤害保险费由施工单位支付。意外伤害保险期限自建设工程开工之日起至竣工验收合格为止。

1.2　安全员的岗位职责、素质要求和工作内容

1.2.1　安全员的岗位职责

(1)认真贯彻执行《安全生产法》《建筑法》和有关的建筑工程安全生产法令、法规,坚持"安全第一、预防为主、综合治理"的安全生产基本方针,在职权范围内对各项安全生产规章制度进行落实,以及环境和安全施工措施费用的合理使用进行组织、指导、督促、监督和检查。

(2)参与制定施工项目的安全管理目标,认真进行日常安全管理,掌握安全动态,并做好记录,健全各种安全管理台账,当好项目经理安全生产方面的助手。

(3)参与施工安全技术方案的编制和审查,参与安全防护设施、施工用电、特种设备以及施工机械的验收工作。

(4)指导班组开展安全活动,提供安全技术咨询。对施工班组的安全技术交底进行检查和监督。

(5)安全员应参与对分包单位的安全技术交底,并对分包单位的安全生产情况进行监督和检查。

(6)配合有关部门做好对施工人员的各类安全教育和特殊工种培训取证工作,并做好记录。

(7)协助项目负责人组织定期及季节性安全检查。经常巡视施工现场,制止违章作业。对发现的施工现场安全隐患,及时签发整改通知单,应参与制定纠正和预防措施,并对其实施进行跟踪验证。

(8)检查劳动防护用品的质量和使用情况,会同有关部门做好防尘、防毒、防暑降温和女工保护工作,预防职业病。

(9)具体负责施工现场的文明施工管理,注重施工现场的环境保护,控制施工现场的各种粉尘、废气、废水、固体废弃物以及噪声、振动对环境的污染和危害,抓好工地、食堂、宿舍和厕所的卫生管理工作。

(10)参与安全事故的调查和处理。参与或协助组织施工现场应急预案的演练,熟悉应急救援的组织、程序、措施及协调工作。

(11)有权制止违章作业,有权抵制并向有关部门举报违章指挥行为。

（12）负责事故的组织,组织、指导施工现场的安全救护,参与一般事故的调查、分析,提出处理意见,协助处理重大工伤事故、机械事故。

1.2.2　安全员的素质要求

安全是施工生产的基础,是企业取得效益的保证。一个合格的安全员应当具备以下素质。

1.正确的政治思想方向

安全管理是一门政策性很强的管理学科,这就要求安全员应具有高度的政治责任感,认真贯彻执行国家的安全生产方针、政策、法律、法规和各项生产规章制度,始终把安全工作摆在各项工作的首位,坚决贯彻执行"安全第一、预防为主、综合治理"的方针,严格履行安全检查监督职责,维护国家和人民生命财产安全,坚决抵制任何违反安全管理的违章、违纪行为。没有坚定正确的政治思想方向,就不可能把国家和人民的生命财产看得重于一切,也不会有与违法、违章、违纪行为作斗争的决心和勇气。因此要具有高尚的职业道德。职业道德是人们从事社会职业、履行职责时思想和行为应遵守的道德规范。

2.良好的业务素质

安全管理又是一门技术性很强的管理学科,过硬的业务能力是安全员应具有的必备素质。安全员必须不断地学习,丰富自身的安全知识,提高安全技能,增强安全意识。一个合格的安全员应具备如下知识:

（1）国家有关安全生产的法律、法规、政策及有关安全生产的规章、规程、规范和标准知识。

（2）安全生产管理知识、安全生产技术知识、劳动卫生知识和安全文化知识,以及本企业生产或施工专业知识。

（3）劳动保护与工伤保险的法律、法规知识。掌握伤亡事故和职业病统计、报告及调查处理方法。更进一步,还要学习事故现场勘验技术,应急处理、应急救援预案编制方法。

（4）先进的安全生产管理经验、心理学、人际关系学、行为科学等知识。

（5）良好的业务素质还要求安全员必须有一定的文字写作能力,企业安全管理离不开文字材料的编写,现代安全管理还离不开计算机应用能力。

3.健康的身体素质

安全工作是一项既要腿勤又要脑勤的管理工作。无论晴空万里,还是风雨交加;无论是寒风凛冽,还是烈日炎炎;无论是正常上班,还是放假休息。只要有人上班,安全员就得工作,检查事故隐患,处理违章现象。显然,没有良好的身体素质就无法干好安全工作。

4.良好的心理素质

良好的心理素质包括:意志、气质、性格三个方面。

安全员在管理中时常会遇到很多困难,比如说,对职工安全违纪苦口婆心的教导,职工却毫不理解;发现隐患几经"开导"仍不进行处理;事故调查"你遮我掩"。面对众多的困难和挫折不畏难,不退缩,不赌气撂挑子,这需要坚强的意志,安全员必须在工作中不断地进行磨炼。

安全员必须具有豁达的性格,工作中做到巧而不滑、智而不奸、踏实肯干、勤劳愿干。安全工作是原则性很强的工作,是管人的工作,总有那么一些人会不服管,不理解安全工作,会发生各种各样的矛盾冲突、争执,甚至受到辱骂、指责、诬告、陷害等不公平事件。因此安全员应当具有"大肚能容天下事"的性格,时刻激励自己保持高昂的工作热情。

5. 正确应对"突发事件"的素质

建筑施工安全生产形势千变万化,即使安全管理再严格,手段再到位,网络再健全,都有不可预测的风险。作为基层安全员,必须树立"反应敏捷"的意识。不论在何时、何地,遇到何人,事故发生后都应迅速反应,及时处理,把各种损失降到最低限度。目前,因事故处理不及时、不果断而造成人员伤亡、设备损坏,或是扩大事故后果的教训时有发生。因此,安全员必须具备突发事件发生时临危不乱的应急处理素质。

1.2.3　安全员的工作内容

1. 增强事业心,做到尽职尽责

安全员的职责是保护职工的生命安全和生产积极性,安全检查人员要做到尽职尽责,经常深入工地发现问题、解决问题。

2. 努力钻研业务技术,做到精通本行专业

安全检查员要适应生产的发展需要,抓住建筑施工的特点,掌握其基本知识,精通本行专业,才能真正起到检查督促的作用。为此,首先要熟悉国家的有关安全规程、法规和管理制度;也要熟悉施工工艺和操作方法;要具有本专业的统计、计划报表的编制和分析整理能力;要具有管理基层安全工作的能力和经验;要具有根据过去经验或教训以及现存的主要问题,总结一般事故规律的能力等,这些是做好安全工作的基础。

3. 加强预见性,将事故消灭在发生之前

"安全第一,预防为主"的方针,是搞好安全工作的准则,也是搞好安全检查的关键。国家颁发的劳动安全法则,上级制定的安全规程、制度和办法,都是为了贯彻预防为主的方针,只要认真贯彻,就会收到好的效果。

(1)要有正确的学习态度。就是要从思想上认识到,学习是搞好工作的保证。从学习方法上,要理论联系实际,善于总结经验教训。从学科上讲,不仅要学习土建施工安全技术,还要学习电气、起重、压力容器、机械等的安全技术,不断提高技术素质。

(2)要有积极的思想。要发挥主观能动作用,在施工前有预见性地提出问题、办法,订出措施,做好施工前的准备。

(3)要有踏实的作风。就是要深入现场掌握情况,准确地发现问题,做到心中有数。

(4)要有正确的方法。就是既要能提出问题,又要善于依靠群众和领导,帮助施工人员解决问题。要求安全检查人员,既要熟悉安全生产方针政策、法令、安全的基本知识和管理的各项制度,又要熟悉生产流程,操作方法。要掌握分管专业安全方面的原始记录、报表和必要的历史资料,才能做好分析整理工作。

4. 做到依靠领导

一个安全员要做好安全工作,必须依靠领导的支持和帮助,要经常向领导请示、汇报安全生产情况,真正当好领导的参谋,成为领导在安全生产上的得力助手。安全工作中如遇到不能处理和解决的问题,对安全工作影响极大,要及时汇报,依靠领导出面解决;安全员组织广大职工群众参观学习安全生产方面的展览、活动等,都必须取得领导的支持。

5. 做到走群众路线

"安全生产、人人有责",劳动保护工作是广大职工的事业,只有动员群众,依靠群众走群众路线,才能管好。要使广大群众充分认识到安全生产的政治意义与经济意义,以及与个人切身利益的关系,启发群众自觉贯彻执行安全生产规章制度。除向职工进行宣传教育外,还要发动群众参加安全管理,定期开展安全检查和无事故竞赛,推动安全生产工作的开展。

6. 做到认真调查、分析事故

工人职工伤亡事故的调查、登记、统计和报告,是研究生产中工伤事故的原因、规律和制定对策的依据。因此,对发生任何大小事故以及未遂事故,都应认真调查、分析原因、吸取教训,从而找出事故规律,订出防护措施。安全员应掌握事故发生前后的每一细微情况,以及事故的全过程,全面研究、综合分析论证,才能找出事故真正原因,从中吸取教训。

1.3　施工现场管理与文明施工

1.3.1　施工现场安全色标管理

1. 安全色

安全色是表达信息含义的颜色,用来表示禁止、警告、指令、指示等,其作用在于使人们能迅速发现或分辨职业健康安全标志,提醒人们注意,预防事故发生。

红色表示禁止、停止、消防和危险的意思;蓝色表示指令,必须遵守的规定;黄色表示通行、安全和提供信息的意思。

2. 职业健康安全标志

职业健康安全标志是指在操作人员容易产生错误,有造成事故危险的场所,为了确保职业健康安全所采取的一种标示。此标示由安全色、几何图形符号构成,是用以表达特定职业健康安全信息的特殊标示,设置职业健康安全标志的目的,是为了引起人们对不安全因素的注意,预防事故发生。

(1)禁止标志,是不准或制止人们的某种行为。

(2)警告标志,是使人们注意可能发生的危险。

(3)指令标志,是告诉人们必须遵守的意思。

(4)提示标志,是向人们提示目标的方向,用于消防提示。

3. 项目现场安全色标数量及位置

项目现场安全色标数量及位置见表1.1。

表 1.1　项目现场安全色标分布表

类别		数量/个	位　　置
禁止类 (红色)	禁止吸烟	8	材料库房、成品库、油料堆放处、易燃易爆场所、材料场地、木工棚、施工现场、打字复印室
	禁止通行	7	外架拆除、坑、沟、洞、槽、吊钩下方,危险部位
	禁止攀登	6	外用电梯出口、通道口、马道出入口
	禁止跨越	6	首层外架四面、栏杆、未验收的外架
指令类 (蓝色)	必须戴安全帽	7	外用电梯出入口、现场大门口、吊钩下方、危险部位、马道出入口、通道口、上下交叉作业
	必须系安全带	5	现场大门口、马道出入口、外用电梯出入口、高处作业场所、特种作业场所
	必须穿防护服	5	通道口、马道出入口、外用电梯出入口、电焊作业场所、油漆防水施工场所
	必须戴防护眼镜	12	通道口、马道出入口、外用电梯出入口、通道出入口、马道出入口、车工操作间、焊工操作场所、抹灰操作场所、机械喷漆场所、修理间、电镀车间、钢筋加工场所
警告类 (黄色)	当心弧光	1	焊工操作场所
	当心塌方	2	坑下作业场所、土方开挖
	机械伤人	6	机械操作场所,电锯、电钻、电刨、钢筋加工现场,机械修理场所
	安全状态通行	5	安全通道、行人车辆通道、外架施工层防护、人行通道、防护棚

1.3.2　施工现场环境与卫生管理

1.一般规定

(1)施工现场的施工区域应与办公、生活区划分清晰,并应采取相应的隔离措施。

(2)施工现场必须采用封闭围挡,高度不得小于 1.8 m。

(3)施工现场出入口应标有企业名称或企业标识。施工现场主要进口处应有整齐明显的"五牌一图"。五牌:工程概况牌、管理人员名单及监督电话牌、消防保卫牌、安全生产牌、文明施工牌;一图:施工现场总平面图。

(4)施工现场临时用房应选址合理,并应符合安全、消防要求和国家有关规定。

(5)在工程的施工组织设计中应有针对防治大气、水土、噪声污染和改善环境卫生的有效措施。

(6)施工企业应采取有效的职业病防护措施,为作业人员提供必备的防护用品,并应定期进行体检和培训。

(7)施工企业应结合季节特点,做好作业人员的饮食卫生和防暑降温、防寒保暖、防煤气中毒、防疫等工作。

(8)施工现场必须建立环境保护、环境卫生管理和检查制度,并做好检查记录。

(9)对施工现场作业人员的教育培训、考核应包括环境保护、环境卫生等有关法律、法规的内容。

(10)施工企业应根据有关法律、法规的规定,制定施工现场的公共卫生突发事件应急预案。

2.环境保护

(1)防治大气污染。

1)施工现场的主要道路必须进行硬化处理,土方应集中堆放。裸露的场地和集中堆放的土方应采取覆盖、固化或绿化等措施。

2)拆除建筑物、构筑物时,应采用洒水、隔离等措施,并应在规定期限内将废弃物清理完毕。

3)施工现场土方作业应采取防止扬尘措施。

4)从事土方、渣土和施工垃圾运输应采用密闭式运输车辆或采取覆盖措施;施工现场出入口处应采取保证车辆清洁的措施。

5)施工现场的材料和大模板等存放场地必须平整坚实。水泥和其他易飞扬的细颗粒建筑材料应密闭存放或采取覆盖等措施。施工道路由调度经理安排每日定时洒水,避免或减少施工现场扬尘。

6)施工现场混凝土搅拌场所应采取封闭、降尘措施。

7)建筑物内施工垃圾的清运,必须采用相应容器或管道运输,严禁凌空抛掷。

8)施工现场应设置密闭式垃圾站,施工垃圾、生活垃圾应分类存放,并应及时清运出场。

9)城区、旅游景点、疗养区、重点文物保护地及人口密集区的施工现场应使用环保能源。

10)施工现场的机械设备、车辆的尾气排放应符合国家环保排放标准的要求。

11)除设有符合规定的装置外,禁止在施工现场焚烧各类废弃物。

(2)防治水土污染。

1)施工现场应设置排水沟及沉淀池,施工污水经沉淀后方可排入市政污水管网或河流。

2)施工现场存放的油料和化学溶剂等物品应设有专门的库房,地面应做防渗漏处理。废弃的油料和化学溶剂应集中处理,不得随意倾倒。

3)食堂应设置隔油池,并应及时清理。

4)厕所的化粪池应做抗渗处理。

5)食堂、淋浴间的下水管线应设置过滤网,并应与市政污水管线连接,保证排水通畅。

(3)防治施工噪声污染。

1)施工现场应按照现行国家标准《建筑施工场界环境噪声排放标准》(GB 12523—2011)制定降噪措施,并可由施工企业自行对施工现场的噪声值进行监测和记录。

2)施工现场的强噪声设备宜设置在远离居民区的一侧,并应采取降低噪声措施。

3)对因生产工艺要求或其他特殊需要,确需在夜间进行超过噪声标准施工的,施工前建设单位应向有关部门提出申请,经批准后方可进行夜间施工。

4)运输材料的车辆进入施工现场,禁止鸣笛,装卸材料应做到轻拿轻放。

5)施工人员配备必要的如耳塞、面罩等防护用品,也可轮岗,减少接触超标噪声的时间。

4. 环境卫生

(1)临时设施

1)施工现场应设置办公室、宿舍、食堂、厕所、淋浴间、开水房、文体活动室、密闭式垃圾站(或容器)及盥洗设施等临时设施。临时设施所用建筑材料应符合环保、消防要求。

2)办公区和生活区应设密闭式垃圾容器。

3)办公室内要布局合理,文件资料归类存放,并应保持室内清洁卫生。

4)施工现场应配备常用药及绷带、止血带、颈托、担架等急救器材。

5)宿舍内应保证有必要的生活空间,室内净高不得小于2.4 m,通道宽度不得小于0.9 m,每间宿舍居住人员不得超过16人。

6)施工现场宿舍必须设置可开启式窗户,宿舍内的床铺不得超过2层,不得使用通铺。

7)宿舍内应设置生活用品专柜,有条件的宿舍宜设置生活用品储藏室。

8)宿舍内应设置垃圾桶,宿舍外宜设置鞋柜或鞋架,生活区内应提供为作业人员晾晒衣物的场地。

9)食堂应设置在远离厕所、垃圾站、有毒有害场所等污染源的地方。

10)食堂应设置独立的制作间、储藏间,门扇下方应设不低于0.2 m的防鼠挡板。粮食存放台距墙和地面应大于0.2 m。

11)食堂应配备必要的排风设施和冷藏设施。

12)食堂的燃气罐应单独设置存放间,存放间应通风良好并严禁存放其他物品。

13)食堂制作间的炊具宜存放在封闭的橱柜内,食品应有遮盖,遮盖物品应有正反面标识。各种佐料和副食应存放在密闭器皿内,并应有标识。食堂外应设置密闭式泔桶,并应及时清运。

14)施工现场应设置水冲式或移动式厕所,门窗应齐全。蹲位之间宜设置隔板,隔板高度不宜低于0.9 m。

15)厕所大小应根据作业人员的数量设置。高层建筑施工超过8层后,每隔四层宜设置临时厕所。厕所应设专人负责清扫、消毒,化粪池应及时清掏。

16)淋浴间内应设置满足需要的淋浴喷头,可设置储衣柜或挂衣架。

17)盥洗设施应设置满足作业人员使用的盥洗池,并应使用节水龙头。

18)生活区应设置开水炉、电热水器或饮用水保温桶;施工区应配备流动保温水桶。

(2)卫生与防疫。

1)施工现场应设专职或兼职保洁员,负责卫生保洁和清扫。

2)办公区和生活区应采取灭鼠、蚊、蝇、蟑螂等措施,并应定期喷洒和投放药物。

3)食堂必须有卫生许可证,炊事人员必须有身体健康证方可上岗。

4)炊事人员上岗应穿戴洁净的工作服、工作帽和口罩,并应保持个人卫生。不得穿工作服出食堂,非炊事人员不得随意进入制作间。

5)食堂的炊具、餐具和公用饮水器具必须清洗消毒。

6)施工现场应加强食品、原料的进货管理,食堂严禁出售变质食品。

7)施工现场作业人员发生法定传染病、食物中毒或急性职业中毒时,必须在2小时内向施工现场所在地建设行政主管部门和有关部门报告,并应积极配合调查处理。

1.3.3   文明施工的基本要求

(1)工地主要人口要设置简朴规整的大门,门旁必须设立明显的标牌,标明工程名称、施工单位和工程负责人姓名等内容。

(2)施工现场建立文明施工责任制,划分区域,明确管理负责人,实行挂牌制。

(3)施工现场场地平整,道路坚实畅通,有排水措施,地下管道施工完后要及时回填平整,清除积土。

(4)现场施工临时水电要有专人管理,不得有长流水、长明灯。

(5)施工现场的临时设施,要严格按施工组织设计确定的施工平面图布置、搭设或埋设整齐。

(6)工人操作地点和周围必须清洁整齐,做到活完脚下清、工完场地清,丢洒在楼梯、楼板上的砂浆混凝土要及时清除,落地灰要回收过筛后使用。

(7)砂浆、混凝土在搅拌、运输、使用过程中要做到不洒、不漏、不剩,砂浆、混凝土必须有容器或垫板,如有洒、漏要及时清理。

(8)要有严格的成品保护措施,严禁损坏污染成品,堵塞管道。严禁在建筑物内大小便。

(9)建筑物内清除的垃圾渣土,要通过临时搭设的竖井、利用电梯井或采取其他措施稳妥下卸,严禁从门窗口向外抛掷。

(10)施工现场不准乱堆垃圾。应在适当地点设置临时堆放点,并定期外运。清运渣土垃圾及流体物品,要采取遮盖防漏措施,运送途中不得遗撒。

(11)根据工程性质和所在地区的不同情况,采取必要的围护和遮挡措施,并保持外观整洁。

(12)根据施工现场情况设置宣传标语和黑板报,并适时更换内容,切实起到表扬先进、促进后进的作用。

(13)施工现场严禁居住家属,严禁居民、家属、小孩在施工现场穿行、玩耍。

(14)现场使用的机械设备,要按平面布置规划固定点存放,遵守机械安全规程,经常保持机身及周围环境的清洁,机械的标记、编号明显,安全装置可靠。

(15)清洗机械排出的污水要有排放措施,不得随地流淌。

(16)作业的搅拌机、砂浆机旁必须设有沉淀池,不得将水直接排放下水道及河流等处。

(17)塔吊轨道按规定铺设整齐稳固,塔边要封闭,道渣不外溢,路基内外排水畅通。

(18)施工现场应建立不扰民措施,针对施工特点设置防尘和防噪声设施,夜间施工必须有当地主管部门的批准。

2 脚手架工程施工安全

2.1 扣件式钢管脚手架

2.1.1 施工准备

(1)脚手架搭设前,应按专项施工方案向施工人员进行交底。

(2)应按《建筑施工扣件式钢管脚手架安全技术规范》(JGJ 130—2011)的规定和脚手架专项施工方案要求对钢管、扣件、脚手板、可调托撑等进行检查验收,不合格产品不得使用。

(3)经检验合格的构配件应按品种、规格分类,堆放整齐、平稳,堆放场地不得有积水。

(4)应清除搭设场地杂物,平整搭设场地,并应使排水畅通。

2.1.2 地基与基础

(1)脚手架地基与基础的施工,应根据脚手架所受荷载、搭设高度、搭设场地土质情况与现行国家标准《建筑地基基础工程施工质量验收规范》(GB 50202—2002)的有关规定进行。

(2)压实填土地基应符合现行国家标准《建筑地基基础设计规范》(GB 50007—2011)的相关规定;灰土地基应符合现行国家标准《建筑地基基础工程施工质量验收规范》(GB 50202—2002)的相关规定。

(3)立杆垫板或底座底面标高应高于自然地坪 50~100 mm。

(4)脚手架基础经验收合格后,应按施工组织设计或专项方案的要求放线定位。

2.1.3 搭设

(1)单、双排脚手架必须配合施工进度搭设,一次搭设高度不应超过相邻连墙件以上两步;如果超过相邻连墙件以上两步,无法设置连墙件时,应采取撑拉固定等措施与建筑结构拉结。

(2)每搭完一步脚手架后,应按《建筑施工扣件式钢管脚手架安全技术规范》(JGJ 130—2011)的规定校正步距、纵距、横距及立杆的垂直度。

(3)底座安放应符合下列规定:

1)底座、垫板均应准确地放在定位线上。

2)垫板应采用长度不少于2跨、厚度不小于50 mm、宽度不小于200 mm的木垫板。

(4)立杆搭设应符合下列规定:

1)相邻立杆的对接连接应符合《建筑施工扣件式钢管脚手架安全技术规范》(JGJ 130—2011)第6.3.6条的规定。

2)脚手架开始搭设立杆时,应每隔6跨设置一根抛撑,直至连墙件安装稳定后,方可根据情况拆除。

3)当架体搭设至有连墙件的主节点时,在搭设完该处的立杆、纵向水平杆、横向水平杆后,应立即设置连墙件。

(5)脚手架纵向水平杆的搭设应符合下列规定:

1)脚手架纵向水平杆应随立杆按步搭设,并应采用直角扣件与立杆固定。

2)纵向水平杆的搭设应符合《建筑施工扣件式钢管脚手架安全技术规范》(JGJ 130—2011)第6.2.1条的规定。

3)在封闭型脚手架的同一步中,纵向水平杆应四周交圈设置,并应用直角扣件与内外角部立杆固定。

(6)脚手架横向水平杆搭设应符合下列规定:

1)搭设横向水平杆应符合《建筑施工扣件式钢管脚手架安全技术规范》(JGJ 130—2011)第6.2.2条的规定。

2)双排脚手架的横向水平杆的靠墙一端至墙装饰面的距离不应大于100 mm。

3)单排脚手架的横向水平杆不应设置在下列部位:

①设计上不允许留脚手眼的部位。

②过梁上与过梁两端成60°角的三角形范围内及过梁净跨度1/2的高度范围内。

③宽度小于1 m的窗间墙。

④梁或梁垫下及其两侧各500 mm的范围内

⑤砖砌体的门窗洞口两侧200 mm和转角处450 mm的范围内,其他砌体的门窗洞口两侧300 mm和转角处600 mm的范围内。

⑥墙体厚度小于或等于180 mm。

⑦独立或附墙砖柱,空斗砖墙、加气块墙等轻质墙体。

⑧砌筑砂浆强度等级小于或等于M2.5的砖墙。

(7)脚手架纵向、横向扫地杆搭设应符合《建筑施工扣件式钢管脚手架安全技术规范》(JGJ 130—2011)第6.3.2条、第6.3.3条的规定。

(8)脚手架连墙件安装应符合下列规定:

1)连墙件的安装应随脚手架搭设同步进行,不得滞后安装。

2)当单、双排脚手架施工操作层高出相邻连墙件以上两步时,应采取确保脚手架稳定的临时拉结措施,直到上一层连墙件安装完毕后再根据情况拆除。

(9)脚手架剪刀撑与双排脚手架横向斜撑应随立杆、纵向和横向水平杆等同步搭设,不得滞后安装。

(10)脚手架门洞搭设应符合《建筑施工扣件式钢管脚手架安全技术规范》(JGJ 130—2011)第6.5节的规定。

(11)扣件安装应符合下列规定:

1)扣件规格应与钢管外径相同。

2）螺栓拧紧扭力矩不应小于40 N·m,且不应大于65 N·m。

3）在主节点处固定横向水平杆、纵向水平杆、剪刀撑、横向斜撑等用的直角扣件、旋转扣件的中心点的相互距离不应大于150 mm。

4）对接扣件开口应朝上或朝内。

5）各杆件端头伸出扣件盖板边缘的长度不应小于100 mm。

（12）作业层、斜道的栏杆和挡脚板的搭设应符合下列规定（图2.1）：

1）栏杆和挡脚板均应搭设在外立杆的内侧。

2）上栏杆上皮高度应为1.2 m。

3）挡脚板高度不应小于180 mm。

4）中栏杆应居中设置。

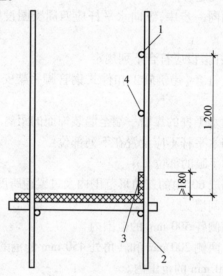

图2.1 栏杆与挡脚板构造
1—上栏杆；2—外立杆；3—挡脚板；4—中栏杆

（13）脚手板的铺设应符合下列规定：

1）脚手板应铺满、铺稳,离墙面的距离不应大于150 mm。

2）采用对接或搭接时均应符合《建筑施工扣件式钢管脚手架安全技术规范》(JGJ 130—2011)第6.2.4条的规定；脚手板探头应用直径3.2 mm的镀锌钢丝固定在支撑杆件上。

3）在拐角、斜道平台口处的脚手板,应用镀锌钢丝固定在横向水平杆上,防止滑动。

2.1.4 拆除

（1）脚手架拆除应按专项方案施工,拆除前应做好下列准备工作：

1）应全面检查脚手架的扣件连接、连墙件、支撑体系等是否符合构造要求。

2）应根据检查结果补充完善脚手架专项方案中的拆除顺序和措施,经审批后方可实施。

3）拆除前应对施工人员进行交底。

　　4)应清除脚手架上杂物及地面障碍物。

　　(2)单、双排脚手架拆除作业必须由上而下逐层进行,严禁上下同时作业;连墙件必须随脚手架逐层拆除,严禁先将连墙件整层或数层拆除后再拆脚手架;分段拆除高差大于两步时,应增设连墙件加固。

　　(3)当脚手架拆至下部最后一根长立杆的高度(约6.5 m)时,应先在适当位置搭设临时抛撑加固后,再拆除连墙件。当单、双排脚手架采取分段、分立面拆除时,对不拆除的脚手架两端,应先按《建筑施工扣件式钢管脚手架安全技术规范》(JGJ 130—2011)第6.4.4条、第6.6.4条、第6.6.5条的有关规定设置连墙件和横向斜撑加固。

　　(4)架体拆除作业应设专人指挥,当有多人同时操作时,应明确分工、统一行动,且应具有足够的操作面。

　　(5)卸料时各构配件严禁抛掷至地面。

　　(6)运至地面的构配件应按《建筑施工扣件式钢管脚手架安全技术规范》(JGJ 130—2011)的规定及时检查、整修与保养,并应按品种、规格分别存放。

2.1.5　安全管理

　　(1)扣件式钢管脚手架安装与拆除人员必须是经考核合格的专业架子工。架子工应持证上岗。

　　(2)搭拆脚手架人员必须戴安全帽、系安全带、穿防滑鞋。

　　(3)脚手架的构配件质量与搭设质量,应按《建筑施工扣件式钢管脚手架安全技术规范》(GJ 130—2011)第8章的规定进行检查验收,并应确认合格后使用。

　　(4)钢管上严禁打孔。

　　(5)作业层上的施工荷载应符合设计要求,不得超载。不得将模板支架、缆风绳、泵送混凝土和砂浆的输送管等固定在架体上;严禁悬挂起重设备,严禁拆除或移动架体上安全防护设施。

　　(6)满堂支撑架在使用过程中,应设有专人监护施工,当出现异常情况时,应立即停止施工,并应迅速撤离作业面上人员。应在采取确保安全的措施后,查明原因、做出判断和处理。

　　(7)满堂支撑架顶部的实际荷载不得超过设计规定。

　　(8)当有六级强风及以上风、浓雾、雨或雪天气时应停止脚手架搭设与拆除作业。雨、雪后上架作业应有防滑措施,并应扫除积雪。

　　(9)夜间不宜进行脚手架搭设与拆除作业。

　　(10)脚手架的安全检查与维护,应按《建筑施工扣件式钢管脚手架安全技术规范》(JGJ 130—2011)第8.2节的规定进行。

　　(11)脚手板应铺设牢靠、严实,并应用安全网双层兜底。施工层以下每隔10 m应用安全网封闭。

　　(12)单、双排脚手架、悬挑式脚手架沿架体外围应用密目式安全网全封闭,密目式安全网宜设置在脚手架外立杆的内侧,并应与架体绑扎牢固。

　　(13)在脚手架使用期间,严禁拆除下列杆件:

1)主节点处的纵、横向水平杆,纵、横向扫地杆。

2)连墙件。

(14)当在脚手架使用过程中开挖脚手架基础下的设备基础或管沟时,必须对脚手架采取加固措施。

(15)满堂脚手架与满堂支撑架在安装过程中,应采取防倾覆的临时固定措施。

(16)临街搭设脚手架时,外侧应有防止坠物伤人的防护措施。

(17)在脚手架上进行电、气焊作业时,应有防火措施和专人看守。

(18)工地临时用电线路的架设及脚手架接地、避雷措施等,应按现行行业标准《施工现场临时用电安全技术规范》(JGJ 46—2005)的有关规定执行。

(19)搭拆脚手架时,地面应设围栏和警戒标志,并应派专人看守,严禁非操作人员入内。

2.2　门式钢管脚手架

2.2.1　施工准备

(1)门式脚手架与模板支架搭设与拆除前,应向搭拆和使用人员进行安全技术交底。

(2)门式脚手架与模板支架搭拆施工的专项施工方案,应包括下列内容:

1)工程概况、设计依据、搭设条件、搭设方案设计。

2)搭设施工图。

①架体的平、立、剖面图。

②脚手架连墙件的布置及构造图。

③脚手架转角、通道口的构造图。

④脚手架斜梯布置及构造图。

⑤重要节点构造图。

3)基础做法及要求。

4)架体搭设及拆除的程序和方法。

5)季节性施工措施。

6)质量保证措施。

7)架体搭设、使用、拆除的安全技术措施。

8)设计计算书。

9)悬挑脚手架搭设方案设计。

10)应急预案。

(3)门架与配件、加固杆等在使用前应进行检查和验收。

(4)经检验合格的构配件及材料应按品种、规格分类堆放整齐、平稳。

(5)对搭设场地应进行清理、平整,并应做好排水。

2.2.2 地基与基础

(1)门式脚手架与模板支架的地基与基础施工,应符合《建筑施工门式钢管脚手架安全技术规范》(JGJ 128—2010)第6.8节的规定和专项施工方案的要求。

(2)在搭设前,应先在基础上弹出门架立杆位置线,垫板、底座安放位置应准确,标高应一致。

2.2.3 搭设

(1)门式脚手架与模板支架的搭设程序应符合下列规定:

1)门式脚手架的搭设应与施工进度同步,一次搭设高度不宜超过最上层连墙件两步,且自由高度不应大于4 m。

2)满堂脚手架和模板支架应采用逐列、逐排和逐层的方法搭设。

3)门架的组装应自一端向另一端延伸,应自下而上按步架设,并应逐层改变搭设方向;不应自两端相向搭设或自中间向两端搭设。

4)每搭设完两步门架后,应校验门架的水平度及立杆的垂直度。

(2)搭设门架及配件除应符合《建筑施工门式钢管脚手架安全技术规范》(JGJ 128—2010)第6章的规定外,尚应符合下列要求:

1)交叉支撑、脚手板应与门架同时安装。

2)连接门架的锁臂、挂钩必须处于锁住状态。

3)钢梯的设置应符合专项施工方案组装布置图的要求,底层钢梯底部应加设钢管并应采用扣件扣紧在门架立杆上。

4)在施工作业层外侧周边应设置180 mm高的挡脚板和两道栏杆,上道栏杆高度应为1.2 m,下道栏杆应居中设置。挡脚板和栏杆均应设置在门架立杆的内侧。

(3)加固杆的搭设除应符合《建筑施工门式钢管脚手架安全技术规范》(JGJ 128—2010)第6.3节和第6.9~6.11节的规定外,尚应符合下列要求:

1)水平加固杆、剪刀撑等加固杆件必须与门架同步搭设。

2)水平加固杆应设于门架立杆内侧,剪刀撑应设于门架立杆外侧。

(4)门式脚手架连墙件的安装必须符合下列规定:

1)连墙件的安装必须随脚手架搭设同步进行,严禁滞后安装。

2)当脚手架操作层高出相邻连墙件以上两步时,在连墙件安装完毕前必须采用确保脚手架稳定的临时拉结措施。

(5)加固杆、连墙件等杆件与门架采用扣件连接时,应符合下列规定:

1)扣件规格应与所连接钢管的外径相匹配。

2)扣件螺栓拧紧扭力矩值应为40~65 N·m。

3)杆件端头伸出扣件盖板边缘长度不应小于100 mm。

(6)悬挑脚手架的搭设应符合《建筑施工门式钢管脚手架安全技术规范》(JGJ 128—2010)第6.1~6.5节和第6.9节的要求,搭设前应检查预埋件和支撑型钢悬挑梁的混凝土强度。

(7)门式脚手架通道口的搭设应符合《建筑施工门式钢管脚手架安全技术规范》(JGJ 128—2010)第6.6节的要求,斜撑杆、托架梁及通道口两侧的门架立杆加强杆件应与门架同步搭设,严禁滞后安装。

(8)满堂脚手架与模板支架的可调底座、可调托座宜采取防止砂浆、水泥浆等污物填塞螺纹的措施。

2.2.4　拆除

(1)架体的拆除应按拆除方案施工,并应在拆除前做好下列准备工作:

1)应对将拆除的架体进行拆除前的检查。

2)根据拆除前的检查结果补充完善拆除方案。

3)清除架体上的材料、杂物及作业面的障碍物。

(2)拆除作业必须符合下列规定:

1)架体的拆除应从上而下逐层进行,严禁上下同时作业。

2)同一层的构配件和加固杆件必须按先上后下、先外后内的顺序进行拆除。

3)连墙件必须随脚手架逐层拆除,严禁先将连墙件整层或数层拆除后再拆架体。拆除作业过程中,当架体的自由高度大于两步时,必须加设临时拉结。

4)连接门架的剪刀撑等加固杆件必须在拆卸该门架时拆除。

(3)拆卸连接部件时,应先将止退装置旋转至开启位置,然后拆除,不得硬拉,严禁敲击。拆除作业中,严禁使用手锤等硬物击打、撬别。

(4)当门式脚手架需分段拆除时,架体不拆除部分的两端应按《建筑施工门式钢管脚手架安全技术规范》(JGJ 128—2010)第6.5.3条的规定采取加固措施后再拆除。

(5)门架与配件应采用机械或人工运至地面,严禁抛投。

(6)拆卸的门架与配件、加固杆等不得集中堆放在未拆架体上,并应及时检查、整修与保养,并宜按品种、规格分别存放。

2.2.5　安全管理

(1)搭拆门式脚手架或模板支架应由专业架子工担任,并应按住房和城乡建设部特种作业人员考核管理规定考核合格,持证上岗。上岗人员应定期进行体检,凡不适合登高作业者,不得上架操作。

(2)搭拆架体时,施工作业层应铺设脚手板,操作人员应站在临时设置的脚手板上进行作业,并应按规定使用安全防护用品,穿防滑鞋。

(3)门式脚手架与模板支架作业层上严禁超载。

(4)严禁将模板支架、缆风绳、混凝土泵管、卸料平台等固定在门式脚手架上。

(5)六级及以上大风天气应停止架上作业;雨、雪、雾天应停止脚手架的搭拆作业;雨、雪、霜后上架作业应采取有效的防滑措施,并应扫除积雪。

(6)门式脚手架与模板支架在使用期间,当预见可能有强风天气所产生的风压值超出设计的基本风压值时,对架体应采取临时加固措施。

(7)在门式脚手架使用期间,脚手架基础附近严禁进行挖掘作业。

(8)满堂脚手架与模板支架的交叉支撑和加固杆,在施工期间禁止拆除。

(9)门式脚手架在使用期间,不应拆除加固杆、连墙件、转角处连接杆、通道口斜撑杆等加固杆件。

(10)当施工需要,脚手架的交叉支撑可在门架一侧局部临时拆除,但在该门架单元上下应设置水平加固杆或挂扣式脚手板,在施工完成后应立即恢复安装交叉支撑。

(11)应避免装卸物料对门式脚手架或模板支架产生偏心、振动和冲击荷载。

(12)门式脚手架外侧应设置密目式安全网,网间应严密,防止坠物伤人。

(13)门式脚手架与架空输电线路的安全距离、工地临时用电线路架设及脚手架接地、防雷措施,应按现行行业标准《施工现场临时用电安全技术规范》(JGJ 46—2005)的有关规定执行。

(14)在门式脚手架或模板支架上进行电、气焊作业时,必须有防火措施和专人看护。

(15)不得攀爬门式脚手架。

(16)搭拆门式脚手架或模板支架作业时,必须设置警戒线、警戒标志,并应派专人看守,严禁非作业人员入内。

(17)对门式脚手架与模板支架应进行日常性的检查和维护,架体上的建筑垃圾或杂物应及时清理。

2.3 碗扣式钢管脚手架

2.3.1 施工组织

(1)双排脚手架及模板支撑架施工前必须编制专项施工方案,并经批准后,方可实施。

(2)双排脚手架搭设前,施工管理人员应按双排脚手架专项施工方案的要求对操作人员进行技术交底。

(3)对进入现场的脚手架构配件,使用前应对其质量进行复检。

(4)对经检验合格的构配件应按品种、规格分类放置在堆料区内或码放在专用架上,清点好数量备用。堆放场地排水应畅通,不得有积水。

(5)当连墙件采用预埋方式时,应提前与相关部门协商,按设计要求预埋。

(6)脚手架搭设场地必须平整、坚实、有排水措施。

2.3.2 地基与基础处理

(1)脚手架基础必须按专项施工方案进行施工。按基础承载力要求进行验收。

(2)当地基高低差较大时,可利用立杆0.6 m节点位差进行调整。

(3)土层地基上的立杆应采用可调底座和垫板。

(4)双排脚手架立杆基础验收合格后,应按专项施工方案的设计进行放线定位。

2.3.3　双排脚手架搭设

（1）底座和垫板应准确地放置在定位线上；垫板宜采用长度不少于立杆二跨、厚度不小于 50 mm 的木板；底座的轴心线应与地面垂直。

（2）双排脚手架搭设应按立杆、横杆、斜杆、连墙件的顺序逐层搭设，底层水平框架的纵向直线度偏差应小于 1/200 架体长度；横杆间水平度偏差应小于 1/400 架体长度。

（3）双排脚手架的搭设应分阶段进行，每段搭设后必须经检查验收合格后，方可投入使用。

（4）双排脚手架的搭设应与建筑物的施工同步上升，并应高于作业面 1.5 m。

（5）当双排脚手架高度 H 小于或等于 30 m 时，垂直度偏差应小于或等于 $H/500$；当高度 H 大于 30 m 时，垂直度偏差应小于或等于 $H/1\,000$。

（6）当双排脚手架内外侧加挑梁时，在一跨挑梁范围内不得超过一名施工人员操作，并严禁堆放物料。

（7）连墙件必须随双排脚手架升高而及时在规定的位置处设置，严禁任意拆除。

（8）作业层设置应符合下列规定：

1）脚手板必须铺满、铺实，外侧应设 180 mm 挡脚板及 1 200 mm 高两道防护栏杆。

2）防护栏杆应在立杆 0.6 m 和 1.2 m 的碗扣接头处搭设两道。

3）作业层下部的水平安全网设置应符合国家现行标准《建筑施工安全检查标准》（JGJ 59—2011）的规定。

（9）当采用钢管扣件作加固件、连墙件、斜撑时，应符合国家现行标准《建筑施工扣件式钢管脚手架安全技术规范》（JGJ 130—2010）的有关规定。

2.3.4　双排脚手架拆除

（1）双排脚手架拆除时，必须按专项施工方案，在专人统一指挥下进行。

（2）双排脚手架拆除作业前，施工管理人员应对操作人员进行安全技术交底。

（3）双排脚手架拆除时必须划出安全区，并设置警戒标志，派专人看守。

（4）拆除前应清理脚手架上的器具及多余的材料和杂物。

（5）拆除作业应从顶层开始，逐层向下进行，严禁上下层同时拆除。

（6）连墙件必须在双排脚手架拆到该层时方可拆除，严禁提前拆除。

（7）拆除的构配件应采用起重设备吊运或人工传递到地面，严禁抛掷。

（8）当双排脚手架采取分段、分立面拆除时，必须事先确定分界处的技术处理方案。

（9）拆除的构配件应分类堆放，以便于运输、维护和保管。

2.3.5　模板支撑架的搭设与拆除

（1）模板支撑架的搭设应按专项施工方案，在专人指挥下，统一进行。

（2）应按施工方案弹线定位，放置底座后应分别按先立杆后横杆再斜杆的顺序搭设。

（3）在多层楼板上连续设置模板支撑架时，应保证上下层支撑立杆在同一轴线上。

（4）模板支撑架拆除应符合现行国家标准《混凝土结构工程施工规范》（GB 50666—

2011）中混凝土强度的有关规定。

（5）架体拆除应按施工方案设计的顺序进行。

2.3.6　安全使用与管理

（1）作业层上的施工荷载应符合设计要求，不得超载，不得在脚手架上集中堆放模板、钢筋等物料。

（2）混凝土输送管、布料杆、缆风绳等不得固定在脚手架上。

（3）遇 6 级及以上大风、雨雪、大雾天气时，应停止脚手架的搭设与拆除作业。

（4）脚手架使用期间，严禁擅自拆除架体结构杆件。如需拆除必须经修改施工方案并报请原方案审批人批准，确定补救措施后方可实施。

（5）严禁在脚手架基础及邻近处进行挖掘作业。

（6）脚手架应与输电线路保持安全距离，施工现场临时用电线路架设及脚手架接地防雷措施等应按国家现行标准《施工现场临时用电安全技术规范》（JGJ 46—2005）的有关规定执行。

（7）搭设脚手架人员必须持证上岗。上岗人员应定期体检，合格者方可持证上岗。

（8）搭设脚手架人员必须戴安全帽、系安全带、穿防滑鞋。

2.4　工具式脚手架

2.4.1　附着式升降脚手架

1.安全装置

（1）附着式升降脚手架必须具有防倾覆、防坠落和同步升降控制的安全装置。

（2）防倾覆装置应符合下列规定：

1）防倾覆装置中应包括导轨和两个以上与导轨连接的可滑动的导向件。

2）在防倾覆导向件的范围内应设置防倾覆导轨，且应与竖向主框架可靠连接。

3）在升降和使用两种工况下，最上和最下两个导向件之间的最小间距不得小于2.8 mm 或架体高度的 1/4。

4）应具有防止竖向主框架倾斜的功能。

5）应采用螺栓与附墙支座连接，其装置与导轨之间的间隙应小于 5 mm。

（3）防坠落装置应符合下列规定：

1）防坠落装置应设置在竖向主框架处并附着在建筑结构上，每一升降点不得少于一个防坠落装置，防坠落装置在使用和升降工况下都必须起作用。

2）防坠落装置必须采用机械式的全自动装置，严禁使用每次升降都需重组的手动装置。

3）防坠落装置技术性能除应满足承载能力要求外，还应符合表 2.1 的规定。

表 2.1　防坠落装置技术性能

脚手架类别	制动距离/mm
整体式升降脚手架	≤80
单跨式升降脚手架	≤150

4)防坠落装置应具有防尘、防污染的措施,并应灵敏可靠和运转自如。

5)防坠落装置与升降设备必须分别独立固定在建筑结构上。

6)钢吊杆式防坠落装置,钢吊杆规格应由计算确定,且不应小于 $\phi 25$ mm。

(4)同步控制装置应符合下列规定:

1)附着式升降脚手架升降时,必须配备有限制荷载或水平高差的同步控制系统连续式水平支撑桁架,应采用限制荷载自控系统;简支静定水平支撑桁架,应采用水平高差同步自控系统;当设备受限时,可选择限制荷载自控系统。

2)限制荷载自控系统应具有下列功能:

①当某一机位的荷载超过设计值的 15% 时,应采用声光形式自动报警和显示报警机位;当超过 30% 时,应能使该升降设备自动停机。

②应具有超载、失载、报警和停机的功能;宜增设显示记忆和储存功能。

③应具有自身故障报警功能,并应能适应施工现场环境。

④性能应可靠、稳定,控制精度应在 5% 以内。

3)水平高差同步控制系统应具有下列功能:

①当水平支撑桁架两端高差达到 30 mm 时,应能自动停机。

②应具有显示各提升点的实际升高和超高的数据,并应有记忆和储存的功能。

③不得采用附加重量的措施控制同步。

2. 安装

(1)附着式升降脚手架应按专项施工方案进行安装,可采用单片式主框架的架体,如图 2.2 所示,也可采用空间桁架式主框架的架体,如图 2.3 所示。

(2)附着式升降脚手架在首层安装前应设置安装平台,安装平台应有保障施工人员安全的防护设施,安装平台的水平精度和承载能力应满足架体安装的要求。

(3)安装时应符合下列规定:

1)相邻竖向主框架的高差不应大于 20 mm。

2)竖向主框架和防倾覆导向装置的垂直偏差不应大于 0.5%,且不得大于 60 mm。

3)预留穿墙螺栓孔和预埋件应垂直于建筑结构外表面,其中心误差应小于 15 mm。

4)连接处所需要的建筑结构混凝土强度应由计算确定,但不应小于 C10。

5)升降机构连接应正确且牢固可靠。

6)安全控制系统的设置和试运行效果应符合设计要求。

7)升降动力设备工作正常。

(4)附着支撑结构的安装应符合设计规定,不得少装和使用不合格螺栓及连接件。

(5)安全保险装置要全部合格,安全防护设施应齐备,且应符合设计要求,并应设置

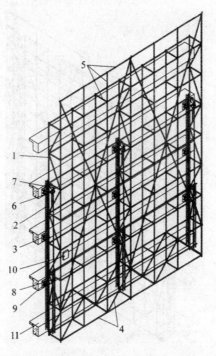

图 2.2　单片式主框架的架体示意图

1—竖向主框架(单片式);2—导轨;3—附墙支座
(含防倾覆、防坠落装置);4—水平支撑桁架;5—架
体构架;6—升降设备;7—升降上吊挂件;8—升降
下吊点(含荷载传感器);9—定位装置;10—同步控
制装置;11—工程结构

必要的消防设施。

(6)电源、电缆及控制柜等设置应符合现行行业标准《施工现场临时用电安全技术规范》(JGJ 46—2005)的有关规定。

(7)采用扣件式脚手架搭设的架体构架,其构造应符合现行行业标准《建筑施工扣件式钢管脚手架安全技术规范》(JGJ 130—2011)的要求。

(8)升降设备、同步控制系统及防坠落装置等专项设备,均应采用同一厂家的产品。

(9)升降设备、控制系统、防坠落装置等应采取防雨、防砸、防尘等措施。

3. 升降

(1)附着式升降脚手架可采用手动、电动和液压设备三种升降形式,并应符合下列规定:

1)单跨架体升降时,可采用手动、电动和液压设备三种升降形式。

2)当两跨以上的架体同时整体升降时,应采用电动或液压设备。

(2)附着式升降脚手架每次升降前,应按表2.2的规定进行检查,经检查合格后,方可进行升降。

(3)附着式升降脚手架的升降操作应符合下列规定:

1)应按升降作业程序和操作规程进行作业。

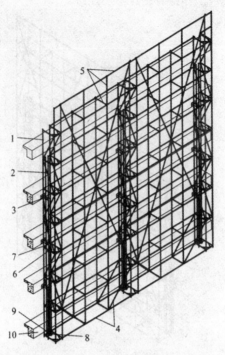

图 2.3　空间桁架式主框架的架体示意图

1—竖向主框架(空间桁架式);2—导轨;3—悬臂梁(含防倾覆装置);4—水平支撑桁架;5—架体构架;6—升降设备;7—悬吊梁;8—下提升点;9—防坠落装置;10—工程结构

2)操作人员不得停留在架体上。

3)升降过程中不得有施工荷载。

4)所有妨碍升降的障碍物应已拆除。

5)所有影响升降作业的约束应已解除。

6)各相邻提升点间的高差不得大于 30 mm,整体架最大升降差不得大于 80 mm。

表 2.2　附着式升降脚手架提升、下降作业前检查验收表

工程名称		结构形式	
建筑面积		机位布置情况	
总包单位		项目经理	
租赁单位		项目经理	
安拆单位		项目经理	

续表2.2

序号	检查项目		标　　准	检查结果
1		支撑结构与工程结构连接处混凝土强度	达到专项方案计算值,且值不小于C10	
2	保证项目	附墙支座设置情况	每个竖向主框架所覆盖的每一楼层处应设置一道附墙支座	
3			附支座上应设有完整的防坠、防倾、导向装置	
4		升降装置	单跨升降式可采用手动葫芦;整体升降式应采用电动葫芦或液压设备;应启动灵敏,运转可靠,旋转方向正确;控制柜工作正常,功能齐备	
5		防坠落装置设置情况	防坠落装置应设置在竖向主框架处并附着在建筑结构上	
6			每一升降点不得少于一个,在使用和升降工况下都能起作用	
7			防坠落装置与升降设备应分别独立固定在建筑结构上	
8			应具有防尘、防污染的措施,并应灵敏可靠和运转自如	
9			设置部位正确,灵敏可靠,不应人为失效和减少	
10			钢吊杆式防坠落装置,钢吊杆规格应由计算确定,且不应小于$\phi 25\ mm$	
11		防倾覆装置设置情况	防倾覆装置中应包括导轨和两个以上与导轨连接的可滑动的导向件	
12			在防倾覆导向件的范围内应设置防倾覆导轨,且应与竖向主框架可靠连接	
13			在升降和使用两种工况下,最上和最下两个导向件之间的最小间距不得小于2.8 m或架体高度的1/4	
14		建筑物的障碍物清理情况	无障碍物阻碍外架的正常滑升	
15		架体构架上的连墙杆	应全部拆除	
16		塔吊或施工电梯附墙装置	符合专项施工方案的规定	
17		专项施工方案	符合专项施工方案的规定	

续表 2.2

序号	检查项目		标　　准	检查结果
18	一般项目	操作人员	经过安全技术交底并持证上岗	
19		运行指挥人员、通讯设备	人员已到位,设备工作正常	
20		监督检查人员	总包单位和监理单位人员已到场	
21		电缆线路、开关箱	符合现行行业标准《施工现场临时用电安全技术规范》JGJ 46—2005 中的对线路负荷计算的要求;设置专用的开关箱	

检查结论				
检查人签字	总包单位	分包单位	租赁单位	安拆单位

符合要求,同意使用(　　　)

不符合要求,不同意使用(　　　)

总监理工程师(签字):　　　　　　　　　　　　　　　　　年　　月　　日

注:本表由施工单位填报,监理单位、施工单位、租赁单位、安拆单位各存一份。

(4)升降过程中应实行统一指挥、统一指令。升降指令应由总指挥一人下达,当有异常情况出现时,任何人均可立即发出停止指令。

(5)当采用环链葫芦作升降动力时,应严密监视其运行情况,及时排除翻链、绞链和其他影响正常运行的故障。

(6)当采用液压设备作升降动力时,应排除液压系统的泄漏、失压、颤动、油缸爬行和不同步等问题及故障,确保正常工作。

(7)架体升降到位后,应及时按使用状况要求进行附着固定。在没有完成架体固定工作前,施工人员不得擅自离岗或下班。

(8)附着式升降脚手架架体升降到位固定后,应按表 2.3 进行检查,合格后方可使用;遇 5 级及以上大风和大雨、大雪、浓雾和雷雨等恶劣天气时,不得进行升降作业。

表 2.3　附着式升降脚手架首次安装完毕及使用前检查验收表

工程名称		结构形式	
建筑面积		机位布置情况	
总包单位		项目经理	
租赁单位		项目经理	
安拆单位		项目经理	

续表2.3

序号	检查项目		标 准	检查结果
1	保证项目	竖向主框架	各杆件的轴线应汇交于节点处,并应采用螺栓或焊接连接,如不交汇于一点,应进行附加弯矩验算	
2			各节点应焊接或螺栓连接	
3			相邻竖向主框架的高差≤30 mm	
4		水平支撑桁架	桁架上、下弦应采用整根通长杆件,或设置刚性接头;腹杆上、下弦连接应采用焊接或螺栓连接	
5		水平支撑桁架	桁架各杆件的轴线应相交于节点上,并宜用节点松构造连接,节点板的厚度不得小于6 mm	
6		架体构造	空间几何不可变体系的稳定结构	
7		立杆支撑位置	架体构架的立杆底端应旋转在上弦节点各轴线的交汇处	
8		立杆间距	应符合现行行业标准《建筑施工扣件式钢管脚手架安全技术规范》JGJ 130—2011中≤1.5 m的要求	
9		纵向水平杆的步距	应符合现行行业标准《建筑施工扣件式钢管脚手架安全技术规范》JGJ 130—2011中的≤1.8 m的要求	
10		剪刀撑设置	水平夹角应满足45°～60°	
11		脚手板设置	架体底部铺设严密,与墙体无间隙,操作层脚手板应铺满、铺牢,孔洞直径小于25 mm	
12		扣件拧紧力矩	40～65 N·m	

续表 2.3

序号	检查项目		标　　准	检查结果
13		附墙支座	每个竖向主框架所覆盖的每一楼层处应设置一道附墙支座	
14			使用工况,应将竖向主框架固定于附墙支座上	
15			升降工况,附墙支座上应设有防倾、导向的结构装置	
16			附墙支座应采用锚固螺栓与建筑物连接,受拉螺栓的螺母不得少于两个或采用单螺母架弹簧垫圈	
17			附墙支座支撑在建筑物上连接处混凝土的强度应按设计要求确定,但不得小于 C10	
18	保证项目	架体构造尺寸	架高≤5 倍层高	
19			架宽≤1.2 m	
20			架体全高×支撑跨度≤110 m²	
21			支撑跨度直线型≤7 m	
22			支撑跨度折线或曲线型架体,相邻两主框架支撑点处的架体外侧距离≤5.4 m	
23			水平悬挑长度不大于 2 m,且不大于跨度的 1/2	
24			升降工况上端悬臂高度不大于 2/5 架体高度且不大于 6 m	
25			水平悬挑端以竖向主框架为中心对称斜拉杆水平夹角≥45°	
26		防坠落装置	防坠落装置应设置在竖向主框架处并附着在建筑结构上	
27			每一升降点不得少于一个,在使用和升降工况下都能起作用	
28			防坠落装置与升降设备应分别独立固定在建筑结构上	
29			应具有防尘、防污染的措施,并应灵敏可靠和运转自如	
30			钢吊杆式防坠落装置,钢吊杆规格应由计算确定,且不应小于 φ25 mm	
31			防倾覆装置中应包括导轨和两个以上与导轨连接的可滑动的导向件	

续表2.3

序号	检查项目		标　　准	检查结果
32	保证项目	防倾覆设置情况	在防倾覆导向件的范围内应设置防倾覆导轨,且应与竖向主框架可靠连接	
33			在升降和使用两种工况下,最上和最下两个导向件之间的最小间距不得小于2.8 m或架体高度的1/4	
34			应具有防止竖向主框架倾斜的功能	
35			应用螺栓与防墙支座连接,其装置与导轨之间的间隙应小于5 mm	
36		同步装置设置情况	连续式水平桁架,应采用限制荷载自控系统	
37			简支静定水平支撑桁架,应采用水平高差同步自控系统,若设备受限时可选择限制荷载自控系统	
38	一般项目	防护设施	密目式安全立网规格型号≥2 000目/100 cm²,≥3 kg/张	
39			防护栏杆高度为1.2 m	
40			挡脚板高度为180 mm	
41			架体底层脚手板铺设严密,与墙体无间隙	

检查结论

检查人签字	总包单位	分包单位	租赁单位	安拆单位

符合要求,同意使用(　　　)

不符合要求,不同意使用(　　　)

总监理工程师(签字):　　　　　　　　　　　年　月　日

注:本表由施工单位填报,监理单位、施工单位、租赁单位、安拆单位各存一份。

4.使用

(1)附着式升降脚手架应按设计性能指标进行使用,不得随意扩大使用范围;架体上的施工荷载应符合设计规定,不得超载,不得放置影响局部杆件安全的集中荷载。

(2)架体内的建筑垃圾和杂物应及时清理干净。

(3)附着式升降脚手架在使用过程中不得进行下列作业:

1)利用架体吊运物料。

2)在架体上拉结吊装缆绳(或缆索)。

3)在架体上推车。

4)任意拆除结构件或松动连接件。

5)拆除或移动架体上的安全防护设施。

6)利用架体支撑模板或卸料平台。

7)其他影响架体安全的作业。

(4)当附着式升降脚手架停用超过 3 个月时,应提前采取加固措施。

(5)当附着式升降脚手架停用超过 1 个月或遇 6 级及以上大风后复工时,应进行检查,确认合格后方可使用。

(6)螺栓连接件、升降设备、防倾覆装置、防坠落装置、电控设备、同步控制装置等应每月进行维护保养。

5.拆除

(1)附着式升降脚手架的拆除工作应按专项施工方案及安全操作规程的有关要求进行。

(2)应对拆除作业人员进行安全技术交底。

(3)拆除时应有可靠的防止人员或物料坠落的措施,拆除的材料及设备不得抛扔。

(4)拆除作业应在白天进行。遇 5 级及以上大风和大雨、大雪、浓雾和雷雨等恶劣天气时,不得进行拆除作业。

2.4.2　高处作业吊篮

1.安装

(1)高处作业吊篮安装时应按专项施工方案,在专业人员的指导下实施。

(2)安装作业前,应划定安全区域,并应排除作业障碍。

(3)高处作业吊篮组装前应确认结构件、紧固件已配套且完好,其规格型号和质量应符合设计要求。

(4)高处作业吊篮所用的构配件应是同一厂家的产品。

(5)在建筑物屋面上进行悬挂机构的组装时,作业人员应与屋面边缘保持 2 m 以上的距离。组装场地狭小时应采取防坠落措施。

(6)悬挂机构宜采用刚性连结方式进行拉结固定。

(7)悬挂机构前支架严禁支撑在女儿墙上、女儿墙外或建筑物挑檐边缘。

(8)前梁外伸长度应符合高处作业吊篮使用说明书的规定。

(9)悬挑横梁应前高后低,前后水平高差不应大于横梁长度的 2%。

(10)配重件应稳定可靠地安放在配重架上,并应有防止随意移动的措施。严禁使用破损的配重件或其他替代物。配重件的重量应符合设计规定。

(11)安装时钢丝绳应沿建筑物立面缓慢下放至地面,不得抛掷。

(12)当使用两个以上的悬挂机构时,悬挂机构吊点水平间距与吊篮平台的吊点间距应相等,其误差不应大于 50 mm。

(13)悬挂机构前支架应与支撑面保持垂直,脚轮不得受力。

(14)安装任何形式的悬挑结构,其施加于建筑物或构筑物支撑处的作用力,均应符合建筑结构的承载能力,不得对建筑物和其他设施造成破坏和不良影响。

(15)高处作业吊篮安装和使用时,在 10 m 范围内如有高压输电线路,应按照现行行业标准《施工现场临时用电安全技术规范》(JGJ 46—2005)的规定,采取隔离措施。

2. 使用

（1）高处作业吊篮应设置作业人员专用的挂设安全带的安全绳及安全锁扣。安全绳应固定在建筑物可靠位置上不得与吊篮上任何部位有连接，并应符合下列规定：

1）安全绳应符合现行国家标准《安全带》（GB 6095—2009）的要求，其直径应与安全锁扣的规格相一致。

2）安全绳不得有松散、断股、打结现象。

3）安全锁扣的配件应完好、齐全，规格和方向标识应清晰可辨。

（2）吊篮宜安装防护棚，防止高处坠物造成作业人员伤害。

（3）吊篮应安装上限位装置，宜安装下限位装置。

（4）使用吊篮作业时，应排除影响吊篮正常运行的障碍。在吊篮下方可能造成坠落物伤害的范围，应设置安全隔离区和警告标志，人员或车辆不得停留、通行。

（5）在吊篮内从事安装、维修等作业时，操作人员应佩戴工具袋。

（6）使用境外吊篮设备时应有中文使用说明书，产品的安全性能应符合我国的行业标准。

（7）不得将吊篮作为垂直运输设备，不得采用吊篮运送物料。

（8）吊篮内的作业人员不应超过 2 个。

（9）吊篮正常工作时，人员应从地面进入吊篮内，不得从建筑物顶部、窗口等处或其他孔洞处出入吊篮。

（10）在吊篮内的作业人员应佩戴安全帽，系安全带，并应将安全锁扣正确挂置在独立设置的安全绳上。

（11）吊篮平台内应保持荷载均衡，不得超载运行。

（12）吊篮做升降运行时，工作平台两端高差不得超过 150 mm。

（13）使用离心触发式安全锁的吊篮在空中停留作业时，应将安全锁锁定在安全绳上；空中启动吊篮时，应先将吊篮提升使安全绳松弛后再开启安全锁。不得在安全绳受力时强行扳动安全锁开启手柄；不得将安全锁开启手柄固定于开启位置。

（14）吊篮悬挂高度在 60 m 及其以下的，宜选用长边不大于 7.5 m 的吊篮平台；悬挂高度在 100 m 及其以下的，宜选用长边不大于 5.5 m 的吊篮平台；悬挂高度在 100 m 以上的，宜选用长边不大于 2.5 m 的吊篮平台。

（15）进行喷涂作业或使用腐蚀性液体进行清洗作业时，应对吊篮的提升机、安全锁、电气控制柜采取防污染保护措施。

（16）悬挑结构平行移动时，应将吊篮平台降落至地面，并应使其钢丝绳处于松弛状态。

（17）在吊篮内进行电焊作业时，应对吊篮设备、钢丝绳、电缆采取保护措施。不得将电焊机放置在吊篮内；电焊缆线不得与吊篮任何部位接触；电焊钳不得搭挂在吊篮上。

（18）在高温、高湿等不良气候和环境条件下使用吊篮时，应采取相应的安全技术措施。

（19）当吊篮施工遇有雨雪、大雾、风沙及 5 级以上大风等恶劣天气时，应停止作业，并应将吊篮平台停放至地面，应对钢丝绳、电缆进行绑扎固定。

（20）当施工中发现吊篮设备故障和安全隐患时,应及时排除,对可能危及人身安全时,应停止作业,并应由专业人员进行维修。维修后的吊篮应重新进行检查验收,合格后方可使用。

（21）下班后不得将吊篮停留在半空中,应将吊篮放至地面。人员离开吊篮、进行吊篮维修或每日收工后应将主电源切断,并应将电气柜中各开关置于断开位置并加锁。

3. 拆除

（1）高处作业吊篮拆除时应按照专项施工方案,并应在专业人员的指挥下实施。

（2）拆除前应将吊篮平台下落至地面,并应将钢丝绳从提升机、安全锁中退出,切断总电源。

（3）拆除支撑悬挂机构时,应对作业人员和设备采取相应的安全措施。

（4）拆卸分解后的构配件不得放置在建筑物边缘,应采取防止坠落的措施。零散物品应放置在容器中。不得将吊篮任何部件从屋顶处抛下。

2.4.3　外挂防护架

1. 安装

（1）应根据专项施工方案的要求,在建筑结构上设置预埋件。预埋件应经验收合格后方可浇筑混凝土,并应做好隐蔽工程记录。

（2）安装防护架时,应先搭设操作平台。

（3）防护架应配合施工进度搭设,一次搭设的高度不应超过相邻连墙件以上2个步距。

（4）每搭完一步架后,应校正步距、纵距、横距及立杆的垂直度,确认合格后方可进行下道工序。

（5）竖向桁架安装宜在起重机械辅助下进行。

（6）同一片防护架的相邻立杆的对接扣件应交错布置,在高度方向错开的距离不宜小于500 mm;各接头中心至主节点的距离不宜大于步距的1/3。

（7）纵向水平杆应通长设置,不得搭接。

（8）当安装防护架的作业层高出辅助架两步时,应搭设临时连墙杆,待防护架提升时方可拆除。临时连墙杆可采用2.5~3.5 m长钢管,一端与防护架第三步相连,一端与建筑结构相连。每片架体与建筑结构连接的临时连墙杆不得少于2处。

（9）防护架应将设置在桁架底部的三角臂和上部的刚性连墙件及柔性连墙件分别与建筑物上的预埋件相连接。根据不同的建筑结构形式,防护架的固定位置可分为在建筑结构边梁处、檐板处和剪力墙处,如图2.4所示。

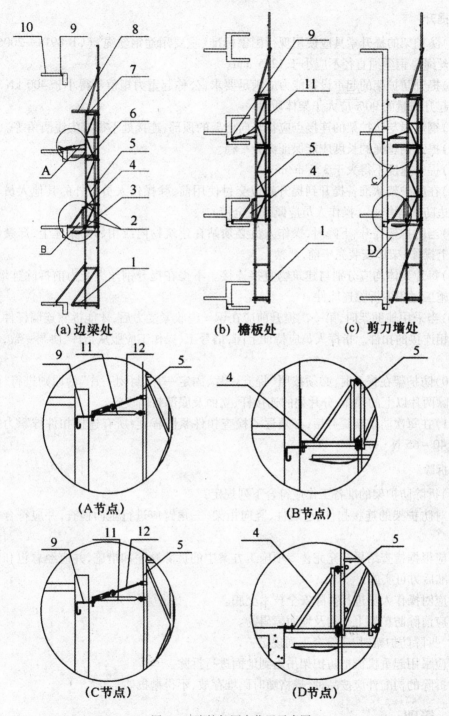

(a) 边梁处　　　(b) 檐板处　　　(c) 剪力墙处

（A节点）　　　　　　（B节点）

（C节点）　　　　　　（D节点）

图 2.4　防护架固定位置示意图

1—架体；2—连接在桁架底部的双钢管；3—水平软防护；4—三角臂；5—竖向桁架；6—水平硬防护；7—相邻桁架之间连接钢管；8—施工层水平防护；9—预埋件；10—建筑物；11—刚性连墙件；12—柔性连墙件

2. 提升

(1) 防护架的提升索具应使用现行国家标准《重要用途钢丝绳》(GB 8918—2006)规定的钢丝绳。钢丝绳直径不应小于 12.5 mm。

(2) 提升防护架的起重设备能力应满足要求,公称起重力矩值不得小于 400 kN·m,其额定起升质量的 90% 应大于架体质量。

(3) 钢丝绳与防护架的连接点应在竖向桁架的顶部,连接处不得有尖锐凸角等。

(4) 提升钢丝绳的长度应能保证提升平稳。

(5) 提升速度不得大于 3.5 m/min。

(6) 在防护架从准备提升到提升到位交付使用前,除操作人员以外的其他人员不得从事临边防护等作业。操作人员应佩带安全带。

(7) 当防护架提升、下降时,操作人员必须站在建筑物内或相邻的架体上,严禁站在防护架上操作;架体安装完毕前,严禁上人。

(8) 每片架体均应分别与建筑物直接连接。不得在提升钢丝绳受力前拆除连墙件;不得在施工过程中拆除连墙件。

(9) 当采用辅助架时,第一次提升前应在钢丝绳收紧受力后,才能拆除连墙杆件及与辅助架相连接的扣件。指挥人员应持证上岗,信号工、操作工应服从指挥、协调一致,不得缺岗。

(10) 防护架在提升时,必须按照"提升一片、固定一片、封闭一片"的原则进行,严禁提前拆除两片以上的架体、分片处的连接杆、立面及底部封闭设施。

(11) 在每次防护架提升后,必须逐一检查扣件紧固程度,所有连接扣件拧紧力矩必须达到 40~65 N·m。

3. 拆除

(1) 拆除防护架的准备工作应符合下列规定:

1) 对防护架的连接扣件、连墙件、竖向桁架、三角臂应进行全面检查,并应符合构造要求。

2) 应根据检查结果补充完善专项施工方案中的拆除顺序和措施,并应经总包和监理单位批准后方可实施。

3) 应对操作人员进行拆除安全技术交底。

4) 应清除防护架上杂物及地面障碍物。

(2) 拆除防护架时,应符合下列规定:

1) 应采用起重机械把防护架吊运到地面进行拆除。

2) 拆除的构配件应按品种、规格随时码堆存放,不得抛掷。

2.4.4　管理

(1) 工具式脚手架安装前,应根据工程结构、施工环境等特点编制专项施工方案,并应经总承包单位技术负责人审批、项目总监理工程师审核后实施。

(2) 专项施工方案应包括下列内容:

1）工程特点。

2）平面布置情况。

3）安全措施。

4）特殊部位的加同措施。

5）工程结构受力核算。

6）安装、升降、拆除程序及措施。

7）使用规定。

（3）总承包单位必须将工具式脚手架专业工程发包给具有相应资质等级的专业队伍，并应签订专业承包合同。明确总包、分包或租赁等各方的安全生产责任。

（4）工具式脚手架专业施工单位应当建立健全安全生产管理制度，制定相应的安全操作规程和检验规程，应制定设计、制作、安装、升降、使用、拆除和日常维护保养等的管理规定。

（5）工具式脚手架专业施工单位应设置专业技术人员、安全管理人员及相应的特种作业人员。特种作业人员应经专门培训，并应经建设行政主管部门考核合格，取得特种作业操作资格证书后，方可上岗作业。

（6）施工现场使用工具式脚手架应由总承包单位统一监督，并应符合下列规定：

1）安装、升降、使用、拆除等作业前，应向有关作业人员进行安全教育，并应监督对作业人员的安全技术交底。

2）应对专业承包人员的配备和特种作业人员的资格进行审查。

3）安装、升降、拆卸等作业时，应派专人进行监督。

4）应组织工具式脚手架的检查验收。

5）应定期对工具式脚手架使用情况进行安全巡检。

（7）监理单位应对施工现场的工具式脚手架使用状况进行安全监理并应记录，出现隐患应要求及时整改，并应符合下列规定：

1）应对专业承包单位的资质及有关人员的资格进行审查。

2）在工具式脚手架的安装、升降、拆除等作业时应进行监理。

3）应参加工具式脚手架的检查验收。

4）应定期对工具式脚手架使用情况进行安全巡检。

5）发现存在隐患时，应要求限期整改，对拒不整改的，应及时向建设单位和建设行政主管部门报告。

（8）工具式脚手架所使用的电气设施、线路及接地、避雷措施等应符合现行行业标准《施工现场临时用电安全技术规范》（JGJ 46—2005）的规定。

（9）进入施工现场的附着式升降脚手架产品应具有国务院建设行政主管部门组织鉴定或验收的合格证书，并应符合《建筑施工工具式脚手架安全技术规范》（JGJ 202—2010）的有关规定。

（10）工具式脚手架的防坠落装置应经法定检测机构标定后方可使用。使用过程中，使用单位应定期对其有效性和可靠性进行检测。其安全装置受冲击载荷后应进行解体检验。

（11）临街搭设时，外侧应有防止坠物伤人的防护措施。

（12）安装、拆除时，在地面应设围栏和警戒标志，并应派专人看守，非操作人员不得入内。

（13）在工具式脚手架使用期间，不得拆除下列杆件：

1）架体上的杆件。

2）与建筑物连接的各类杆件（如连墙件、附墙支座）等。

（14）作业层上的施工荷载应符合设计要求，不得超载。不得将模板支架、缆风绳、泵送混凝土和砂浆的输送管等固定在架体上；不得用其悬挂起重设备。

（15）遇 5 级以上大风和雨天，不得提升或下降工具式脚手架。

（16）当施工中发现工具式脚手架故障和存在安全隐患时，应及时排除，对可能危及人身安全时，应停止作业。应由专业人员进行整改。整改后的工具式脚手架应重新进行验收检查，合格后方可使用。

（17）剪刀撑应随立杆同步搭设。

（18）扣件的螺栓拧紧力矩不应小于 40 N·m，且不应大于 65 N·m。

（19）各地建筑安全主管部门及产权单位和使用单位应对工具式脚手架建立设备技术档案，其主要内容应包含：机型、编号、出厂日期、验收、检修、试验、检修记录及故障事故情况。

（20）工具式脚手架在施工现场安装完成后应进行整机检测。

（21）工具式脚手架作业人员在施工过程中应戴安全帽、系安全带、穿防滑鞋，酒后不得上岗作业。

2.5　木脚手架

2.5.1　构造与搭设的基本要求

（1）应当符合荷载规定标准值，且符合本章构造要求时，木脚手架的搭设高度不得超过《建筑施工木脚手架安全技术规范》（JGJ 164—2008）第 1.0.2 条的规定。

（2）单排脚手架的搭设不得用于墙厚在 180 mm 及以下的砌体土坯和轻质空心砖墙，以及砌筑砂浆的墙体。

（3）空斗墙上留置脚手眼时，横向水平杆下必须实砌两皮砖。

（4）砖砌体的下列部位不得留置脚手板：

1）砖过梁上与梁成 60°角的三角形范围内。

2）砖柱或宽度小于 740 mm 的窗间墙。

3）梁和梁垫下及其左右各 370 mm 的范围内。

4）门窗洞口两侧 240 mm 和转角处 420 mm 的范围内。

5）设计图纸上规定不允许留洞眼的部位。

（5）在大雾、大雨、大雪和 6 级以上的大风天，不得进行脚手架在高处的搭设作业，雨后搭设时必须采取防滑措施。

（6）搭设脚手架时操作人员应戴好安全帽，在 2 m 以上高处作业应系安全带。

2.5.2　外脚手架的构造与搭设

（1）结构和装修外脚手架，其构造参数应按表 2.4 的规定采用。

表 2.4　外脚手架构造参数

用途	构造形式	内立杆轴线至墙面距离/m	立杆间距/m		作业层横向水平杆间距/m	纵向水平杆竖向步距/m
			横距	纵距		
结构架	单排		≤1.2	≤1.5	≤0.75	≤1.5
	双排	≤0.5	≤1.2	≤1.5	≤0.75	≤1.5
装修架	单排		≤1.2	≤2.0	≤1.0	≤1.8
	双排	≤0.5	≤1.2	≤2.0	≤1.0	≤1.8

注：单排脚手架上不得有运料小车行走。

（2）剪刀撑的设置应符合下列规定：

1）单、双排脚手架的外侧均应在架体端部、转折角和中间每隔 15 m 的净距内。设置纵向剪刀撑，并应由底至顶连续设置：剪刀撑的斜杆应至少覆盖 5 根立杆。斜杆与地面倾角应在 45°～60°之间。当架长在 30 m 以内时，应在外侧立面整个长度和高度上连续设置多跨剪刀撑。

2）剪刀撑的斜杆端部应置于立杆与纵、横向水平杆相交节点处，与横向水平杆绑扎应牢固。中部与立杆及纵、横向水平杆各相交处均应绑扎牢固。

3）对不能交圈搭设的单片脚手架，应在两端端部从底到上连续设置横向斜撑。

4）斜撑或剪刀撑的斜杆底端埋入土内深度不得小于 0.3 m。

（3）对 3 步以上的脚手架，应每隔 7 根立杆设置 1 根抛撑，抛撑应进行可靠固定，底端埋深应为 0.2～0.3 m。

（4）当脚手架梁高超过 7 m 时，必须在搭架的同时设置与建筑物牢固连接的连墙件。连墙件的设置应符合下列规定：

1）连墙件应既能抗拉又能承压，除应在第一步架高处设置外，双排架应两步三跨设置一个，单排架应两步两跨设置一个，连墙件应沿整个墙面采用梅花形布置。

2）开口形脚手架，应在两端部沿竖向每步架设置一个。

3）连墙件应采用预埋掉和工具化、定型化的连接构造。

（5）横向水平杆设置应符合下列规定：

1）横向水平杆应按等距离均匀设置，但立杆与纵向水平杆交接处必须设置且应与纵向水平杆捆绑在一起，三杆交叉点称为主节点。

2）单排脚手架横向水平杆在砖墙上搁置的长度不应小于 240 mm，其外端伸出纵向水平杆的长度不应小于 200 mm；双排脚手架横向水平杆每端伸出纵向水平杆的长度不应小于 200 mm，里端距墙面宜为 100～150 mm，两端应与纵向水平杆绑扎牢固。

（6）在土质地面挖掘立杆基坑时，坑深应为 0.3～0.5 m，并应于埋杆前将坑底夯实，或按计算要求加设垫木。

(7)当双排脚手架搭设立杆时,里外两排立杆距离应相等。杆身沿纵向垂直允许偏差应为架高的 3/1 000,且不得大于 100 mm,并不得向外倾斜。埋杆时,应采用石块卡紧,再分层回填夯实,并应有排水措施。

(8)当立杆底端无法埋地时,立杆在地表面处必须加设扫地杆。横向扫地杆距地表面应为 100 mm,其上绑扎纵向扫地杆。

(9)立杆搭接至建筑物顶部时,里排立杆应低于檐口 0.1 ~ 0.5 m。外排立杆应高出平屋顶 1.0 ~ 1.2 m,高出坡屋顶 1.5 m。

(10)立杆的接头应符合下列规定:

1)相邻两立杆的搭接接头应错开一步架。

2)接头的搭接长度应跨相邻两根纵向水平杆,且不得小于 1.5 m。

3)接头范围内必须绑扎三道钢丝,绑扎钢丝的间距应为 0.60 ~ 0.75 m。

4)立杆接头应大头朝下、小头朝上,同一根立杆上的相邻接头,大头应左右错开,并应保持垂直。

5)最顶部的立杆,必须将大头朝上,多余部分应往下放,立杆的顶部高度应一致。

(11)纵向水平杆应绑在立杆里侧。绑扎第一步纵向水平杆时,立杆必须垂直。

(12)纵向水平杆的接头应符合下列规定:

1)接头应置于立杆处,并使小头压在大头上,大头伸出立杆的长度应为 0.2 ~ 0.3 m。

2)同一步架的纵向水平杆大头朝向应一致,上下相邻两步架的纵向水平杆大头朝向应相反,但同一步架的纵向水平杆在架体端部时大头应朝外。

3)搭接的长度不得小于 1.5 m,且在搭接范围内绑扎钢丝不应少于三道,其间距应为 0.60 ~ 0.75 m。

4)同一步架的里外两排纵向水平杆不得有接头。相邻两纵向水平杆接头应错开一跨。

(13)横向水平杆的搭设应符合下列规定:

1)单排架横向水平杆的大头应朝里,双排架应朝外。

2)沿竖向靠立杆的上、下两相邻横向水平杆应分别搁置在立杆的不同侧面。

(14)立杆与纵向水平杆相交处,应绑十字扣(平插或斜插)立杆与纵向水平杆各自的接头以及斜撑,剪刀撑、横向水平杆与其他杆件的交接点应绑顺扣。各绑扎扣在压紧后,应拧紧 1.5 ~ 2 圈。

(15)架体向内倾斜度不应超过 1%,并不得大于 150 mm。严禁向外倾斜。

(16)脚手板铺设应符合下列规定:

1)作业层脚手板应满铺,并应牢固稳定,不得有空隙。严禁铺设探头板。

2)对头铺设的脚手板,其接头下面应设两根横向水平杆,板端悬空部分应为 100 ~ 150 mm,并应绑扎牢固。

3)搭接铺设的脚手板,其接头必须在横向水平杆上,搭接长度应为 200 ~ 300 mm,板端挑出横向水平杆的长度应为 100 ~ 150 mm。

4)脚手板两端必须与横向水平杆绑牢。

5)往上步架翻脚手板时,应从里往外翻。

6)常用脚手板的规格形式应按《建筑施工木脚手架安全技术规范》(JGJ 164—2008)中附录 A 选用,其中竹片并列脚手板不宜用于有水平运输的脚手架;薄钢脚手板不宜用于冬季或多雨潮湿地区。

(17)脚手架搭设至两步及以上时,必须在作业层设置 1.2 m 高的防护栏杆,防护栏杆应由两道纵向水平杆组成,下杆距离操作面应为 0.7 m,底部应设置高度不低于180 mm 的挡脚板,脚手架外侧应采用密目式安全立网全封闭。

(18)搭设临街或其下有人行通道的脚手架时,必须采取专门的封闭和可靠的防护措施。

(19)当单、双排脚手架底层设置门洞时,宜采用上升斜杆、平行弦杆桁架结构形式,斜杆与地面倾角应在 45°~60°之间。单排脚手架门洞处应在平面桁梁的每个节间设置一根斜腹杆;双排脚手架门洞处的空间桁架除下弦平面处,应在其余 5 个平面内的图示节间设置一根斜腹杆,斜杆的小头直径不得小于 90 mm,上端应向上连接交搭 2~3 步纵向水平杆,并应绑扎牢固。斜杆下端埋入地下不得小于 0.3 m,门洞架下的两侧立杆应为双杆,副立杆高度应高于门洞口 1~2 步。

(20)遇窗洞时,单排脚手架靠墙面处应增设一根纵向水平杆,并吊绑于相邻两侧的横向水平杆上。当窗洞宽大于 1.5 m 时,应于室内另加设立杆和纵向水平杆来搁置横向水平杆。

2.5.3　满堂脚手架的构造与搭设

(1)满堂脚手架的构造参数应按表 2.5 的规定选用。

表 2.5　满堂脚手架的构造参数

用途	控制荷载	立杆纵横间距/m	纵向水平杆竖向步距/m	横向水平杆设置	作业层横向水平杆间距/m	脚手板铺设
装修架	2 kN/m²	≤1.2	1.8	每步一道	0.60	满铺、铺稳、铺牢,脚手板下设置大网眼安全网
结构架	3 kN/m²	≤1.5	1.4	每步一道	0.75	

(2)满堂脚手架的搭设应符合下列规定:

1)四周外排立杆必须设剪刀撑,中间每隔三排立杆必须沿纵横方向设通长剪刀撑。

2)剪刀撑均必须从底到顶连续设置。

3)封顶立杆大头应朝上,并用双股绑扎。

4)脚手板铺好后立杆不应露杆头,且作业层四角的脚手板应采用 8 号镀锌或回火钢丝与纵、横向水平杆绑扎牢固。

5)上料口及周围应设置安全护栏和立网。

6)搭设时应从底到顶,不得分层。

(3)当架体高于 5 m 时,在四角及中间每隔 15 m 处,于剪刀撑斜杆的每一端部位置,均应加设与竖向剪刀撑同宽的水平剪刀撑。

(4)当立杆无法埋地时,搭设前,立杆底部的地基土应夯实,在立杆底应加设垫木,当架高 5 m 及以下时,垫木的尺寸不得小于 200 mm×100 mm×800 mm(宽×厚×长);当架高大于 5 m 时,应垫通长垫木,其尺寸不得小于 200 mm×100 mm(宽×厚)。

(5)当土的允许承载力低于 80 kPa 或搭设高度超过 15 m 时,其垫木应另行设计。

2.5.4　烟囱、水塔架的构造与搭设

(1)烟囱脚手架可采用正方形、六角形。水塔架应采用六角形或八角形,严禁采用单排架。

(2)立杆的横向间距不得大于 1.2 m,纵向间距不得大于 1.4 m。

(3)纵向水平杆步距不得大于 1.2 m,并应布置成防扭转的形式,横向水平杆距烟囱或水塔壁应为 50~100 mm。

(4)作业层应设两道防护栏杆和挡脚板,作业层脚手板的下方应设一道大网眼安全平网,架体外侧应采用密目式安全立网封闭。

(5)架体外侧必须从底到顶连续设置剪刀撑,剪刀撑斜杆应落地,除混凝土等地面外,均应埋入地下 0.3 m。

(6)脚手架应每隔二步三跨设置一道连墙件,连墙件应能承受拉力和压力,可在烟囱或水塔施工时预埋连墙件的连接件,然后安装连墙件。

(7)烟囱架的搭设应符合下列规定:

1)横向水平杆应设置在立杆与纵向水平杆交叉处,两端均必须与纵向水平杆绑扎牢固。

2)当搭设到四步架高时,必须在周围设置剪刀撑,并随搭随连续设置。

3)脚手架各转角处应设置抛撑。

4)其他要求应按外脚手架的规定执行。

(8)水塔架的搭设应符合下列规定:

1)根据水塔直径大小,沿周围平面宜布置成多排立杆。

2)在水塔外围应将多排架改为双排架,里排立杆距水箱壁不得大于 0.4 m。

3)水塔架外侧,每边均应设置剪刀撑,并应从底到顶连续设置。各转角处应另增设抛撑。

4)其他要求应按外脚手架及烟囱架的搭设规定执行。

2.5.5　斜道的构造与措施

(1)当架体高度在三步及以下时,斜道应采用一字形;当架体高度在三步以上时,应采用之字形。

(2)之字形斜道应在拐弯处设置平台。当只作人行时,平台面积不应小于 3 m^2,宽度不应小于 1.5 m;当用作运料时,平台面积不应小于 6 m^2,宽度不应小于 2 m。

(3)人行斜道坡度宜为 1:3;运料斜道坡度宜为 1:6。

(4)立杆的间距应根据实际荷载情况计算确定,纵向水平杆的步距不得大于 1.4 m。

(5)斜道两侧、平台外围和端部均应设剪刀撑,并应沿斜道纵向每隔 6~7 根立杆设一道抛撑,并不得少于两道。

（6）架体高度大于 7 m 时，对于附着在脚手架外排立杆上的斜道（利用脚手架外排立杆作为斜道里排立杆），应加密连墙件的设置。对独立搭设的斜道，应在每一步两跨设置一道连墙件。

（7）横向水平杆设置于斜杆上时，间距不得大于 1 m；在拐弯平台处，不应大于 0.75 m。杆的两端均应绑扎牢固。

（8）斜道两侧及拐弯平台外围，应设总高 1.2 m 的两道防护栏杆及不低于 180 mm 高的挡脚板，外侧应挂设密目式安全立网。

（9）斜道脚手板应随架高从下到上连续铺设，采用搭接铺设时，搭接长度不得小于 400 mm，并应在接头下面设两根横向水平杆，板端接头处的凸棱，应采用三角木填顺。脚手板应满铺，并平整牢固。

（10）人行斜道的脚手板上应设高 20~30 mm 的防滑条，间距不得大于 300 mm。

2.5.6　脚手架拆除

（1）进行脚手架拆除作业时，应统一指挥，信号明确，上下呼应，动作协调；当解开与另一人有关的结扣时，应先通知对方，严防坠落。

（2）在高处进行拆除作业的人员必须配戴安全带，其挂钩必须挂于牢固的构件上，并应站立于稳固的杆件上。

（3）拆除顺序应由上而下、先绑后拆、后绑先拆。应先拆除栏杆、脚手板、剪刀撑、斜撑，后拆除横向水平杆、纵向水平杆、立杆等，一步一清，依次进行。严禁上下同时进行拆除作业。

（4）拆除立杆时，应先抱住立杆再拆除最后两个扣；当拆除纵向水平杆、剪刀撑、斜撑时，应先拆除中间扣，然后托住中间，再拆除两头扣。

（5）大片架体拆除后所预留的斜道、上料平台和作业通道等，应在拆除前采取加固措施，确保拆除后的完整、安全和稳定。

（6）脚手架拆除时，严禁碰撞附近的各类电线。

（7）拆下的材料，应采用绳索拴住木杆大头利用滑轮缓慢下运，严禁抛掷。运至地面的材料应按指定地点，随拆随运，分类堆放。

（8）在拆除过程中，不得中途换人；当需换人作业时，应将拆除情况交待清楚后方可离开。中途停拆时，应将已拆部分的易塌、易掉杆件进行临时加固处理。

（9）连墙件的拆除应随拆除进度同步进行，严禁提前拆除，并在拆除最下一道连墙件前应先加设一道抛撑。

2.5.7　安全管理

（1）木脚手架的搭设、维修和拆除，必须编制专项施工方案；作业前，应向操作人员进行安全技术交底；作业时，应按方案实施。

（2）在邻近脚手架的纵向和危及脚手架基础的地方，不得进行挖掘作业。

（3）脚手架上进行电气焊作业时，应有可靠的防火安全措施，并设专人监护。

（4）脚手架支撑于永久性结构上时，传递给永久性结构的荷载不得超过其设计允许值。

（5）上料平台应独立搭设，严禁与脚手架共用杆件。

（6）用吊笼运转时，严禁直接放于外脚手架上。

（7）不得在单排架上使用运料小车。

（8）不得在各种杆件上进行钻孔、刀削和斧砍。每年均应对所使用的脚手板和各种杆件进行外观检查，严禁使用有腐朽、虫蛀、折裂、扭裂和纵向严重裂缝的杆件。

（9）作业层的连墙件不得承受脚手板及由其所传递来的一切荷载。

（10）脚手架离高压线的距离应符合国家现行标准《施工现场临时用电安全技术规范》（JGJ 46—2005）中的规定。

（11）脚手架投入使用前，应先进行验收，合格后方可使用；搭设过程中每隔四步至搭设完毕均应分别进行验收。

（12）停工后又重新使用的脚手架，必须按新搭脚手架的标准检查验收，合格后方可使用。

（13）施工过程中，严禁随意抽拆架上的各类杆件和脚手板，并应及时清除架上的垃圾和冰雪。

（14）当出现大风雨、冰解冻等情况时，应进行检查，对立杆下沉、悬空、接头松动、架子歪斜等现象，应立即进行维修和加固，确保安全后方可使用。

（15）搭设脚手架时，应有保证安全上下的爬梯或斜道，严禁攀登架体上下。

（16）脚手架在使用过程中，应经常检查维修，发现问题必须及时处理解决。

（17）脚手架拆除时应划分作业区，周围应设置围栏或竖立警戒标志，并应设专人看管，严禁非作业人员入内。

3 模板工程施工安全

3.1 模板构造与安装

3.1.1 一般规定

(1)模板安装前必须做好下列安全技术准备工作：

1)应审查模板结构设计与施工说明书中的荷载、计算方法、节点构造和安全措施,设计审批手续应齐全。

2)应进行全面的安全技术交底,操作班组应熟悉设计与施工说明书,并应做好模板安装作业的分工准备。采用爬模、飞模、隧道模等特殊模板施工时,所有参加作业人员必须经过专门技术培训,考核合格后方可上岗。

3)应对模板和配件进行挑选、检测,不合格者应剔除,并应运至工地指定地点堆放。

4)备齐操作所需的一切安全防护设施和器具。

(2)模板构造与安装应符合下列规定：

1)模板安装应按设计与施工说明书顺序拼装。木杆、钢管、门架等支架立柱不得混用。

2)竖向模板和支架立柱支撑部分安装在基土上时,应加设垫板,垫板应有足够强度和支撑面积,且应中心承载。基土应坚实,并应有排水措施。对湿陷性黄土应有防水措施,对特别重要的结构工程可采用混凝土、打桩等措施防止支架柱下沉。对冻胀性土应有防冻融措施。

3)当满堂或共享空间模板支架立柱高度超过 8 m 时,若地基土达不到承载要求,无法防止立柱下沉,则应先施工地面下的工程,再分层回填夯实基土,浇筑地面混凝土垫层,达到强度后方可支模。

4)模板及其支架在安装过程中,必须设置有效防倾覆的临时固定设施。

5)现浇钢筋混凝土梁、板,当跨度大于 4 m 时,模板应起拱;当设计无具体要求时,起拱高度宜为全跨长度的 1/1 000 ~ 3/1 000。

6)现浇多层或高层房屋和构筑物,安装上层模板及其支架应符合下列规定：

①下层楼板应具有承受上层施工荷载的承载能力,否则应加设支撑支架。

②上层支架立柱应对准下层支架立柱,并应在立柱底铺设垫板。

③当采用悬臂吊模板、桁架支模方法时,其支撑结构的承载能力和刚度必须符合设计构造要求。

7)当层间高度大于 5 m 时,应选用桁架支模或钢管立柱支模;当层间高度小于或等于 5 m 时,可采用木立柱支模。

(3)安装模板应保证工程结构和构件各部分形状、尺寸和相互位置的正确,防止漏浆,构造应符合模板设计要求。

模板应具有足够的承载能力、刚度和稳定性,应能可靠承受新浇混凝土自重和侧压力以及施工过程中所产生的荷载。

(4)拼装高度为 2 m 以上的竖向模板,不得站在下层模板上拼装上层模板。安装过程中应设置临时固定设施。

(5)当承重焊接钢筋骨架和模板一起安装时,应符合下列规定:

1)梁的侧模、底模必须固定在承重焊接钢筋骨架的节点上。

2)安装钢筋模板组合体时,吊索应按模板设计的吊点位置绑扎。

(6)当支架立柱成一定角度倾斜,或其支架立柱的顶表面倾斜时,应采用可靠措施确保支点稳定,支撑底脚必须有防滑移的可靠措施。

(7)除设计图另有规定外,所有垂直支架柱应保证其垂直。

(8)对梁和板安装二次支撑前,其上不得有施工荷载,支撑的位置必须正确。安装后所传给支撑或连接件的荷载不应超过其允许值。

(9)支撑梁、板的支架立柱构造与安装应符合下列规定:

1)梁和板的立柱,其纵横向间距应相等或成倍数。

2)木立柱底部应设垫木,顶部应设支撑头。钢管立柱底部应设垫木和底座,顶部应设可调支托,U 形支托与楞梁两侧间如有间隙,必须楔紧,其螺杆伸出钢管顶部不得大于 200 mm,螺杆外径与立柱钢管内径的间隙不得大于 3 mm,安装时应保证上下同心。

3)在立柱底距地面 200 mm 高处,沿纵横水平方向应按纵下横上的程序设扫地杆。可调支托底部的立柱顶端应沿纵横向设置一道水平拉杆。扫地杆与顶部水平拉杆之间的间距,在满足模板设计所确定的水平拉杆步距要求条件下,进行平均分配确定步距后,在每一步距处纵横向应各设一道水平拉杆。当层高在 8 ~ 20 m 时,在最顶步距两水平拉杆中间应加设一道水平拉杆;当层高大于 20 m 时,在最顶两步距水平拉杆中间应分别增加一道水平拉杆。所有水平拉杆的端部均应与四周建筑物顶紧顶牢。无处可顶时,应在水平拉杆端部和中部沿竖向设置连续式剪刀撑。

4)木立柱的扫地杆、水平拉杆、剪刀撑应采用 40 mm×50 mm 木条或 25 mm×80 mm 的木板条与木立柱钉牢。钢管立柱的扫地杆、水平拉杆、剪刀撑应采用 $\phi 48$ mm×3.5 mm 钢管,用扣件与钢管立柱扣牢。木扫地杆、水平拉杆、剪刀撑应采用搭接,并应采用铁钉钉牢。钢管扫地杆、水平拉杆应采用对接,剪刀撑应采用搭接,搭接长度不得小于 500 mm,并应采用 2 个旋转扣件分别在离杆端不小于 100 mm 处进行固定。

(10)施工时,在已安装好的模板上的实际荷载不得超过设计值。已承受荷载的支架和附件,不得随意拆除或移动。

(11)组合钢模板、滑升模板等的构造与安装,尚应符合现行国家标准《组合钢模板技术规范》(GB 50214—2001)和《滑动模板工程技术规范》(GB 50113—2005)的相应规定。

(12)安装模板时,安装所需各种配件应置于工具箱或工具袋内,严禁散放在模板或脚手板上;安装所用工具应系挂在作业人员身上或置于所配带的工具袋中,不得掉落。

(13)当模板安装高度超过 3 m 时,必须搭设脚手架,除操作人员外,脚手架下不得站其他人。

(14)吊运模板时,必须符合下列规定:

1)作业前应检查绳索、卡具、模板上的吊环,必须完整有效,在升降过程中应设专人指挥,统一信号,密切配合。

2)吊运大块或整体模板时,竖向吊运不应少于2个吊点,水平吊运不应少于4个吊点。吊运必须使用卡环连接,并应稳起稳落,待模板就位连接牢固后,方可摘除卡环。

3)吊运散装模板时,必须码放整齐,待捆绑牢固后方可起吊。

4)严禁起重机在架空输电线路下面工作。

5)遇5级及以上大风时,应停止一切吊运作业。

(15)木材应堆放在下风向,离火源不得小于30 m,且料场四周应设置灭火器材。

3.1.2 支架立柱构造与安装

(1)梁式或桁架式支架的构造与安装应符合下列规定:

1)采用伸缩式桁架时,其搭接长度不得小于500 mm,上下弦连接销钉规格、数量应按设计规范,并应采用不少于2个U形卡或钢销钉销紧,2个U形卡距或销距不得小于400 mm。

2)安装的梁式或桁架式支架的间距设置应与模板设计图一致。

3)支撑梁式或桁架式支架的建筑结构应具有足够强度,否则,应另设立柱支撑。

4)若桁架采用多榀成组排放,在下弦折角处必须加设水平撑。

(2)工具式立柱支撑的构造与安装应符合下列规定:

1)工具式钢管单立柱支撑的间距应符合支撑设计的规定。

2)立柱不得接长使用。

3)所有夹具、螺栓、销子和其他配件应处在闭合或拧紧的位置。

4)立杆及水平拉杆构造应符合3.1.1中(9)的规定。

(3)木立柱支撑的构造与安装应符合下列规定:

1)木立柱宜选用整料,当不能满足要求时,立柱的接头不宜超过1个,并应采用对接夹板接头方式。立柱底部可采用垫块垫高,但不得采用单码砖垫高,垫高高度不得超过300 mm。

2)木立柱底部与垫木之间应设置硬木对角楔调整标高,并应用铁钉将其固定在垫木上。

3)木立柱间距、扫地杆、水平拉杆、剪刀撑的设置应符合3.1.1中(9)的规定,严禁使用板皮替代规定的拉杆。

4)所有单立柱支撑应在底垫木和梁底模板的中心,并应与底部垫木和顶部梁底模板紧密接触,且不得承受偏心荷载。

5)当仅为单排立柱时,应在单排立柱的两边每隔3 m加设斜支撑,且每边不得少于2根,斜支撑与地面的夹角应为60°。

(4)当采用扣件式钢管作立柱支撑时,其构造与安装应符合下列规定:

1)钢管规格、间距、扣件应符合设计要求。每根立柱底部应设置底座及垫板,垫板厚度不得小于 50 mm。

2)钢管支架立柱间距、扫地杆、水平拉杆、剪刀撑的设置应符合 3.1.1 中(9)的规定。当立柱底部不在同一高度时,高处的纵向扫地杆应向低处延长不少于 2 跨,高低差不得大于 1 m,立柱距边坡上方边缘不得小于 0.5 m。

3)立柱接长严禁搭接,必须采用对接扣件连接,相邻两立柱的对接接头不得在同步内,且对接接头沿竖向错开的距离不宜小于 500 mm,各接头中心距主节点不宜大于步距的 1/3。

4)严禁将上段的钢管立柱与下段钢管立柱错开固定在水平拉杆上。

5)满堂模板和共享空间模板支架立柱,在外侧周围应设由下至上的竖向连续式剪刀撑;中间在纵横向应每隔 10 m 左右设由下至上的竖向连续式剪刀撑,其宽度宜为 4 ~ 6 m,并在剪刀撑部位的顶部、扫地杆处设置水平剪刀撑,如图 3.1 所示。剪刀撑杆件的底端应与地面顶紧,夹角宜为 45°~60°。当建筑层高在 8 ~ 20 m 时,除应满足上述规定外,还应在纵横向相邻的两竖向连续式剪刀撑之间增加之字斜撑,在有水平剪刀撑的部位,应在每个剪刀撑中间处增加一道水平剪刀撑,如图 3.2 所示。当建筑层高超过 20 m 时,在满足以上规定的基础上,应将所有之字斜撑全部改为连续式剪刀撑,如图 3.3 所示。

6)当支架立柱高度超过 5 m 时,应在立柱周围外侧和中间有结构柱的部位,按水平间距 6 ~ 9 m、竖向间距 2 ~ 3 m 与建筑结构设置一个固结点。

(5)当采用标准门架作支撑时,其构造与安装应符合下列规定:

1)门架的跨度和间距应按设计规定布置,间距宜小于 1.2 m;支撑架底部垫木上应设固定底座或可调底座。门架、调节架及可调底座,其高度应按其支撑的高度确定。

2)门架支撑可沿梁轴线垂直和平行布置。当垂直布置时,在两门架间的两侧应设置交叉支撑;当平行布置时,在两门架间的两侧亦应设置交叉支撑,交叉支撑应与立杆上的锁销锁牢,上下门架的组装连接必须设置连接棒及锁臂。

3)当门架支撑宽度为 4 跨及以上或 5 个间距及以上时,应在周边底层、顶层、中间每 5 列、5 排在每门架立杆跟部设 $\phi48$ mm×3.5 mm 通长水平加固杆,并应采用扣件与门架立杆扣牢。

4)当门架支撑高度超过 8 m 时,应按(4)的规定执行,剪刀撑不应大于 4 个间距,并应采用扣件与门架立杆扣牢。

5)顶部操作层应采用挂扣式脚手板满铺。

(6)悬挑结构立柱支撑的安装应符合下列要求:

1)多层悬挑结构模板的上下立柱应保持在同一条垂直线上。

2)多层悬挑结构模板的立柱应连续支撑,并不得少于 3 层。

3.1.3 普通模板构造与安装

(1)基础及地下工程模板应符合下列规定:

1)地面以上支模应先检查土壁的稳定情况,当有裂纹及塌方危险迹象时,应采取安全防范措施后,方可下人作业。当深度超过 2 m 时,操作人员应设梯上下。

2)距基槽(坑)上口边缘 1 m 内不得堆放模板。向基槽(坑)内运料应使用起重机、溜

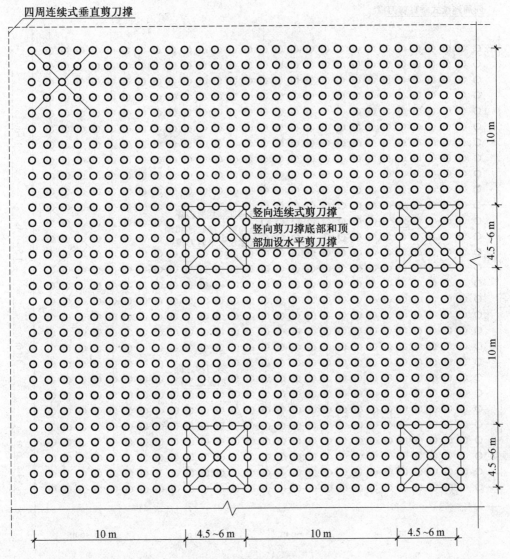

图 3.1　剪刀撑布置图(一)

槽或绳索;运下的模板严禁立放在基槽(坑)土壁上。

3)斜支撑与侧模的夹角不应小于45°,支在土壁的斜支撑应加设垫板,底部的对角楔木应与斜支撑连牢。高大长脖基础若采用分层支模时,其下层模板应经就位校正并支撑稳固后,方可进行上一层模板的安装。

4)在有斜支撑的位置,应在两侧模间采用水平撑连成整体。

(2)柱模板应符合下列规定:

1)现场拼装柱模时,应适时地安设临时支撑进行固定,斜撑与地面的倾角宜为60°,严禁将大片模板系在柱子钢筋上。

2)待四片柱模就位组拼经对角线校正无误后,应立即自下而上安装柱箍。

3)若为整体预组合柱模,吊装时应采用卡环和柱模连接,不得采用钢筋钢代替。

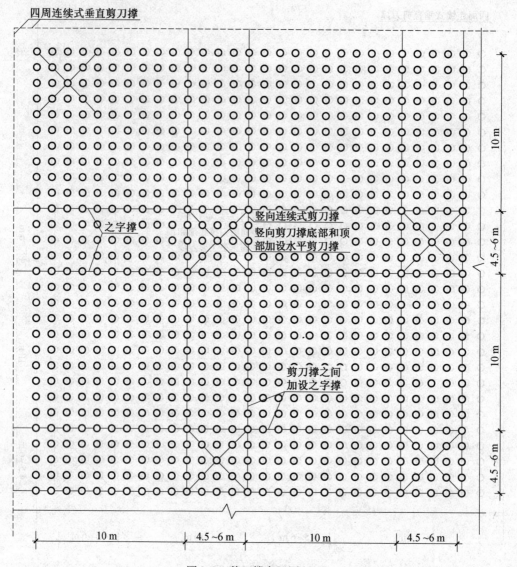

图 3.2　剪刀撑布置图(二)

4)柱模校正(用四根斜支撑或用连接在柱模顶四角带花篮螺栓的揽风绳,底端与楼板钢筋拉环固定进行校正)后,应采用斜撑或水平撑进行四周支撑,以确保整体稳定。当高度超过 4 m 时,应群体或成列同时支模,并应将支撑连成一体,形成整体框架体系。当需单根支模时,柱宽大于 500 mm 应每边在同一标高上设置不得少于 2 根斜撑或水平撑。斜撑与地面的夹角宜为 45°~60°,下端应有防滑移的措施。

5)角柱模板的支撑,除满足上款要求外,还应在里侧设置能承受拉力和压力的斜撑。

(3)墙模板应符合下列规定:

1)当采用散拼定型模板支模时,应自下而上进行,必须在下一层模板全部紧固后,方可进行上一层安装。当下层不能独立安设支撑件时,应采取临时固定措施。

2)当采用预拼装的大块墙模板进行支模安装时,严禁同时起吊 2 块模板,并应边就

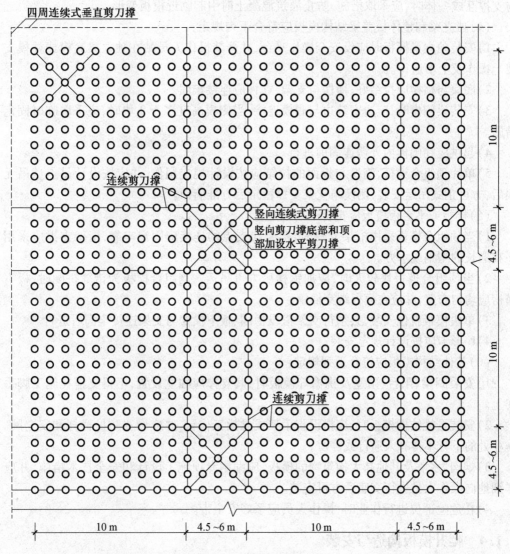

图 3.3 剪刀撑布置图(三)

位、边校正、边连接,固定后方可摘钩。

3)安装电梯井内墙模前,必须在板底下 200 mm 处牢固地满铺一层脚手板。

4)模板未安装对拉螺栓前,板面应向后倾一定角度。

5)当钢楞长度需接长时,接头处应增加相同数量和不小于原规格的钢楞,其搭接长度不得小于墙模板宽或高的 15% ~ 20% 。

6)拼接时的 U 形卡应正反交替安装,间距不得大于 300 mm;2 块模板对接接缝处的 U 形卡应满装。

7)对拉螺栓与墙模板应垂直,松紧应一致,墙厚尺寸应正确。

8)墙模板内外支撑必须坚固、可靠,应确保模板的整体稳定。当墙模板外面无法设置支撑时,应在里面设置能承受拉力和压力的支撑。多排并列且间距不大的墙模板,当其与支撑互成一体时,应采取措施,防止灌筑混凝土时引起临近模板变形。

(4)独立梁和整体楼盖梁结构模板应符合下列规定:

1)安装独立梁模板时应设安全操作平台,并严禁操作人员站在独立梁底模或柱模支架上操作及上下通行。

2)底模与横楞应拉结好,横楞与支架、立柱应连接牢固。

3)安装梁侧模时,应边安装边与底模连接,当侧模高度多于 2 块时,应采取临时固定措施。

4)起拱应在侧模内外楞连固前进行。

5)单片预组合梁模,钢楞与板面的拉结应按设计规定制作,并应按设计吊点试吊无误后,方可正式吊运安装,侧模与支架支撑稳定后方准摘钩。

(5)楼板或平台板模板应符合下列规定:

1)当预组合模板采用桁架支模时,桁架与支点的连接应固定牢靠,桁架支撑应采用平直通长的型钢或木方。

2)当预组合模板块较大时,应加钢楞后方可吊运。当组合模板为错缝拼配时,板下横楞应均匀布置,并应在模板端穿插销。

3)单块模板就位安装,必须待支架搭设稳固、板下横楞与支架连接牢固后进行。

4)U 形卡应按设计规定安装。

(6)其他结构模板应符合下列规定:

1)安装圈梁、阳台、雨篷及挑檐等模板时,其支撑应独立设置,不得支搭在施工脚手架上。

2)安装悬挑结构模板时,应搭设脚手架或悬挑工作台,并应设置防护栏杆和安全网。作业处的下方不得有人通行或停留。

3)烟囱、水塔及其他高大构筑物的模板,应编制专项施工设计和安全技术措施,并应详细地向操作人员进行交底后方可安装。

4)在危险部位进行作业时,操作人员应系好安全带。

3.1.4　爬升模板构造与安装

(1)进入施工现场的爬升模板系统中的大模板、爬升支架、爬升设备、脚手架及附件等,应按施工组织设计及有关图纸验收,合格后方可使用。

(2)爬升模板安装时,应统一指挥,设置警戒区与通信设施,做好原始记录。并应符合下列规定:

1)检查工程结构上预埋螺栓孔的直径和位置,并应符合图纸要求。

2)爬升模板的安装顺序应为底座、立柱、爬升设备、大模板、模板外侧吊脚手。

(3)施工过程中爬升大模板及支架时,应符合下列规定:

1)爬升前,应检查爬升设备的位置、牢固程度、吊钩及连接杆件等,确认无误后,拆除相邻大模板及脚手架间的连接杆件,使各个爬升模板单元彻底分开。

2)爬升时,应先收紧千斤钢丝绳,吊住大模板或支架,然后拆卸穿墙螺栓,并检查再无任何连接,卡环和安全钩无问题,调整好大模板或支架的重心,保持垂直,开始爬升。爬升时,作业人员应站在固定件上,不得站在爬升件上爬升,爬升过程中应防止晃动与扭转。

3)每个单元的爬升不宜中途交接班,不得隔夜再继续爬升。每单元爬升完毕应及时固定。

4)大模板爬升时,新浇混凝土的强度不应低于1.2 N/mm²。支架爬升时的附墙架穿墙螺栓受力处的新浇混凝土强度应达到10 N/mm²以上。

5)爬升设备每次使用前均应检查,液压设备应由专人操作。

(4)作业人员应背工具袋,以便存放工具和拆下的零件,防止物件跌落。且严禁高空向下抛物。

(5)每次爬升组合安装好的爬升模板、金属件应涂刷防锈漆,板面应涂刷脱模剂。

(6)爬模的外附脚手架或悬挂脚手架应满铺脚手板,脚手架外侧应设防护栏杆和安全网。爬架底部亦应满铺脚手板和设置安全网。

(7)每步脚手架间应设置爬梯,作业人员应由爬梯上下,进入爬架应在爬架内上下,严禁攀爬模板、脚手架和爬架外侧。

(8)脚手架上不应堆放材料,脚手架上的垃圾应及时清除。如需临时堆放少量材料或机具,必须及时取走,且不得超过设计荷载的规定。

(9)所有螺栓孔均应安装螺栓,螺栓应采用50～60 N·m的扭矩紧固。

3.1.5 飞模构造与安装

(1)飞模的制作组装必须按设计图进行。运到施工现场后,应按设计要求检查合格后方可使用安装。安装前应进行一次试压和试吊,检验确认各部件无隐患。对利用组合钢模板、门式脚手架、钢管脚手架组装的飞模,所用的材料、部件应符合现行国家标准《组合钢模板技术规范》(GB 50214—2001)、《冷弯薄壁型钢结构技术规范》(GB 50018—2002)以及其他专业技术规范的要求。凡属采用铝合金型材、木或竹塑胶合板组装的飞模,所用材料及部件应符合有关专业标准的要求。

(2)飞模起吊时,应在吊离地面0.5 m后停下,待飞模完全平衡后再起吊。吊装应使用安全卡环,不得使用吊钩。

(3)飞模就位后,应立即在外侧设置防护栏,其高度不得小于1.2 m,外侧应另加设安全网,同时应设置楼层护栏。并应准确、牢固地搭设出模操作平台。

(4)当飞模在不同楼层转运时,上下层的信号人员应分工明确、统一指挥、统一信号,并应采用步话机联络。

(5)当飞模转运采用地滚轮推出时,前滚轮应高出后滚轮10～20 mm,并应将飞模重心标画在旁侧,严禁外侧吊点在未挂钩前将飞模向外倾斜。

(6)飞模外推时,必须用多根安全绳一端牢固栓在飞模两侧,另一端围绕在飞模两侧建筑物的可靠部位上,并应设专人掌握;缓慢推出飞模,并松放安全绳,飞模外端吊点的钢丝绳应逐渐收紧,待内外端吊钩挂牢后再转运起吊。

(7)在飞模上操作的挂钩作业人员应穿防滑鞋,且应系好安全带,并应挂在上层的预埋铁环上。

(8)吊运时,飞模上不得站人和存放自由物料,操作电动平衡吊具的作业人员应站在楼面上,并不得斜拉歪吊。

(9)飞模出模时,下层应设安全网,且飞模每运转一次后应检查各部件的损坏情况,同时应对所有的连接螺栓重新进行紧固。

3.1.6　隧道模构造与安装

(1)组装好的半隧道模应按模板编号顺序吊装就位。并应将2个半隧道模顶板边缘的角钢用连接板和螺栓进行连接。

(2)合模后应用千斤顶升降模板的底沿,按导墙上所确定的水准点调整到设计标高,并应采用斜支撑和垂直支撑调整模板的水平度和垂直度,再将连接螺栓拧紧。

(3)支卸平台构架的支设,必须符合下列规定:

1)支卸平台的设计应便于支卸平台吊装就位,平台的受力应合理。

2)平台桁架中立柱下面的垫板,必须落在楼板边缘以内400 mm左右,并应在楼层下相应位置加设临时垂直支撑。

3)支卸平台台面的顶面,必须和混凝土楼面齐平,并应紧贴楼面边缘。相邻支卸平台间的空隙不得过大。支卸平台外周边应设安全护栏和安全网。

(4)山墙作业平台应符合下列规定:

1)隧道模拆除吊离后,应将特制U形卡承托对准山墙的上排对拉螺栓孔,从外向内插入,并用螺帽紧固。U形卡承托的间距不得大于1.5 m。

2)将作业平台吊至已埋设的U形卡位置就位,并将平台每根垂直杆件上的$\phi30$水平杆件落入U形卡内,平台下部靠墙的垂直支撑用穿墙螺栓紧固。

3)每个山墙作业平台的长度不应超过7.5 m,且不应小于2.5 m,并应在端头分别增加外挑1.5 m的三角平台。作业平台外周边应设安全护栏和安全网。

3.2　模板拆除

3.2.1　模板拆除要求

(1)模板的拆除措施应经技术主管部门或负责人批准,拆除模板的时间可按现行国家标准《混凝土结构工程施工质量验收规范(2010年版)》(GB 50204—2002)的有关规定执行。冬期施工的拆模,应符合专门规定。

(2)当混凝土未达到规定强度或已达到设计规定强度,需提前拆模或承受部分超设计荷载时,必须经过计算和技术主管确认其强度能足够承受此荷载后,方可拆除。

(3)在承重焊接钢筋骨架作配筋的结构中,承受混凝土重量的模板,应在混凝土达到设计强度的25%后方可拆除承重模板。当在已拆除模板的结构上加置荷载时,应另行核算。

(4)大体积混凝土的拆模时间除应满足混凝土强度要求外,还应使混凝土内外温差降低到25 ℃以下时方可拆模。否则应采取有效措施防止产生温度裂缝。

(5)后张预应力混凝土结构的侧模宜在施加预应力前拆除,底模应在施加预应力后拆除。当设计有规定时,应按规定执行。

(6)拆模前应检查所使用工具的有效和可靠,扳手等工具必须装入工具袋或系挂在身上,并应检查拆模场所范围内的安全措施。

(7)模板的拆除工作应设专人指挥。作业区应设围栏,其内不得有其他工种作业,并应设专人负责监护。拆下的模板、零配件严禁抛掷。

(8)拆模的顺序和方法应按模板的设计规定进行。当设计无规定时,可采取先支的后拆、后支的先拆、先拆非承重模板、后拆承重模板,并应从上而下进行拆除。拆下的模板不得抛扔,应按指定地点堆放。

(9)多人同时操作时,应明确分工、统一信号或行动,应具有足够的操作面,人员应站在安全处。

(10)高处拆除模板时,应符合有关高处作业的规定。严禁使用大锤和撬棍,操作层上临时拆下的模板堆放不能超过3层。

(11)在提前拆除互相搭连并涉及其他后拆模板的支撑时,应补设临时支撑。拆模时,应逐块拆卸,不得成片撬落或拉倒。

(12)拆模如遇中途停歇,应将已拆松动、悬空、浮吊的模板或支架进行临时支撑牢固或相互连接稳固。对活动部件必须一次拆除。

(13)已拆除了模板的结构,应在混凝土强度达到设计强度值后方可承受全部设计荷载。若在未达到设计强度以前,需在结构上加置施工荷载时,就另行核算,强度不足时,应加设临时支撑。

(14)遇6级或6级以上大风时,应暂停室外的高处作业。雨、雪、霜后应先清扫施工现场,方可进行工作。

(15)拆除有洞口模板时,应采取防止操作人员坠落的措施。洞口模板拆除后,应按国家现行标准《建筑施工高处作业安全技术规范》(JGJ 80—1991)的有关规定及时进行防护。

3.2.2 支架立柱拆除

(1)当拆除钢楞、木楞、钢桁架时,应在其下面临时搭设防护支架,使所拆楞梁及桁架先落在临时防护支架上。

(2)当立柱的水平拉杆超出2层时,应首先拆除2层以上的拉杆。当拆除最后一道水平拉杆时,应和拆除立柱同时进行。

(3)当拆除4~8 m跨度的梁下立柱时,应先从跨中开始,对称地分别向两端拆除。拆除时,严禁采用连梁底板向旁侧一片拉倒的拆除方法。

(4)对于多层楼板模板的立柱,当上层及以上楼板正在浇筑混凝土时,下层楼板立柱的拆除,应根据下层楼板结构混凝土强度的实际情况,经过计算确定。

(5)拆除平台、楼板下的立柱时,作业人员应站在安全处。

(6)对已拆下的钢楞、木楞、桁架、立柱及其他零配件应及时运到指定地点。对有芯钢管立柱运出前应先将芯管抽出或用销卡固定。

3.2.3　普通模板拆除

(1)拆除条形基础、杯形基础、独立基础或设备基础的模板时,应符合下列规定:

1)拆除前应先检查基槽(坑)土壁的安全状况,发现有松软、龟裂等不安全因素时,应在采取安全防范措施后,方可进行作业。

2)模板和支撑杆件等应随拆随运,不得在离槽(坑)上口边缘1 m以内堆放。

3)拆除模板时,施工人员必须站在安全地方。应先拆内外木楞、再拆木面板;钢模板应先拆钩头螺栓和内外钢楞,后拆U形卡和L形插销,拆下的钢模板应妥善传递或用绳钩放置地面,不得抛掷。拆下的小型零配件应装入工具袋内或小型箱笼内,不得随处乱扔。

(2)拆除柱模应符合下列规定:

1)柱模拆除应分别采用分散拆和分片拆两种方法。

分散拆除的顺序应为:

拆除拉杆或斜撑、自上而下拆除柱箍及横楞、拆除竖楞、自上而下拆除配件及模板、运走分类堆放、清理、拔钉、钢模维修、刷防锈油或脱模剂、入库备用。

分片拆除的顺序应为:

拆除全部支撑系统、自上而下拆除柱箍及横楞、拆掉柱角U形卡、分2片或4片拆除模板、原地清理、刷防锈油或脱模剂、分片运至新支模地点备用。

2)柱子拆下的模板及配件不得向地面抛掷。

(3)拆除墙模应符合下列规定:

1)墙模分散拆除顺序应为:

拆除斜撑或斜拉杆、自上而下拆除外楞及对拉螺栓、分层自上而下拆除木楞或钢楞及零配件和模板、运走分类堆放、拔钉清理或清理检修后刷防锈油或脱模剂、入库备用。

2)预组拼大块墙模拆除顺序应为:

拆除全部支撑系统、拆卸大块墙模接缝处的连接型钢及零配件、拧去固定埋设件的螺栓及大部分对拉螺栓、挂上吊装绳扣并略拉紧吊绳后,拧下剩余对拉螺栓,用方木均匀敲击大块墙模立楞及钢模板,使其脱离墙体,用撬棍轻轻外撬大块墙模板使全部脱离,指挥起吊、运走、清理、刷防锈油或脱模剂备用。

3)拆除每一大块墙模的最后2个对拉螺栓后,作业人员应撤离大模板下侧,以后的操作均应在上部进行。个别大块模板拆除后产生局部变形者应及时整修好。

4)大块模板起吊时,速度要慢,应保持垂直,严禁模板碰撞墙体。

(4)拆除梁、板模板应符合下列规定:

1)梁、板模板应先拆梁侧模,再拆板底模,最后拆除梁底模,并应分段分片进行,严禁成片撬落或成片拉拆。

2)拆除时,作业人员应站在安全的地方进行操作,严禁站在已拆或松动的模板上进行拆除作业。

3)拆除模板时,严禁用铁棍或铁锤乱砸,已拆下的模板应妥善传递或用绳钩放至地面。

4)严禁作业人员站在悬臂结构边缘敲拆下面的底模。

5)待分片、分段的模板全部拆除后,方允许将模板、支架、零配件等按指定地点运出堆放,并进行拔钉、清理、整修、刷防锈油或脱模剂,入库备用。

3.2.4 特殊模板拆除

(1)对于拱、薄壳、圆穹屋顶和跨度大于 8 m 的梁式结构,应按设计规定的程序和方式从中心沿环圈对称向外或从跨中对称向两边均匀放松模板支架立柱。

(2)拆除圆形屋顶、筒仓下漏斗模板时,应从结构中心处的支架立柱开始,按同心圆层次对称地拆向结构的周边。

(3)拆除带有拉杆拱的模板时,应在拆除前先将拉杆拉紧。

3.2.5 爬升模板拆除

(1)拆除爬升模板应有拆除方案,且应由技术负责人签署意见,应向有关人员进行安全技术交底后,方可实施拆除。

(2)拆除时应先清除脚手架上的垃圾杂物,并应设置警戒区由专人监护。

(3)拆除时应设专人指挥,严禁交叉作业。拆除顺序应为:悬挂脚手架和模板、爬升设备、爬升支架。

(4)已拆除的物件应及时清理、整修和保养,并运至指定地点备用。

(5)遇 5 级以上大风应停止拆除作业。

3.2.6 飞模拆除

(1)脱模时,梁、板混凝土强度等级不得小于设计强度的 75%。

(2)飞模的拆除顺序、行走路线和运到下一个支模地点的位置,均应按飞模设计的有关规定进行。

(3)拆除时应先用千斤顶顶住下部水平连接管,再拆去木楔或砖墩(或拔出钢套管连接螺栓,提起钢套管)。推入可任意转向的四轮台车,松开千斤顶使飞模落在台车上,随后推运至主楼板外侧搭设的平台上,用塔吊吊至上层重复使用。若不需重复使用时,应按普通模板的方法拆除。

(4)飞模拆除必须有专人统一指挥,飞模尾部应绑安全绳,安全绳的另一端应套在坚固的建筑结构上,且在推运时应徐徐放松。

(5)飞模推出后,楼层外边缘应立即绑好护身栏。

3.2.7 隧道模拆除

(1)拆除前应对作业人员进行安全技术交底和技术培训。

(2)拆除导墙模板时,应在新浇混凝土强度达到 1.0 N/mm² 后,方准拆模。

(3)拆除隧道模应按下列顺序进行:

1)新浇混凝土强度应在达到承重模板拆模要求后,方准拆模。

2)应采用长柄手摇螺帽杆将连接顶板的连接板上的螺栓松开,并应将隧道模分成 2

个半隧道模。

3)拔除穿墙螺栓,并旋转垂直支撑杆和墙体模板的螺旋千斤顶,让滚轮落地,使隧道模脱离顶板和墙面。

4)放下支卸平台防护栏杆,先将一边的半隧道模推移至支卸平台上,然后再推另一边半隧道模。

5)为使顶板不超过设计允许荷载,经设计核算后,应加设临时支撑柱。

(4)半隧道模的吊运方法,可根据具体情况采用单点吊装法、两点吊装法、多点吊装法或鸭嘴形吊装法。

3.3　安全管理

(1)从事模板作业的人员,应经安全技术培训。从事高处作业人员,应定期体检,不符合要求的不得从事高处作业。

(2)安装和拆除模板时,操作人员应配戴安全帽、系安全带、穿防滑鞋。安全帽和安全带应定期检查,不合格者严禁使用。

(3)模板及配件进场应有出厂合格证或当年的检验报告,安装前应对所用部件(立柱、楞梁、吊环、扣件等)进行认真检查,不符合要求者不得使用。

(4)模板工程应编制施工设计和安全技术措施,并应严格按施工设计与安全技术措施的规定进行施工。满堂模板、建筑层高 8 m 及以上和梁跨大于或等于 15 m 的模板,在安装、拆除作业前,工程技术人员应以书面形式向作业班组进行施工操作的安全技术交底,作业班组应对照书面交底进行上、下班的自检和互检。

(5)施工过程中的检查项目应符合下列要求:

1)立柱底部基土应回填夯实。

2)垫木应满足设计要求。

3)底座位置应正确,顶托螺杆伸出长度应符合规定。

4)立杆的规格尺寸和垂直度应符合要求,不得出现偏心荷载。

5)扫地杆、水平拉杆、剪刀撑等的设置应符合规定,固定应可靠。

6)安全网和各种安全设施应符合要求。

(6)在高处安装和拆除模板时,周围应设安全网或搭脚手架,并应加设防护栏杆。在临街面及交通要道地区,应设警示牌,并派专人看管。

(7)作业时,模板和配件不得随意堆放,模板应放平放稳,严防滑落。脚手架或操作平台上临时堆放的模板不宜超过 3 层,连接件应放在箱盒或工具袋中,不得散放在脚手板上。脚手架或操作平台上的施工总荷载不得超过其设计值。

(8)对负荷面积大和高 4 m 以上的支架立柱采用扣件式钢管、门式钢管脚手架时,除应有合格证外,对所用扣件应采用扭矩扳手进行抽检,达到合格后方可承力使用。

(9)多人共同操作或扛抬组合钢模板时,必须密切配合、协调一致、互相呼应。

(10)施工用的临时照明和行灯的电压不得超过 36 V;当为满堂模板、钢支架施工并在特别潮湿的环境时,不得超过 12 V。照明、行灯及机电设备的移动线路应采用绝缘橡胶套电缆线。

(11)有关避雷、防触电和架空输电线路的安全距离应符合国家现行标准《施工现场临时用电安全技术规范》(JGJ 46—2005)的有关规定。施工用的临时照明和动力线应采用绝缘线和绝缘电缆线,且不得直接固定在钢模板上。夜间施工时,应有足够的照明,并应制定夜间施工的安全措施。施工用临时照明和机电设备线严禁非电工乱拉乱接。同时还应经常检查线路的完好情况,严防绝缘破损漏电伤人。

(12)模板安装高度在2 m及以上时,应符合国家现行标准《建筑施工高处作业安全技术规范》(JGJ 80—1991)的有关规定。

(13)模板安装时,上下应有人接应,随装随运,严禁抛掷。且不得将模板支搭在门窗框上,也不得将脚手板支搭在模板上,并严禁将模板与上料井架及有车辆运行的脚手架或操作平台支成一体。

(14)支模过程中如遇中途停歇,应将已就位模板或支架连接稳固,不得浮搁或悬空。拆模中途停歇时,应将已松扣或已拆松的模板、支架等拆下运走,防止构件坠落或作业人员扶空坠落伤人。

(15)作业人员严禁攀登模板、斜撑杆、拉条或绳索等,不得在高处的墙顶、独立梁或在其模板上行走。

(16)模板施工中应设专人负责安全检查,发现问题应报告有关人员处理。当遇险情时,应立即停工和采取应急措施;待修复或排除险情后,方可继续施工。

(17)寒冷地区冬期施工用钢模板时,不宜采用电热法加热混凝土,否则应采取防触电措施。

(18)在大风地区或大风季节施工时,模板应有抗风的临时加固措施。

(19)当钢模板高度超过15 m时,应安设避雷设施,避雷设施的接地电阻不得大于4 Ω。

(20)当遇大雨、大雾、沙尘、大雪或6级以上大风等恶劣天气时,应停止露天高处作业。5级及以上风力时,应停止高空吊运作业。雨、雪停止后,应及时清除模板和地面上的积水及冰雪。

(21)使用后的木模板应拔除铁钉,分类进库,堆放整齐。若为露天堆放,顶面应遮防雨篷布。

(22)使用后的钢模、钢构件应符合下列规定:

1)使用后的钢模、桁架、钢楞和立柱应将黏结物清理洁净,清理时严禁采用铁锤敲击的方法。

2)清理后的钢模、桁架、钢楞、立柱,应逐块、逐榀、逐根进行检查,发现翘曲、变形、扭曲、开焊等必须修理完善。

3)清理整修好的钢模、桁架、钢楞、立柱应刷防锈漆。

4)钢模板及配件,使用后必须进行严格清理检查,已损坏断裂的应剔除,不能修复的应报废。螺栓的螺纹部分应整修上油,然后应分别按规格分类装在箱笼内备用。

5)钢模板及配件等修复后,应进行检查验收。凡检查不合格者应重新装修。待合格后方准应用,其修复后的质量标准应符合表3.1的规定。

表 3.1　钢模板及配件修复后的质量标准

项目		允许偏差/mm
钢结构	板面局部不平度	≤2.0
	板面翘曲矢高	≤2.0
	板侧凸棱面翘曲矢高	≤1.0
	板肋平直度	≤2.0
	焊点脱焊	不允许
钢模板	板面锈皮麻面,背面粘混凝土	不允许
	孔洞破裂	不允许
堆配件	U 形卡卡口残余变形	≤1.2
	钢楞及支柱长度方向弯曲度	≤L/1 000
桁架	侧向平直度	≤2.0

6)钢模板由拆模现场运至仓库或维修场地时,装车不宜超出车栏杆,少量高出部分必须拴牢,零配件应分类装箱,不得散装运输。

7)经过维修、刷油、整理合格的钢模板及配件,如需运往其他施工现场或入库,必须分类装入集装箱内,杆应成捆、配件应成箱,清点数量,入库或接收单位验收。

8)装车时,应轻搬轻放,不得相互碰撞。卸车时,严禁成捆从车上推下和拆散抛掷。

9)钢模板及配件应放入室内或敞棚内,当需露天堆放时,应装入集装箱内,底部垫高100 mm,顶面应遮盖防水篷布或塑料布,集装箱堆放高度不宜超过 2 层。

4 高处作业施工安全

4.1 建筑施工安全"三宝"、"四口"

4.1.1 "三宝"防护安全技术

1.安全帽

(1)在发生物体打击的事故分析中,由于不戴安全帽而造成伤害者占事故总数的90%。

(2)安全帽标准。

1)安全帽是防冲击的主要用品,它采用具有一定强度的帽壳和帽衬缓冲结构组成,可以承受和分散坠落物的冲击力,能避免或减轻由于杂物高处坠落对头部的撞击伤害。

2)人体颈椎冲击承受能力是有一定限度的,国标规定:用 5 kg 钢锤自 1 m 高度落下进行冲击试验,头模受冲击力的最大值不应超过 5 kN。耐穿透性能用 3 kg 钢锥自 1 m 高度落下进行试验,钢锥不得与头模接触。

3)帽壳采用半球形,表面光滑,易于滑走落物。前部的帽舌尺寸为 10~55 mm,其余部分的帽檐尺寸为 10~35 mm。

4)帽衬顶端至帽壳顶内面的垂直间距为 20~25 mm,帽衬至帽壳内侧面的水平间距为 5~20 mm。

5)安全帽在保证承受冲击力的前提下,要求越轻越好,质量不应超过 400 g。

6)每顶安全帽上都应标有:制造厂名称、商标、型号、制造年月及许可证编号。每顶安全帽出厂,必须有检验部门批量验证和工厂检查合格证。

(3)戴安全帽时,必须系紧下颚系带,防止安全帽坠落失去防护作用。安全帽在冬季佩戴应在防寒帽外时,随头形大小调节紧牢帽箍,保留帽衬与帽壳之间有缓冲作用的空间。

2.安全网

(1)工程施工过程中,为防止落物和减少污染,必须采用密目式安全网对建筑物进行全封闭。

1)外脚手架施工时,在落地式单排或双排脚手架的外排杆内侧,应随脚手架的升高用密目网封闭。

2)里脚手架施工时,在建筑物外侧距离 10 cm 搭设单排脚手架,随建筑物升高用密目网封闭。当防护架距离建筑物距离较大时,应同时做好脚手架与建筑物每层之间的水平防护。

3)当采用升降脚手架或悬挑脚手架施工时,除用密目网将升降脚手架或悬挑脚手架进行封闭以外,还应对下部暴露出的建筑物门窗等孔洞及框架柱之间的临边,根据临边防护的标准进行防护。

(2)密目式安全立网标准。

1)密目式安全网用于立网,网目密度不应低于 2 000 目/100 cm²。

2)冲击试验。用长 6 m、宽 1.8 m 的密目网,紧绷在刚性试验水平架上。将长100 cm、底面积 2 800 m²、质量 100 kg 的人形砂包一个,砂包方向为长边平行于密目网的长边,砂包位置为距网中心度高 1.5 m 片面上落下,网绳不断裂。

3)耐贯穿性试验。用长 6 m、宽 1.8 m 的密目网,紧绑在与地面倾斜 300°角的试验框架上,网面绷紧。将直径 48～50 mm、质量 5 kg 的脚手管,距框架中心 3 m 高度自由落下,钢管不贯穿为合格标准。

4)每批安全网出厂前,都必须要有国家指定的监督检验部门批量验证和工厂检验合格证。

(3)由于目前安全网厂家多,有些厂家不能保障产品质量,以导致给安全生产带来隐患。为此,强调各地建筑安全监督部门应加强管理。

3.安全带

(1)安全带是主要用于防止人体坠落的防护用品,无论工地内独立悬空。

(2)安全带应正确悬挂,要求如下:

1)架子工使用的安全带绳长应限定在 1.5～2 m。

2)应做垂直悬挂,高挂低用较为安全。

3)当做水平位置悬挂使用时,要注意摆动碰撞。

4)不宜低挂高用。

5)不应将绳打结使用,以免绳结受力剪断。

6)不应将钩直接挂在不牢固物体或非金属墙上,防止绳被割断。

(3)安全带标准。

1)冲击力的大小主要由人体体重和坠落距离而定,坠落距离与安全挂绳长度有关。使用 3 m 以上长绳应加缓冲器。

2)腰带和吊绳破断力不应低于 1.51 kN。

3)安全带的带体上应缝有永久字样的商标、合格证和检验证。合格证上应注明:产品名称、生产年月、拉力试验、冲击试验、制造厂名、检验员姓名。

4)安全带一般使用五年应报废。使用两年后,按批量抽验,以 80 kg 重量,做自由坠落试验,不破断为合格

(4)速差式自控器(可卷式安全带)使用要求如下:

1)速差式自控器是装有一定绳长的盒子,作业时可随意拉出绳索,坠落时凭速度的变化引起自控。

2)速差式自控器固定悬挂在作业点上方,操作者可将自控器内的绳索系在安全带上,自由拉出绳索使用,在一定位置上作业,工作完毕向上移动,绳索自行缩入自控器内。发生坠落时自控器受速度影响自控,对坠落者进行保护。

3)速差式自控器在 1.5 m 距离以内自控为合格。

4.1.2 "四口"防护安全技术

（1）楼梯口、电梯井口防护

1）《建筑施工高处作业安全技术规范》（JGJ 80—1991）规定，进行洞口作业以及因工程工序需要而产生的，使人与物有坠落危险或危及人身安全的其他洞口进行高处作业时，必须按规定设置防护设施。

2）梯口应设置防护栏杆；电梯井口除设置固定栅门外（门栅高度不低于 1.5 m，网格的间距不应大于 15 cm），还应在电梯井内每隔两层（不大于 10 cm）设置一道安全平网。平网内不能有杂物，网与井壁间隙不大于 10 cm。当防护高度超过一个标准层时，不得采用脚手板等碗质材料做水平防护。

3）防护栏杆、防护栅门应符合规范规定，整齐牢固与现场规范化管理相适应。防护设施应安全可靠、整齐美观，能周转使用。

（2）预留洞口坑井防护。

1）按照《建筑施工高处作业安全技术规范》（JGJ 80—1991）规定，对孔洞口（水平孔洞短边尺寸大于 25 cm 的，竖向孔洞高度大于 75 cm 的）都要进行防护。

2）各类洞口的防护具体做法，应针对洞口大小及作业条件在施工组织设计中分别进行设计规定，并在一个单位或在一个施工现场形成定型化。

3）较小的洞口可临时砌死或用定型盖板盖严；较大的洞口可采用贯穿于混凝土板内的钢筋构成防护网，上面满铺竹笆或脚手板；边长在 1.5 m 以上的洞口，张挂安全平网并在四周设防护栏或按作业条件设计合理的防护措施。

（3）通道口防护。

1）防护棚顶部材料可采用 5 cm 厚小板或相当于 1.5 cm 厚木板强度的其他材料，两侧应沿栏杆架用密目式安全立网封严。出入口处防护棚的长度应视建筑物的高度而定，符合坠落半径的尺寸要求。

建筑高度：$h = 2 \sim 5$ m 时，坠落半径 R 为 2 m；

$h = 5 \sim 15$ m 时，坠落半径 R 为 3 m；

$h = 15 \sim 30$ m 时，坠落半径 R 为 4 m；

$h > 30$ m 时，坠落半径 R 为 5 m 以上。

2）防护棚上严禁堆放材料，若因场地狭小，防护棚兼做物料堆放架时，必须经计算确定，按设计图纸验收。

3）当使用竹笆等强度较低材料时，应采用双层防护棚，以对落物起到缓冲作用。

（4）阳台、楼板、屋面等临边防护。

1）防护栏杆上、下两道横杆及栏杆柱组成，上杆离地高度为 1.0 ~ 1.2 m，下杆离地高度为 0.5 ~ 0.6 m。横杆长度大于 2 m 时，必须加设栏杆柱。

2）栏杆柱的固定及其与横杆连接，其整体构造应使防护栏杆在上杆任何处都能经受任何方向的 1 000 N 外力。

3）防护栏杆必须自上而下用密目网封闭，或在栏杆下边设置严密固定的高度不低于

18 cm 的挡脚板。

4)当临边外侧临街道时,除设置防护栏杆外,敞口立面必须采取满挂密目网做全封闭处理。

4.1.3 "三宝"、"四口"及临边防护检查评分标准

"三宝"、"四口"及临边防护检查评分表是对安全帽、安全网、安全带、临边防护、洞口防护、通道口防护、攀登作业、悬空作业、移动式操作平台、物料平台、悬挑式钢平台等的评价。

"三宝"、"四口"及临边防护检查评分见表4.1。

表 4.1　"三宝"、"四口"及临边防护检查评分表

序号	检查项目	扣分标准	应得分数	扣减分数	实得分数
1	安全帽	作业人员不戴安全帽每人扣2分 作业人员未按规定佩戴安全帽每人扣1分 安全帽不符合标准每顶扣1分	10		
2	安全网	在建工程外侧未采用密目式安全网封闭或网间不严扣10分 安全网规格、材质不符合要求扣10分	10		
3	安全带	作业人员未系挂安全带每人扣5分 作业人员未按规定系挂安全带每人扣3分 安全带不符合标准每条扣2分	10		
4	临边防护	工作面临边无防护每处扣5分 临边防护不严或不符合规范要求每处扣5分 防护设施未形成定型化、工具化扣5分	10		
5	洞口防护	在建工程的预留洞口、楼梯口、电梯井口,未采取防护措施每处扣3分 防护措施、设施不符合要求或不严密每处扣3分 防护设施未形成定型化、工具化扣5分 电梯井内每隔两层(不大于10 m)未按设计安全平网每处扣5分	10		
6	通道口防护	未搭设防护棚或防护不严、不牢固可靠每处扣5分 防护棚两侧未进行防护每处扣6分 防护棚宽度不大于通道口宽度每处扣4分 防护棚长度不符合要求每处扣6分 建筑物高度超过30 m,防护棚顶未采用双层防护每处扣5分 防护棚的材质不符合要求每处扣5分	10		
7	攀登作业	移动式梯子的梯脚底部垫高使用每处扣5分 折梯使用未有可靠拉撑装置每处扣5分 梯子的制作质量或材质不符合要求每处扣5分	5		

续表 4.1

序号	检查项目	扣分标准	应得分数	扣减分数	实得分数
8	悬空作业	悬空作业处未设置防护栏杆或其他可靠的安全设施每处扣5分 悬空作业所用的索具、吊具、料具等设备,未经过技术鉴定或验证、验收每处扣5分	5		
9	移动式操作平台	操作平台的面积超过10 m²或高度超过5 m扣6分 移动式操作平台,轮子与平台的连接不牢固可靠或立柱底端距离地面超过80 mm扣10分 操作平台的组装不符合要求扣10分 平台台面铺板不严扣10分 操作平台四周未按规定设置防护栏杆或未设置登高扶梯扣10分 操作平台的材质不符合要求扣10分	10		
10	物料平台	物料平台未编制专项施工方案或未经设计计算扣10分 物料平台搭设不符合专项方案要求扣10分 物料平台支撑架未与工程结构连接或连接不符合要求扣8分 平台台面铺板不严或台面层下方未按要求设置安全平网扣10分 材质不符合要求扣10分 物料平台未在明显处设置限定荷载标牌扣3分	10		
11	悬挑式钢平台	悬挑式钢平台未编制专项施工方案或未经设计计算扣10分 悬挑式钢平台的搁支点与上部拉结点,未设置在建筑物结构上扣10分 斜拉杆或钢丝绳,未按要求在平台两边各设置两道扣10分 钢平台未按要求设置固定的防护栏杆和挡脚板或栏板扣10分 钢平台台面铺板不严,或钢平台与建筑结构之间铺板不严扣10分 平台上未在明显处设置限定荷载标牌扣6分	10		
检查项目合计			100		

4.2　高处作业的安全防护

4.2.1　高处作业的基本安全要求

（1）每个工程项目中涉及的所有高处作业的安全技术措施必须列入工程的施工组织设计,并经公司上级主管部门审批后方可施工。

(2)施工前,应逐级进行安全技术教育及交底,落实所有安全技术措施和人身防护用品,未经落实不得进行施工。

(3)高处作业中的安全标志、工具、仪表、电气设施等各种设备,必须在施工前加以检查,确认其完好,方能投入使用。

(4)攀登和悬空高处作业人员以及搭设高处作业安全设施的人员,必须经过专业技术培训及专业考试合格,持证上岗,并必须定期进行身体检查。

(5)高处作业人员必须正确穿戴好个人防护用品。

(6)高处作业中所用的物料,均应堆放平稳,不得妨碍通行和装卸。对有坠落可能的物件,应一律先行撤除或加以固定。

工具应随手放入工具袋;作业中的通道板和登高用具,应随时清理干净;拆卸下的物件及余料和废料均应及时清理运走,不得任意乱置或向下丢弃。传递物件禁止抛掷。

(7)雨天和雪天进行高处作业时,必须采取可靠的防滑、防寒和防冻措施。

对进行高处作业的高耸建筑物,应事先设置避雷设施。遇有6级以上强风、浓雾等恶劣气候,不得进行露天攀登与悬空高处作业。暴风雪及台风暴雨后,应对高处作业安全设施逐一加以检查,发现有松动、变形、损坏或脱落等现象,应立即修理完善。

(8)用于高处作业的防护设施,不得擅自拆除。确因作业需要,临时拆除或变动安全防护设施时,必须经施工负责人同意,并采取相应的可靠措施,作业后应立即恢复。

(9)建筑物出入口应搭设长6 m,且宽于出入通道两侧各1 m的防护棚,棚顶满铺不小于5 cm厚的脚手板,防护棚两侧必须封严。

(10)施工中如果发现高处作业的安全设施有缺陷和隐患,必须及时解决;危及人身安全时,必须停止作业。

(11)高处作业的防护棚搭设与拆除时,应设置警戒区并应派专人监护。严禁上下同时拆除。

(12)高处作业应建立和落实各级安全生产责任制,对高处作业安全设施,应做到防护要求明确,技术合理,经济适用。

(13)高处作业安全设施的主要受力杆件,力学计算按一般结构力学公式,强度及挠度计算按现行有关规范进行,但钢受弯构件的强度计算不考虑塑性影响,构造上应符合现行的相应规范的要求。

4.2.2　临边作业

1.临边作业防护措施

对临边高处作业,必须设置防护措施,并符合下列规定:

(1)基坑周边,尚未安装栏杆或栏板的阳台、料台与挑平台周边,雨篷与挑檐边,无外脚手架的屋面与楼层周边及水箱与水塔周边等处,都必须设置防护栏杆。

(2)头层墙高度超过3.2 m的二层楼面周边,以及无外脚手架的高度超过3.2 m的楼层周边,必须在外围架设安全平网一道。如图4.1所示。

根据建设部颁发的《建筑施工安全检查标准》(JGJ 59—1999)的规定,取消了平网在落地式脚手架外围的使用,改为立网全封闭。立网应该使用密目式安全网,其标准是:密

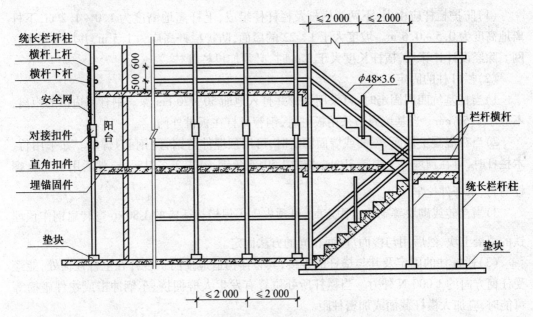

图 4.1　楼梯、楼层和阳台临边防护栏杆

目密度不低于 2 000 个/cm²;做耐贯穿试验:将网与地面成 300°夹角,在其中心上方 3 m 处,用 5 kg 重的钢管(管径 48～51 mm)垂直自由落下,不穿透。

(3)分层施工的楼梯口和梯段边,必须安装临时护栏。回转式楼梯间应支设首层水平安全网,每隔 4 层设一道水平安全网。对于主体工程上升阶段的顶层楼梯口应随工程结构进度安装正式防护栏杆。

(4)井架与建筑物通道的两侧边,必须设防护栏杆。地面通道上部应装设安全防护棚。双笼井架通道中间,应予分隔封闭。

(5)各种垂直运输接料平台,除两侧设防护栏杆外,平台口还应设置安全门或活动防护栏杆。

(6)阳台栏板应随工程结构进度及时进行安装。

2.防护栏杆规格与连接要求

临边防护栏杆杆件的规格及连接要求,应符合下列规定:

(1)钢筋横杆上杆直径不应小于 16 mm,下杆直径不应小于 14 mm,栏杆柱直径不应小于 18 mm,采用电焊或镀锌钢丝绑扎固定。

(2)原木横杆上杆直径不应小于 70 mm,下杆直径不应小于 60 mm,栏杆柱直径不应小于 75 mm。并须用相应长度的圆钉钉紧,或用不小于 12 号的镀锌钢丝绑扎,要求表面平顺和稳固无动摇。

(3)钢管横杆及栏杆柱均采用 $\phi48×(2.75～3.5)$ mm 的管材,以扣件或电焊固定。

(4)以其他钢材如角钢等作防护栏杆杆件时,应选用强度相当的规格,以电焊固定。

3.防护栏杆搭设要求

搭设临边防护栏杆时,必须符合下列要求:

（1）防护栏杆应由上、下两道横杆及栏杆柱组成，上杆离地高度为 1.0~1.2 m，下杆离地高度为 0.5~0.6 m。坡度大于 1:22 的屋面，防护栏杆高应为 1.5 m，并加挂安全立网。除经设计计算外，横杆长度大于 2 m 时，必须加设栏杆柱。

（2）栏杆柱的固定。

1）当在基坑四周固定时，可采用钢管并打入地面 50~70 cm 深。钢管离边口的距离，不应小于 50 cm。当基坑周边采用板桩时，钢管可打在板桩外侧。

2）当在混凝土楼面、屋面或墙面固定时，可用预埋件与钢管（钢筋）焊牢。如采用竹、木栏杆时，可在预埋件上焊接 30 cm 长的 L50×5 角钢，其上下各钻一孔，然后用 10 mm 螺栓与竹、木杆件拴牢。

3）当在砖或砌块等砌体上固定时，可预先砌入规格相适应的 L80×6 弯转扁钢作预埋铁的混凝土块，然后用与楼面、屋面相同的方法固定。

（3）栏杆柱的固定及其与横杆的连接，其整体构造应使防护栏杆在上杆任何处，能经受任何方向的 1 000 N 外力。当栏杆所处位置有发生人群拥挤、车辆冲击或物件碰撞等可能时，应加大横杆截面或加密柱距。

（4）防护栏杆必须自上而下用安全立网封闭，或在栏杆下边设置严密固定的高度不低于 180 mm 的挡脚板或 400 mm 的挡脚笆。挡脚板与挡脚笆上如有孔眼，不应大于 25 mm。板与笆下边距离底面的空隙不应大于 10 mm。

但接料平台两侧的栏杆必须自上而下加挂安全立网。

4.2.3　洞口作业

（1）进行洞口作业以及在因工程和工序需要而产生的，使人与物有坠落危险或危及人身安全的其他洞口进行高处作业时，必须按下列规定设置防护设施：

1）板与墙的洞口，必须设置牢固的盖板、防护栏杆、安全网或其他防坠落的防护设施。

2）电梯井口，视具体情况设防护栏杆和固定栅门或工具式栅门，电梯井内每隔两层或最多隔 10 m 就应设一道安全平网。也可以按当地习惯，设固定的格栅或砌筑矮墙等。

3）钢管桩、钻孔桩等桩孔上口，杯形、条形基础上口，未填土的坑槽，以及人孔、天窗、地板门等处，都要按洞口防护设置稳固的盖件。

4）施工现场通道附近的各类洞口与坑槽等处，除设置防护设施与安全标志外，夜间还应设红灯示警。

（2）洞口根据具体情况采取设防护栏杆、加盖件、张挂安全网与装栅门等措施时，必须符合下列要求：

1）楼板、屋面和平台等面上短边尺寸小于 25 cm 但大于 2.5 cm 的孔口。

2）楼板面等处边长为 25~50 cm 的洞口、安装预制构件时的洞口以及缺件临时形成的洞口，可用竹、木等作盖板盖住洞口。盖板须能保持四周搁置均衡，并有固定其位置的措施。

3）短边边长为 50~150 cm 的洞口，必须设置以扣件扣接钢管而成的网格，并在其上满铺竹笆或脚手板。也可采用贯穿于混凝土板内的钢筋构成防护网,钢筋网格间距不得大于 20 cm。

4)边长在 150 cm 以上的洞口,四周设防护栏杆,洞口下张设安全平网。

5)垃圾井道和烟道,应随楼层的砌筑或安装而消除洞口,或参照预留洞口作防护。管道井施工时,除按上述办理外,还应加设明显的标志。如有临时性拆移,需经施工负责人核准,工作完毕后必须恢复防护设施。

6)墙面等处的竖向洞口,凡落地的洞口应加装开关式、工具式或固定式的防护门,门栅网格的间距不应大于 15 cm,也可采用防护栏杆,下设挡脚板(笆)。

7)位于车辆行驶道旁的洞口、深沟与管道坑、槽,所加盖板应能承受不小于当地额定卡车后轮有效承载力 2 倍的荷载。

8)下边沿至楼板或底面低于 80 cm 的窗台等竖向洞口,如侧边落差大于 2 m 时,应加设 1.2 m 高的临时护栏。

9)对邻近的人与物有坠落危险性的其他竖向的孔、洞口,均应予以盖设或加以防护,并有固定其位置的措施。

(3)洞口防护设施的构造型式如图 4.2 所示。

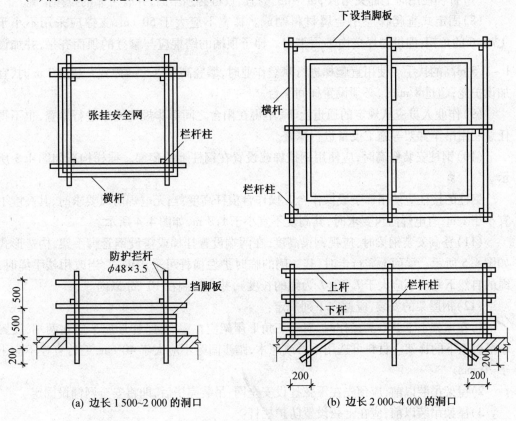

(a) 边长 1 500~2 000 的洞口　　(b) 边长 2 000~4 000 的洞口

图 4.2　洞口防护栏杆

4.2.4　攀登作业

（1）在施工组织设计中应确定用于现场施工的登高或攀登设施。现场登高应借助建筑结构或脚手架上的登高设施，也可采用载人的垂直运输设备等，进行攀登作业时可使用梯子或采用其他攀登设施。

（2）柱、梁和行车梁等构件吊装所需的直爬梯及其他登高用拉攀件，先应在构件施工图或说明内作出规定。

（3）攀登的用具，结构构造上必须牢固可靠。当梯面上有特殊作业，重量超过上述荷载时，应按实际情况加以验算。供人上下的踏板其使用荷载不应大于 1 100 N。

（4）移动式梯子，均应按现行的国家标准验收其质量。

（5）梯脚底部应坚实，不得垫高使用。梯子的上端应有固定措施。立梯不得有缺档，踏板上下间距以 30 cm 为宜。

（6）梯子如需接长使用，必须有可靠的连接措施，且接头不得超过 1 处。连接后梯梁的强度，不应低于单梯梯梁的强度。

（7）折梯使用时上部夹角以 35°~45° 为宜，铰链必须牢固，并有可靠的拉撑措施。

（8）固定式直爬梯应用金属材料制成。梯宽不应大于 50 cm，支撑应采用不小于 L70×6 的角钢，埋设与焊接均必须牢固。梯子顶端的踏棍应与攀登的顶面齐平，并加设 1~1.5 m 高的扶手。使用直爬梯进行攀登作业时，攀登高度以 5 m 为宜。超过 2 m 时，宜加设护笼；超过 8 m 时，必须设置梯间平台。

（9）作业人员应从规定的通道上下，不得在阳台之间等非规定通道进行攀登，也不得任意利用吊车臂架等施工设备进行攀登。

（10）钢柱安装登高时，应使用钢挂梯或设置在钢柱上的爬梯。挂梯构造如图 4.3 所示。

钢柱的接柱应使用梯子或操作台。操作台横杆高度：当无电焊防风要求时，其高度不宜小于 1 m；有电焊防风要求时，其高度不宜小于 1.8 m，如图 4.4 所示。

（11）登高安装钢梁时，应视钢梁高度，在两端设置挂梯或搭设钢管脚手架，构造形式如图 4.5 所示。梁面上需行走时，其一侧的临时护栏横杆可采用钢索，当改用扶手绳时，绳的自然下垂度不应大于 $L/20$（L 为绳的长度），并应控制在 10 cm 以内。

（12）钢屋架的安装，应遵守下列规定：

1）在屋架上下弦登高操作时，对于三角形屋架应在屋脊处，梯形屋架应在两端，设置攀登时上下的梯架。材料可选用毛竹或原木，踏步间距不应大于 40 cm，毛竹直径不应小于 70 mm。

2）屋架吊装以前，应预先在下弦挂设安全网；吊装完毕后，即将安全网铺设固定。

3）屋架吊装以前，应在上弦设置防护栏杆。

4.2.5　悬空作业

（1）悬空作业处应有牢靠的立足处并必须视具体情况配置防护栏网、栏杆或其他安

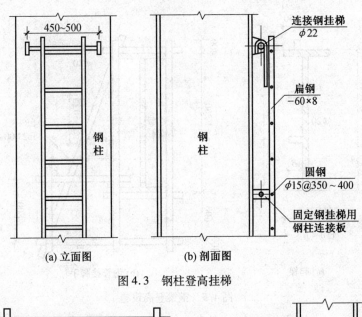

(a) 立面图　　　(b) 剖面图

图 4.3　钢柱登高挂梯

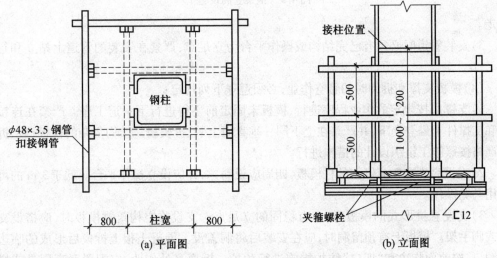

(a) 平面图　　　(b) 立面图

图 4.4　钢柱接柱用操作台

全设施。

(2)悬空作业所用的索具、脚手板、吊篮、吊笼、平台等设备,均需经过技术鉴定或验证方可使用。

(3)构件吊装和管道安装时的悬空作业,必须遵守下列规定:

1)钢结构的吊装,构件应尽可能在地面组装,并应搭设进行临时固定、电焊、高强螺栓连接等工序的高空安全设施,随构件同时上吊就位。拆卸时的安全措施,也应一并考虑和落实。高空吊装预应力钢筋混凝土屋架、桁架等大型构件前,也应搭设悬空作业中所需的安全设施。

2)悬空安装大模板、吊装第一块预制构件、吊装单独的大中型预制构件时,必须站在操作平台上操作。吊装中的大模板和预制构件以及石棉水泥板等屋面板上,严禁站人和

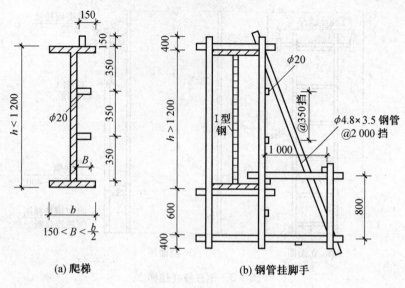

(a) 爬梯　　　　　　　　(b) 钢管挂脚手

图 4.5　钢梁登高设施

行走。

3)安装管道时必须有已完结构或操作平台为立足点,严禁在安装的管道上站立和行走。

(4)模板支撑和拆卸时的悬空作业,必须遵守下列规定:

1)支撑应按规定的作业程序进行,模板未固定前不得进行下一道工序。严禁在连接件和支撑件上攀登上下,并严禁在上下同一垂直面上装、拆模板。结构复杂的模板,装、拆应严格按照施工组织设计的措施进行。

2)支设高度在 3 m 以上的柱模板,四周应设斜撑,并应设立操作平台。低于 3 m 的可使用马凳操作。

3)支设悬挑形式的模板时,应有稳固的立足点。支设临空构筑物模板时,应搭设支架或脚手架。模板上有预留洞时,应在安装后将洞盖没。混凝土板上拆模后形成的临边或洞口,按前面临边和"四口"防护措施进行防护。拆模高处作业,应配置登高用具或搭设支架。

(5)钢筋绑扎时的悬空作业,必须遵守下列规定:

1)绑扎圈梁、挑梁、挑檐、外墙和边柱等钢筋时,应搭设操作平台和张挂安全网。

2)绑扎钢筋和安装钢筋骨架时,必须搭设脚手架和马道。悬空大梁钢筋的绑扎,必须在满铺脚手板的支架或操作平台上操作。

3)绑扎立柱和墙体钢筋时,不得站在钢筋骨架上或攀登骨架上下。3 m 以内的柱钢筋,可在地面或楼面上绑扎,整体竖立。绑扎 3 m 以上的柱钢筋,必须搭设操作平台。

(6)混凝土浇筑时的悬空作业,必须遵守下列规定:

1)浇筑离地 2 m 以上框架、过梁、雨篷和小平台混凝土时,应设操作平台,不得直接站在模板或支撑件上操作。

2)浇筑拱形结构,应自两边拱脚对称地相向进行。浇筑储仓,下口应先行封闭,并搭设脚手架以防人员坠落。

3)特殊情况下如无可靠的安全设施,必须系好安全带并扣好保险钩,或架设安全网。

(7)进行预应力张拉的悬空作业时,必须遵守下列规定:

1)进行预应力张拉时,应搭设站立操作人员和设置张拉设备用的牢固可靠的脚手架或操作平台。雨天张拉时,还应架设防雨篷。

2)孔道灌浆应按预应力张拉安全设施的有关规定进行。

3)预应力张拉区域应标示明显的安全标志,禁止非操作人员进入。张拉钢筋的两端必须设置挡板,挡板应距所张拉钢筋的端部 1.5~2 m,且应高出最上一组张拉钢筋 0.5 m,其宽度应距张拉钢筋两外侧各不小于 1 m。

(8)悬空进行门窗作业时,必须遵守下列规定:

1)安装门、窗、玻璃及刷油漆时,严禁操作人员站在樘子、阳台栏板上操作。门、窗临时固定,封填材料未达到强度或电焊时,严禁手拉门、窗进行攀登。

2)在高处外墙安装门、窗,无脚手时,应张挂安全网。无安全网时,操作人员应系好安全带,其保险钩应挂在操作人员上方的牢靠物件上。

3)进行各项窗口作业时,操作人员的重心应位于室内,不得在窗台上站立,必要时应系好安全带进行操作。

4.2.6 操作平台

1.移动式操作平台

移动式操作平台如图 4.6 所示,必须符合以下规定方可使用:

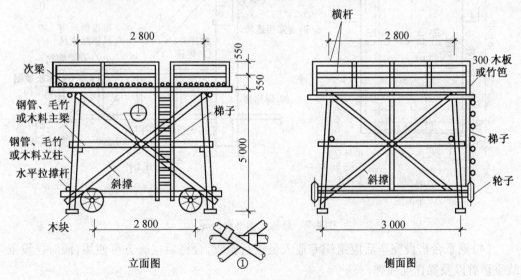

图 4.6 移动式操作平台

(1)操作平台面积不应超过 10 m²,高度不应超过 5 m。同时必须进行稳定计算,并采取措施减少立柱的长细比。

(2)操作平台由专业技术人员按现行的相应规范进行设计,计算及图样应编入施工组织设计。

（3）装设轮子的移动式操作平台，连接应牢固可靠，立杆底端离地面不得大于 80 mm。

（4）操作平台可采用门架式部件，按产品要求进行组装。平台的次梁间距不应大于 40 cm，台面应满铺 5 cm 厚的木板或竹笆。

（5）操作平台四周必须设置防护栏杆，并应设置登高扶梯。

（6）移动式操作平台在移动时，平台上的操作人员必须撤离，不准上面载入移动平台。

2. 悬挑式钢平台

悬挑式钢平台，如图 4.7 所示，必须符合以下规定方可使用：

（1）严格按现行规范进行设计，其结构构造应能防止左右晃动，计算书及图样应编入施工组织设计或专项方案，并按规定进行审批。

（2）悬挑式钢平台的搁支点与上部拉结点必须位于建筑物上，不得设置在脚手架等施工设施上。

（3）斜拉杆或钢丝绳，构造上宜两边各设置前后两道，两道中的每一道均应作单道受力计算。应设 4 只吊环（经验算），吊环用 Q235A—F 沸腾钢（不得使用螺纹钢）。

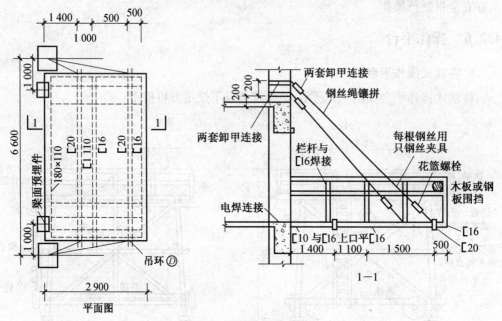

图 4.7　悬挑式钢平台(mm)

（4）钢平台搭设完毕后应组织专业人员进行验收，合格后挂牌方可使用，同时挂设限载重量牌以及操作规程牌。

（5）安装、吊运时应用卸扣(甲)。钢丝绳绳卡应按规定设置(最少不少于 3 只)，钢丝绳与建筑物(柱、梁等)锐角利口处应加软垫物。钢平台外口略高于内口，周边设置固定的防护栏杆，并用结实的挡板进行围挡。钢平台底板不得有破损。

4.2.7 交叉作业

(1)支模、砌墙、粉刷等各工种,在交叉作业中,不得在同一垂直方向上下同时操作。下层作业的位置必须处于依上层高度确定的可能坠落范围半径之外。不符合此条件,中间应设安全防护层。

(2)钢模板、脚手架等拆除时,下方不得有其他操作人员。

(3)钢模板部件拆除后,临时堆放处离楼层边沿不得超过 1 m,堆放高度不得超过 1 m。楼层边口、通道口、脚手架边缘严禁堆放任何拆下物件。

(4)结构施工自二层起,凡人员进出的通道口(包括井架、施工用电梯的进出通道口)均应搭设安全防护棚。高度超过 24 m 的层次上的交叉作业,应设双层防护棚。

(5)由于上方施工可能坠落物件以及处于起重机把杆回转范围之内的通道,在其受影响的范围内,必须搭设顶部能防止穿透的双层防护棚。防护棚的宽度,根据建筑物与围墙的距离而定,如果超过 6 m 的搭设宽度减为 6 m,不满 6 m 的应搭满。

4.2.8 高处作业安全防护设施的验收

建筑施工进行高处作业之前,应进行安全防护设施的逐项检查和验收。验收合格后,方可进行高处作业。但验收也可分层进行或分阶段进行。

安全防护设施,应由单位工程负责人验收,并组织有关人员参加。

安全防护设施的验收,应具备下列资料:

(1)施工组织设计及有关验算数据。

(2)安全防护设施变更记录及签证。

(3)安全防护设施验收记录。

安全防护设施的验收,主要包括以下内容:

(1)所有临边、洞口等各类技术措施的设置状况。

(2)技术措施所用的配件、材料和工具的规格和材质。

(3)技术措施的节点构造及其与建筑物的固定情况。

(4)扣件和连接件的紧固程度。

(5)安全防护设施的用品及设备的性能与质量是否合格的验证。

安全防护设施的验收应按类别逐项查验,并作出验收记录。凡不符合规定者,必须整改合格后再行查验。施工工期内还应定期进行抽查。

5 施工现场用电安全

5.1 施工现场临时用电管理

5.1.1 临时用电组织设计

1. 临时用电组织设计范围

按照《施工现场临时用电安全技术规范》（JGJ 46—2005）的规定，临时用电设备在 5 台及 5 台以上或设备总容量在 50 kW 及 50 kW 以上者，应编制临时用施工组织设计，临时用电设备在 5 台以下和设备总容量在 50 kW 以下者，应制定安全用电技术措施及电气防火措施。

以上是施工现场临时用电管理应当遵循的第一项技术原则。

2. 临时用电组织设计的主要内容

(1)现场勘测。

(2)确定电源进线、变电所或配电室、配电装置、用电设备位置及线路走向。

(3)进行负荷计算。

(4)选择变压器。

(5)设计配电系统。

1)设计配电线路，选择导线或电缆。

2)设计配电装置，选择电器。

3)设计接地装置。

4)绘制临时用电工程图纸，主要包括用电工程总平面图、配电装置布置图、配电系统接线图、接地装置设计图。

5)确定防护措施。

6)设计防雷装置。

7)制定安全用电措施和电气防火措施。

3. 临时用电组织设计程序

(1)临时用电工程图纸应单独绘制，临时用电工程应按图施工。

(2)临时用电组织设计及变更时，必须履行"编制、审核、批准"程序，由电气工程技术人员组织编制，经相关部门审核及具有法人资格企业的技术负责人批准后实施。变更用电组织设计时应补充有关图纸资料。

(3)临时用电工程必须经编制、审核、批准部门和使用单位共同验收，合格后方可投入使用。

4.临时用电施工组织设计审批手续

（1）施工现场临时用电施工组织设计必须由施工单位的电气工程技术人员编制。封面上要注明工程名称、施工单位、编制人并加盖单位公章。

（2）施工单位所编制的施工组织设计，必须符合《施工现场临时用电安全技术规范》（JGJ 46—2005）中的有关规定。

（3）临时用电施工组织设计必须在开工前15日内报上级主管部门审核，批准后方可进行临时用电施工。施工时要严格执行审核后的施工组织设计。当需要变更施工组织设计时，应补充有关图纸资料同样需要上报主管部门批准，待批准后，按照修改前、后的临时用电施工组织设计对照施工。

5.1.2　电工及用电人员要求

（1）电工必须经过按国家现行标准考核合格后，持证上岗工作；其他用电人员必须通过相关职业健康安全教育培训和技术交底，考核合格后方可上岗工作。

（2）安装、巡检、维修或拆除临时用电设备和线路，必须由电工完成，并应有人监护。

（3）各类用电人员应掌握安全用电基本知识和所用设备的性能。

（4）电工等级应同工程的难易程度和技术复杂性相适应。

（5）使用电气设备前必须按规定穿戴和配备好相应的劳动防护用品，并应检查电气装置和保护设施，严禁设备带"缺陷"运转。

（6）用电人员保管和维护所用设备，发现问题及时报告解决。

（7）现场暂时停用设备的开关箱必须分断电源隔离开关，并应关门上锁。

（8）用电人员移动电气设备时，必须经电工切断电源并做妥善处理后进行。

5.1.3　施工用电安全技术档案

（1）施工现场临时用电必须建立职业健康安全技术档案，并应包括下列内容：

1）用电组织设计的全部资料。

2）修改用电组织设计的资料。

3）用电工程检查验收表。

4）用电技术交底资料。

5）电气设备的试、检验凭单和调试记录。

6）接地电阻、绝缘电阻和漏电保护器漏电动作参数测定记录表。

7）定期检（复）查表。

8）电工安装、巡检、维修、拆除工作记录。

（2）职业健康安全技术档案应由主管该现场的电气技术人员负责建立与管理。其中"电工安装、巡检、维修、拆除工作记录"可指定电工代管，每周由项目经理审核认可，并应在临时用电工程拆除后统一归档。

（3）临时用电工程应定期检查。定期检查时，应复查接地电阻值和绝缘电阻值。检查周期最长可为：施工现场每月一次，基层公司每季一次。

（4）临时用电工程定期检查应按分部、分项工程进行，对职业健康安全隐患必须及时处理,并应履行复查验收手续。

5.1.4　临时用电安全技术交底

对于现场中一些固定机械设备的防护和操作人员应进行如下交底:

(1)仔细检查电气设备的接零保护线端子有无松动,严禁赤手触摸一切带电绝缘导线。

(2)开机前,认真检查开关箱内的控制开关设备是否齐全有效,漏电保护器是否可靠,发现问题及时向工长汇报,工长派电工处理。

(3)严格执行安全用电规范,凡属于电气维修、安装的工作,必须由电工来操作,严禁非电工进行电工作业。

(4)施工现场临时用电施工,必须执行施工组织设计和职业健康安全操作规程。

5.1.5　非施工区域安全用电要求

(1)不准在宿舍工棚、仓库、办公室内用电水壶、电饭锅、电热杯等电器,如需使用应由管理部门指定地点。严禁使用电炉。

(2)不准在宿舍内乱拉乱接电源。只有专职电工可以接线、换保险丝,其他人不准私自进行,更不准用其他金属丝代替熔丝(保险丝)。

(3)不准在潮湿的地上摆弄电器,不得用湿手接触电器,严禁不用插头而直接将电线的金属丝插入插座,以防触电。

(4)不要抓着电线来扯出插头,应用手拔出。

(5)严禁在电线上晾衣服和挂其他东西。

(6)如果发现有损坏的电线,插头、插座,要马上报告。专职安全员会贴上警告标识,以免其他人员使用。

5.2　配电系统的安全管理

5.2.1　配电室及自备电源

1.配电室

(1)配电室应靠近电源,并应设在灰尘少、潮气少、振动小、无腐蚀介质、无易燃易爆物及道路畅通的地方。

(2)成列的配电柜和控制柜两端应与重复接地线及保护零线做电气连接。

(3)配电室和控制室应能自然通风,并应采取防止雨雪侵入和动物进入的措施。

(4)配电室布置应符合下列要求:

1)配电柜正面的操作通道宽度,单列布置或双列背对背布置不小于1.5 m,双列面对面布置不小于2 m。

2)配电柜后面的维护通道宽度,单列布置或双列面对面布置不小于0.8 m,双列背对背布置不小于1.5 m,个别地点有建筑物结构凸出的地方,则此点通道宽度可减少0.2 m。

3)配电柜侧面的维护通道宽度不小于1 m。

4)配电的顶棚与地面的距离不低于3 m。

5)配电室内设置值班或检修室时,该室边缘距配电柜的水平距离大于1 m,并采取屏障隔离。

6)配电室内的裸母线与地面垂直距离小于2.5 m时,采用遮栏隔离,遮栏下面通道的高度不小于1.9 m。

7)配电室围栏上端与其正上方带电部分的净距不小于0.075 m。

8)配电装置的上端距顶棚不小于0.5 m。

9)配电室内的母线涂刷有色油漆,以标志相序;以柜正面方向为基准,其涂色符合表5.1规定。

表5.1　母线涂色

相别	颜色	垂直排列	水平排列	引下排列
$L_1(A)$	黄	上	后	左
$L_2(B)$	绿	中	中	中
$L_3(B)$	红	下	前	右
N	淡蓝	—	—	—

10)配电室的建筑物和构筑物的耐火等级不低于3级,室内配置砂箱和可用于扑灭电器火灾的灭火器。

11)配电室的门应向外开,并配锁。

12)配电室的照明分别设置正常照明和事故照明。

(5)配电柜应装设电度表,并应装设电流、电压表。电流表与计费电度表不得共用一组电流互感器。

(6)配电柜应装设电源隔离开关及短路、过载、漏电保护电器。电源隔离开关分断时应有明显可见分断点。

(7)配电柜应编号,并应有用途标记。

(8)配电柜或配电线路停电维修时,应挂接地线,并应悬挂"禁止合闸、有人工作"停电标志牌。停送电必须由专人负责。

(9)配电室应保持整洁,不得堆放任何妨碍操作、维修的杂物。

2.自备电源

(1)发电机组及其控制、配电、修理室等可分开设置;在保证电气安全距离和满足防火要求情况下可合并设置。

(2)发电机组的排烟管道必须伸出室外。发电机组及其控制、配电室内必须配置可用于扑灭电气火灾的灭火器,严禁存放贮油桶。

(3)发电机组电源必须与外电线路电源连锁,严禁并列运行。

(4)发电机组应采用电源中性点直接接地的三相四线制供电系统和独立设置TN-S接零保护系统,其工作接地电阻值应符合《施工现场临时用电安全技术规范》(JGJ 46—

2005)第5.3.1条要求。

(5)发电机控制屏宜装设下列仪表:

1)交流电压表。

2)交流电流表。

3)有功功率表。

4)电度表。

5)功率因数表。

6)频率表。

7)直流电流表。

(6)发电机供电系统府设置电源隔离开关及短路、过载、漏电保护电器。电源隔离开关分断时应有明显可见分断点。

(7)发电机组并列运行时,必须装设同期装置,并在机组同步运行后再向负载供电。

5.2.2　配电线路

1.架空线路安全管理

(1)架空线必须采用绝缘导线。

(2)架空线必须架设在专用电杆上,严禁架设在树木、脚手架及其他设施上。

(3)架空线导线截面的选择应符合下列要求:

1)导线中的计算负荷电流不大于其长期连续负荷允许载流量。

2)线路末端电压偏移不大于其额定电压的5%。

3)按机械强度要求,绝缘铜线截面不小于 $10~\text{mm}^2$,绝缘铝线截面不小于 $16~\text{mm}^2$ 。

4)三相四线制线路的 N 线和 PE 线截面不小于相线截面的50%,单相线路的零线截面与相线截面相同。

5)在跨越铁路、公路、河流、电力线路档距内,绝缘铜线截面不小于 $16~\text{mm}^2$,绝缘铝线截面不小于 $25~\text{mm}^2$ 。

(4)架空线在一个档距内,每层导线的接头数不得超过该层导线条数的50%,且一条导线应只有一个接头。

在跨越铁路、公路、河流、电力线路档距内,架空线不得有接头。

(5)架空线路相序排列应符合下列规定:

1)动力、照明线在二层横担上分别架设时,导线相序排列是:上层横担面向负荷从左侧起依次为 L_1、L_2、L_3。下层横担面向负荷从左侧起依次为 $L_1(L_2 、L_3)$、N、PE。

2)动力、照明线在同一横担上架设时,导线相序排列是:面向负荷从左侧起依次为 L_1、N、L_2、L_3、PE。

(6)架空线路的档距不得大于 35 m。

(7)架空线路的线间距不得小于 0.3 m,靠近电杆的两导线的间距不得小于 0.5 m。

(8)架空线路横担间的最小垂直距离不得小于表5.2所列数值。横担宜采用角钢或方木,低压铁横担角钢应按表5.3选用,方木横担截面应按 80 mm×80 mm 选用。横担长度应按表5.4选用。

表 5.2 横担间的最小垂直距离

排列方式	直线杆	分支或转角杆	排列方式	直线杆	分支或转角杆
高压与低压	1.2	1.0	低压与低压	0.6	0.3

表 5.3 低压铁横担角钢选用

导线截面/mm²	直线杆	分支或转角杆	
		二线及三线	四线及以上
16 25 35 50	∟50×5	2× ∟50×5	2× ∟63×5
70 95 120	∟63×5	2× ∟63×5	2× ∟70×6

表 5.4 横担长度选用

二线	三线,四线	五线
0.7	1.5	1.8

(9)架空线路与邻近线路或固定物的距离应符合表 5.5 的规定。

表 5.5 架空线路与邻近线路或固定物的距离

项目	距离类别					
最小净空距离	架空线路的过引线、接下线与邻线	架空线与架空线电杆外缘		架空线与摆动最大时树梢		
	0.13	0.05		0.50		
最小垂直距离	架空线同杆架设下方的通信、广播线路	架空线最大弧垂与地面			架空线最大弧垂与暂设工程顶端	架空线与邻近电力线路交叉
		施工现场	机动车道	铁路轨道		1 kV 以下 / 1~10 kV
	1.0	4.0	6.0	7.5	2.5	1.2 / 2.5
最小水平距离	架空线电杆与路基边缘	架空线电杆与铁路轨道边缘		架空线边线与建筑物凸出部分		
	1.0	杆高(m)+3.0		1.0		

(10)架空线路宜采用钢筋混凝土杆或木杆。钢筋混凝土杆不得有露筋宽度大于 0.4 mm 的裂纹和扭曲。木杆不得腐杇,其梢径不应小于 140 mm。

(11)电杆埋设深度宜为杆长的 1/10 加 0.6 m,回填土应分层夯实。在松软土质处宜加大埋入深度或采用卡盘等加固。

(12)直线杆和 15° 以下的转角杆,可采用单横担单绝缘子,但跨越机动车道时应采用单横担双绝缘子;15°~45°的转角杆应采用双横担双绝缘子45°以上的转角杆,应采用十字横担。

(13)架空线路绝缘子应按下列原则选择:

1)直线杆采用针式绝缘子。

2)耐张杆采用蝶式绝缘子。

(14)电杆的拉线宜采用不少于 3 根 $\phi4.0$ mm 的镀锌钢丝。拉线与电杆的夹角应在 30°~45°之间。拉线埋设深度不得小于 1 m。电杆拉线如从导线之间穿过,应在高于地面 2.5 m 处装设拉线绝缘子。

(15)因受地形环境限制不能装设拉线时,可采用撑杆代替拉线,撑杆埋设深度不得小于 0.8 m,其底部应垫底盘或石块。撑杆与电杆之间的夹角宜为 30°。

(16)接户线在档距内不得有接头,进线处离地高度不得小于 2.5 m。接户线最小截面应符合表 5.6 规定。接户线线间及与邻近线路间的距离应符合表 5.7 的要求。·

表 5.6　接线户的最小截面

接户线架设方式	接户线长度/m	接户线截面/mm^2	
		铜线	铝线
架空或沿墙敷设	10~25	6.0	10.0
	≤10	4.0	6.0

表 5.7　接户线线间及邻近线路间的距离

接户线架设方式	接户线档距/m	接户线线间距离/mm
架空敷设	≤25	150
	>25	200
沿墙敷设	≤6	100
	>6	150
架空接户线与广播电话线交叉时的距离/mm		接户线在上部,600 接户线在下部,300
架空或沿墙敷设的接户线零线和相线交叉时的距离/mm		100

(17)架空线路必须有短路保护。

采用熔断器做短路保护时,其熔体额定电流不应大于明敷绝缘导线长期连续负荷允许载流量的 1.5 倍。

采用断路器做短路保护时,其瞬动过流脱扣器脱扣电流整定值应小于线路末段单相短路电流。

(18)架空线路必须有过载保护。

采用熔断器或断路器做过载保护时,绝缘导线长期连续负荷允许载流量不应小于熔断器熔体额定电流或断路器长延时过流脱扣器脱扣电流整定值的 1.25 倍。

2.电缆线路安全管理

(1)电缆中必须包含全部工作芯线和用作保护零线或保护线的芯线。需要三相四线制配电的电缆线路必须采用五芯电缆。

五芯电缆必须包含淡蓝、绿/黄两种颜色绝缘芯线。淡蓝色芯线必须用作 N 线。绿/黄双色芯线必须用作 PE 线,严禁混用。

(2)电缆截面的选择应符合《施工现场临时用电安全技术规范》(JGJ 46—2005)中第7.1.3 条 1、2、3 款的规定,根据其长期连续负荷允许载流量和允许电压偏移确定。

(3)电缆线路应采用埋地或架空敷设,严禁沿地面明设,并应避免机械损伤和介质腐蚀。埋地电缆路径应设方位标志。

(4)电缆类型应根据敷设方式、环境条件选择。埋地敷设宜选用铠装电缆。当选用无铠装电缆时,应能防水、防腐。架空敷设宜选用无铠装电缆。

(5)电缆直接埋地敷设的深度不应小于 0.7 m,并应在电缆紧邻上、下、左、右侧均匀敷设不小于 50 mm 厚的细砂,然后覆盖砖或混凝土板等硬质保护层。

(6)埋地电缆在穿越建筑物、构筑物、道路、易受机械损伤、介质腐蚀场所及引出地面从 2.0 m 高到地下 0.2 m 处,必须加设防护套管,防护套管内径不应小于电缆外径的 1.5倍。

(7)埋地电缆与其附近外电电缆和管沟的平行间距不得小于 2 m,交叉间距不得小于1 m。

(8)埋地电缆的接头应设在地面上的接线盒内,接线盒应能防水、防尘、防机械损伤,并应远离易燃、易爆、易腐蚀场所。

(9)架空电缆应沿电杆、支架或墙壁敷设,并采用绝缘子固定,绑扎线必须采用绝缘线,固定点间距应保证电缆能承受自重所带来的荷载,敷设高度应符合《施工现场临时用电安全技术规范》(JGJ 46—2005)中第 7.1 节架空线路敷设高度的要求,但沿墙壁敷设时最大弧垂距地不得小于 2.0 m。架空电缆严禁沿脚手架、树木或其他设施敷设。

(10)在建工程内的电缆线路必须采用电缆埋地引入,严禁穿越脚手架引入。电缆垂直敷设应充分利用在建工程的竖井、垂直孔洞等,并宜靠近用电负荷中心,固定点每楼层不得少于一处。电缆水平敷设宜沿墙或门口刚性固定,最大弧垂距地不得小于 2.0 m。

装饰装修工程或其他特殊阶段,应补充编制单项施工用电方案。电源线可沿墙角、地面敷设,但应采取防机械损伤和电火措施。

(11)电缆线路必须有短路保护和过载保护,短路保护和过载保护电器与电缆的选配应符合《施工现场临时用电安全技术规范》(JGJ 46—2005)规范中第 7.1.17 条和 7.1.18条要求。

3.室内配线安全管理

(1)室内配线必须采用绝缘导线或电缆。

(2)室内配线应根据配线类型采用瓷瓶、瓷(塑料)夹、嵌绝缘槽、穿管或钢索敷设。潮湿场所或埋地非电缆配线必须穿管敷设,管口和管接头应密封。当采用金属管敷设,金属管必须做等电位连接,且必须与 PE 线相连接。

（3）室内非埋地明敷主干线距地面高度不得小于 2.5 m。

（4）架空进户线的室外端应采用绝缘子固定，过墙处应穿管保护，距地面高度不得小于 2.5 m，并应采取防雨措施。

（5）钢索配线的吊架间距不宜大于 12 m。采用瓷夹固定导线时，导线间距不应小于 35 mm，瓷夹间距不应大于 800 mm，采用瓷瓶固定导线时，导线间距不应小于 100 mm，瓷瓶间距不应大于 1.5 m。采用护套绝缘导线或电缆时，可直接敷设于钢索上。

（6）室内配线所用导线或电缆的截面应根据用电设备或线路的计算负荷确定，但铜线截面积不应小于 1.5 mm^2，铝线截面积不应小于 2.5 mm^2。

（7）室内配线必须有短路保护和过载保护，短路保护和过载保护电器与绝缘导线、电缆的选配应符合《施工现场临时用电安全技术规范》（JGJ 46—2005）中第 7.1.17 条和 7.1.18 条要求。对穿管敷设的绝缘导线线路，其短路保护熔断器的熔体额定电流不应大于穿管绝缘导线长期连续负荷允许载流量的 2.5 倍。

5.2.3　配电箱及开关箱

1. 配电箱及开关箱的设置

（1）配电系统应设置配电柜或总配电箱、分配电箱、开关箱，实行三级配电。

配电系统宜使三相负荷平衡。220 V 或 380 V 单相用电设备宜接入 220/380 V 三相四线系统：当单相照明线路电流大于 30 A 时，宜采用 220/380 V 三相四线制供电。

（2）总配电箱以下可设若干分配电箱；分配电箱以下可设若干开关箱。

总配电箱应设在靠近电源的区域，分配电箱宜设在用电设备或负荷相对集中的区域，分配电箱与开关箱的距离不得超过 30 m，开关箱与其控制的固定式用电设备的水平距离小宜超过 3 m。

（3）每台用电设备必须有各自专用的开关箱。严禁用同一个开关箱直接控制 2 台及 2 台以上用电设备（含插座）。

（4）动力配电箱与照明配电箱宜分别设置。当合并设置为同一配电箱时，动力和照明应分路配电；动力开关箱与照明开关箱必须分设。

（5）配电箱、开关箱应装设在干燥、通风及常温场所，不得装设在有严重损伤作用的瓦斯、烟气、潮气及其他有害介质中，亦不得装设在易受外来固体物撞击、强烈振动、液体喷溅及热源烘烤场所。否则，应予清除或做防护处理。

（6）配电箱、开关箱周围应有足够 2 人同时工作的空间和通道，不得堆放任何妨碍操作、维修的物品，不得有灌木、杂草。

（7）配电箱、开关箱应采用冷轧钢板或阻燃绝缘材料制作，钢板厚度应为 1.2 ~ 2.0 mm，其开关箱箱体钢板厚度不得小于 1.2 mm，配电箱箱体钢板厚度不得小于 1.5 mm，箱体表面应做防腐处理。

（8）配电箱、开关箱应装设端正、牢固。固定式配电箱、开关箱的中心点与地面的垂直距离应为 1.4～1.6 m。移动式配电箱、开关箱应装设在坚固、稳定的支架上。其中心点与地面的垂直距离宜为 0.8～1.6 m。

（9）配电箱、开关箱内的电器（含插座）应先安装在金属或非木质阻燃绝缘电器安装板上，然后方可整体紧固在配电箱、开关箱箱体内。

金属电器安装板与金属箱体应做电气连接。

（10）配电箱、开关箱内的电器（含插座）应按其规定位置紧固在电器安装板上，不得歪斜和松动。

（11）配电箱的电器安装板上必须分设 N 线端子板和 PE 线端子板。N 线端子板必须与金属电器安装板绝缘；PE 线端子板必须与金属电器安装板做电气连接。

进出线中的 N 线必须通过 N 线端子板连接；PE 线必须通过 PE 线端子板连接。

（12）配电箱，开关箱内的连接线必须采用铜芯绝缘导线。导线绝缘的颜色标志应按《施工现场临时用电安全技术规范》（JGJ 46—2005）第5.1.11 条要求配置并排列整齐；导线分支接头不得采用螺栓压接，应采用焊接并做绝缘包扎，不得有外露带电部分。

（13）配电箱、开关箱的金属箱体、金属电器安装板以及电器正常不带电的金属底座、外壳等必须通过 PE 线端子板与 PE 线做电气连接，金属箱门与金属箱体必须通过采用编织软铜线做电气连接。

（14）配电箱、开关箱的箱体尺寸应与箱内电器的数量和尺寸相适应，箱内电器安装板板面电器安装尺寸可按照表5.8确定。

表 5.8　配电箱、开关箱内电器安装尺寸选择值

间距名称	最小净距/mm
并列电器（含单极熔断器）间	30
电器进、出线瓷管（塑胶管）孔与电器边沿间	15 A,30 20～30 A,50 60 A 及以上,80
上、下排电器进出线瓷管（塑胶管）孔间	25
电器进、出线瓷管（塑胶管）孔至板边	40
电器至板边	40

（15）配电箱、开关箱中导线的进线口和出线口应设在箱体的下底面。

（16）配电箱、开关箱的进、出线口应配置固定线卡，进出线应加绝缘护套并成束卡固在箱体上，不得与箱体直接接触。移动式配电箱、开关箱的进、出线应采用橡皮护套绝缘电缆，不得有接头。

（17）配电箱、开关箱外形结构应能防雨、防尘。

2. 配电箱及开关箱的使用与维护

（1）配电箱、开关箱应有名称、用途、分路标记及系统接线图。

（2）配电箱、开关箱箱门应配锁，并应由专人负责。

（3）配电箱、开关箱应定期检查、维修。检查、维修人员必须足专业电工检查、维修时必须按规定穿、戴绝缘鞋、手套，必须使用电工绝缘工具，并应做检查、维修工作记录。

（4）对配电箱、开关箱进行定期维修、检查时，必须将其前一级相应的电源隔离开并分闸断电。并悬挂"禁止合闸、有人工作"停电标志牌，严禁带电作业。

（5）配电箱、开关箱必须按照下列顺序操作：

1）送电操作顺序为：总配电箱→分配电箱→开关箱。

2）停电操作顺序为：开关箱→分配电箱→总配电箱。

但出现电气故障的紧急情况可除外。

（6）施工现场停止作业1小时以上时，应将动力开关箱断电上锁。

（7）开关箱的操作人员必须符合《施工现场临时用电安全技术规范》（JGJ 46—2005）第3.2.3条规定。

（8）配电箱、开关箱内不得放置任何杂物，并应保持整洁。

（9）配电箱、开关箱内不得随意挂接其他用电设备。

（10）配电箱、开关箱内的电器配置和接线严禁随意改动。熔断器的熔体更换时，严禁采用不符合原规格的熔体代替。漏电保护器每天使用前应启动漏电试验按钮试跳一次，试跳不正常时严禁继续使用。

（11）配电箱、开关箱的进线和出线严禁承受外力，严禁与金属尖锐断口、强腐蚀介质和易燃易爆物接触。

5.2.4　配电箱及开关箱电气装置的选择

（1）配电箱、开关箱内的电器必须可靠、完好，严禁使用破损、不合格的电器。

（2）总配电箱的电器应具备电源隔离，正常接通与分断电路，以及短路、过载、漏电保护功能。电器设置应符合下列原则。

①当总路设置总漏电保护器时，还应装设总隔离开关、分路隔离开关以及总断路器、分路断路器或总熔断器、分路熔断器。当所设总漏电保护器是同时具备短路、过载、漏电保护功能的漏电断路器时，可不设总断路器或总熔断器。

②当各分路设置分路漏电保护器时，还应装设总隔离开关、分路隔离开关以及总断路器、分路断路器或总熔断器、分路熔断器。当分路所设漏电保护器是同时具备短路、过载、漏电保护功能的漏电断路器时，可不设分路断路器或分路熔断器。

③隔离开关应设置于电源进线端，应采用分断时具有可见分断点，并能同时断开电源所有极的隔离电器。如采用分断时具有可见分断点的断器，可不另设隔离开关。

④熔断器应选用具有可靠灭弧分断功能的产品。

⑤总开关电器的额定值、动作整定应与分路开关电器的额定值、动作整定值相适应。

（3）总配电箱应装设电压表、总电流表、电度表及其他需要的仪表。专用电能计量仪表的装设应符合当地供用电管理部门的要求。

装设电流互感器时,其二次回路必须与保护零线有一个连接点,且严禁断开电路。

(4)分配电箱应装设总隔离开关、分路隔离开关以及总断路器、分路断路器或总熔断器、分路熔断器。其设置和选择应符合《施工现场临时用电安全技术规范》(JGJ 46—2005)要求。

(5)开关箱必须装设隔离开关、断路器或熔断器,以及漏电保护器。当漏电保护器是同时具有短路、过载、漏电保护功能的漏电断路器时,可不装设断路器或熔断器;隔离开关应采用分断时具有可见分断点,能同时断开电源所有极的隔离电器,并应设置于电源进线端。当断路器是具有可见分断点时,可不另设隔离开关。

(6)开关箱中的隔离开关只可直接控制照明电路和容量不大于3.0 kW 的动力电路,但不应频繁操作。容量大于3.0 kW 的动力电路应采用断路器控制,操作频繁时还应附设接触器或其他启动控制装置。

(7)开关箱中各种开关电器的额定值和动作整定值应与其控制用电设备的额定值和特性相适应。通用电动机开关箱中电器的规格可按《施工现场临时用电安全技术规范》(JGJ 46—2005)的附录 C 选配。

(8)漏电保护器应装设在总配电箱、开关箱靠近负荷的一侧,且不得用于启动电气设备的操作。

(9)漏电保护器的选择应符合现行国家标准《剩余电流动作保护器的一般要求》(GB/Z 6829—2008)和《剩余电流动作保护装置安装和运行》(GH 13955—2005)的规定。

(10)开关箱中漏电保护器的额定漏电动作电流不应大于30 mA,额定漏电动作时间不应大于0.1 s。

使用于潮湿或有腐蚀介质场所的漏电保护器应采用防溅型产品,其额定漏电动作电流不应大于15 mA,额定漏电动作时间不应大于0.1 s。

(11)总配电箱中漏电保护器的额定漏电动作电流应大于30 mA,额定漏电动作时间应大于0.1 s,但其额定漏电动作电流与额定漏电动作时间的乘积不应大于30 mA·s。

(12)总配电箱和开关箱中漏电保护器的槛数和线数必须与其负荷侧负荷的相数和线数一致。

(13)配电箱、开关箱中的漏电保护器宜选用无辅助电源型(电磁式)产品,或选用辅助电源故障时能自动断开的辅助电源型(电子式)产品。当选用辅助电源故障时不能自动断开的辅助电源型(电子式)产品时,应同时设置缺相保护。

(14)漏电保护器应按产品说明书安装、使用。对搁置已久重新使用或连续使用的漏电保护器应逐月检测其特性,发现问题应及时修理或更换,漏电保护器的正确使用接线方法应按图5.1选用。

(15)配电箱、开关箱的电源进线端严禁采用插头和插座做活动连接。

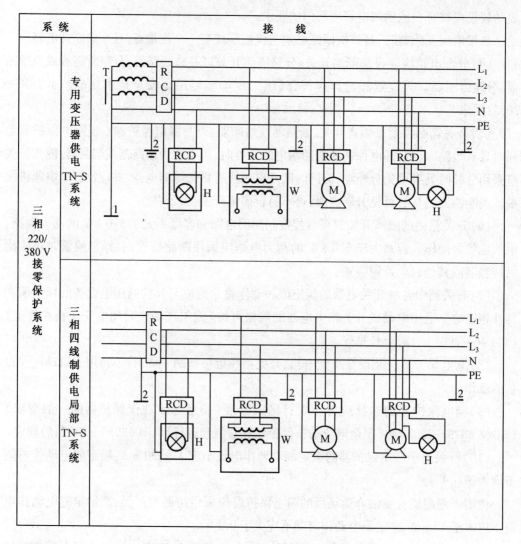

图 5.1　漏电保护器使用接线方法示意

L_1、L_2、L_3—相线;N—工作零线;PE—保护零线,保护线;1—工作接地;2—重复接地;T—变压线;RCD—漏电保护器;H—照明器;W—电焊机;M—电动机

5.3　线路与设备防护、接地与防雷及照明安全管理

5.3.1　外电线路与电气设备防护

1.外电线路的防护

(1)在建工程不得在外电架空线路正下方施工、建造生活设施、搭设作业棚或堆放构件、架具、材料及其他杂物等。

(2)在建工程(含脚手架)的周边与外电架空线路的边线之间的最小安全操作距离应

符合表5.9规定。

表5.9 在建工程(含脚手架)的周边与架空线路的边线之间的最小安全操作距离

外电线路电压等级/kV	<1	1~10	35~110	220	330~500
最小安全操作距离/m	4.0	6.0	8.0	10	15

注:上下脚手架的通道不宜设在有外电线路的一侧。

(3)施工现场的机动车道与外电架空线路交叉时,架空线路的最低点与路面的最小垂直距离应符合表5.10规定。

表5.10 施工现场的机动车道与外电架空线路交叉时的最小垂直距离

外电线路电压等级/kV	<1	1~10	35
最小垂直距离/m	6.0	7.0	7.0

(4)起重机严禁越过无防护设施的外电架空线路作业。在外电架空线路附近吊装时,起重机的任何部位或被吊物边缘在最大偏斜时与架空线路边线的最小安全距离应符合表5.11规定。

表5.11 起重机与架空线路边线的最小安全距离

电压/kV 最小安全距离/m	<1	10	35	110	220	330	500
沿垂直方向	1.5	3.0	4.0	5.0	6.0	7.0	8.5
沿水平方向	1.5	2.0	3.5	4.0	6.0	7.0	8.5

(5)施工现场开挖沟槽边缘与外电埋地电缆沟槽边缘之间的距离不得小于0.5 m。

(6)当达不到《施工现场临时用电安全技术规范》(JGJ 46—2005)第4.1.2~4.1.4条中的规定时,必须采取绝缘隔离防护措施,并应悬挂醒目的警告标志。

架设防护设施时,必须经有关部门批准,采用线路暂时停电或其他可靠的安全技术措施,并应有电气工程技术人员和专职安全人员监护。

防护设施与外电线路之间的安全距离不应小于表5.12所列数值。

防护设施应坚固、稳定,且对外电线路的隔离防护应达到IP30级。

表5.12 防护设施与外电线路之间的最小安全距离

外电线路电压等级/kV	≤10	35	110	220	330	500
最小安全距离/m	1.7	2.0	2.5	4.0	5.0	6.0

(7)在外电架空线路附近开挖沟槽时,必须会同有关部门采取加固措施,防止外电架空线路电杆倾斜、悬倒。

2. 电气设备防护

(1)电气设备现场周围不得存放易燃易爆物、污源和腐蚀介质,否则应予清除或做防护鞋置,其防护等级必须与环境条件相适应。

（2）设备设置场所应能避免物体打击和机械损伤,否则应做防护处置。

5.3.2　接地与防雷

1．一般规定

（1）在施工现场专用变压器的供电的 TN–S 接零保护系统中,电气设备的金属外壳必须与保护零线连接。保护零线应由工作接地线、配电室（总配电箱）电源测零线或总漏电保护器电源侧零线处引出,如图 5.2 所示。

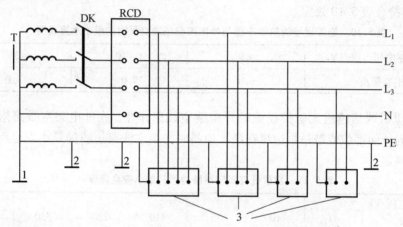

图 5.2　专用变压器供电时 TN-S 接零保护系统示意

1—工作接地；2—PE 重复接地；3—电器设备金属外壳（正常不带电的外露可到点部分）；L_1、L_2、L_3—相线；N—工作零线；PE—保护零线；DK—总电源隔离开关；RCD—漏电保护器（兼有短路、过载、漏电保护功能的漏电断路器）；T—变压器

（2）当施工现场与外电线路共用同一供电系统时,电气设备的接地、接零保护应与原系统保持一致。不得一部分设备做保护接零,另一部分设备做保护接地。

采用 TN 系统做保护接零时,工作零线（N 线）必须通过总漏电保护器,保护零线（PE 线）必须由电源进线零线重复接地处或总漏电保护器电源侧零线处,引出形成局部 TN–S 接零保护系统,如图 5.3 所示。

（3）在 TN 接零保护系统中,通过总漏电保护器的工作零线与保护零线之间不得再做电气连接。

（4）在 TN 接零保护系统中,PE 零线应单独敷设,重复接地线必须与 PE 线相连接,严禁与 N 线相连接。

（5）使用一次侧由 50 V 以上电压的接零保护系统供电,二次侧为 50 V 以下电压的安全隔离变压器时,二次侧不得接地,并应将二次线路用绝缘管保护或采用橡皮护套软线。

当采用普通隔离变压器时,其二次侧一端应接地,且变压器正常不带电的外露可导电部分应与一次回路保护零线相连接。

以上变压器尚应采取防直接接触带电体的保护措施。

（6）施工现场的临时用电电力系统严禁利用大地做帽线或零线。

（7）接地装置的设置应考虑土壤干燥或冻结等季节变化的影响,并应符合表 5.13 的

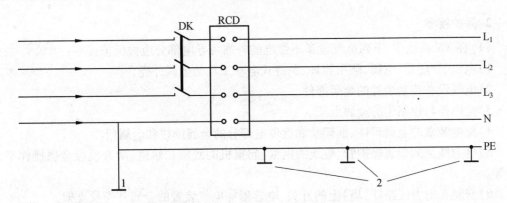

图 5.3 三相四线供电时局部 TN-S 接零保护系统保护零钱引出示意图

1—NPE 线重复接地；2—PE 重复接地；L_1、L_2、L_3—相线；N—工作零线；PE—保护零线，DK—总电源隔离开关；

RCD—漏电保护器(兼有短路、过载、漏电保护功能的漏电断路器)

规定,接地电阻值在四季中均应符合《施工现场临时用电安全技术规范》(JGJ 46—2005)第 5.3 节的要求。但防雷装置的冲击接地电阻值只考虑在雷雨季节中土壤干燥状态的影响。

表 5.13 接地装置的季节系数 ϕ 值

埋深/m	水平接地体	长 2 ~ 3 m 的垂直接地体
0.5	1.4 ~ 1.8	1.2 ~ 1.4
0.8 ~ 1.0	1.25 ~ 1.45	1.15 ~ 1.3
2.5 ~ 3.0	1.0 ~ 1.1	1.0 ~ 1.1

注:大地比较干燥时,取表中较小值;比较潮湿时,取表中较大值。

(8)PE 线所用材质与相线、工作零线(N 线)相同时,其最小截面应符合表 5-14 的规定。

表 5.14 PE 线截面与相线截面的关系

相线芯线截面 S/mm^2	PE 线最小截面/mm^2
$S \leqslant 16$	5
$16 < S \leqslant 35$	16
$S > 35$	$S/2$

(9)保护零线必须采用绝缘导线。配电装置和电动机械相连接的 PE 线应为截面不小于 2.5 mm^2 的绝缘多股铜线。手持式电动工具的 PE 线应为截面不小于 1.5 mm^2 的绝缘多股铜线。

(10)PE 线上严禁装设开关或熔断器,严禁通过工作电流,且严禁断线。

(11)相线、N 线、PE 线的颜色标记必须符合以下规定:相线 L_1(A)、L_2(B)、L_3(C)相序的绝缘颜色依次为黄、绿、红色;N 线的绝缘颜色为淡蓝色;PE 线的绝缘颜色为绿/黄双色。任何情况下上述颜色标记严禁混用和互相代用。

2. 保护接零

(1)在 TN 系统中,下列电气设备不带电的外露可导电部分应做保护接零:

1)电机、变压器、电器、雕明器具、手持式电动工具的金属外壳。

2)电气设备传动装置的金属部件。

3)配电柜与控制柜的金属框架。

4)配电装置的金属箱体、框架及靠近带电部分的金属围栏和金属门。

5)电力线路的金属保护管、敷线的钢索、起重机的底座和轨道、滑升模板金属操作平台等。

6)安装在电力线路杆(塔)上的开关、电容器等电气装置的金属外壳及支架。

(2)城防、人防、隧道等潮湿或条件特别恶劣施工现场的电气设备必须采用保护接零。

(3)在 TN 系统中,下列电气设备不带电的外露可导电部分,可不做保护接零:

1)在木质、沥青等不良导电地坪的干燥房间内,交流电压 380 V 及以下的电气装置金属外壳(当维修人员可能同时触及电气设备金属外壳和接地金属物件时除外。

2)安装在配电柜、控制柜金属框架和配电箱的金属箱体上,且与其口,靠电气挂接的电气测量仪表、电流互感器、电器的金属外壳。

3. 接地与接地电阻

(1)单台容量超过 100 kVA 或使用同一接地装置并联运行且总容量超过 100 kVA 的电力变压器或发电机的工作接地电阻值不得大于 4 Ω。

单台容量不超过 100 kVA 或使用同一接地装置并联运行且总容量不超过 100 kVA 的电力变压器或发电机的工作接地电阻值不得大于 10 Ω。

在土壤电阻率大于 1 000 Ω·m 的地区,当达到接地电阻值有困难时,工作接地电阻值可提高到 30 Ω。

(2)在 TN 系统中,保护零线每一处重复接地装置的接地电阻值不应大于 10 Ω。在工作接地电阻值允许达到 10 Ω 的电力系统中,所有重复接地的等效电阻值不应大于 10 Ω。

(3)在 TN 系统中,严禁将单独敷设的工作零线再做重复接地。

(4)每一接地装置的接地线应采用 2 根及以上导体,在不同点与接地体做电气连接。

不得采用铝导体做接地体或地下接地线。垂直接地体宜采用角钢、钢管或光面圆钢,不得采用螺纹钢。

接地可利用自然接地体,但应保证其电气连接和热稳定。

(5)移动式发电机供电的用电设备,其金属外壳或底座应与发电机电源的接地装置有可靠的电气连接。

(6)在有静电的施工现场内,对集聚在机械设备上的静电应采取接地泄漏措施。每组专设的静电接地体的接地电阻值不应大于 100 Ω,高土壤电阻率地医不应大于 1 000 Ω。

4. 防雷

(1)在土壤电阻宰低于200 Ω区域的电杆可不另设防雷接地装置,但在配电室的架空进线或出线处应将绝缘子铁脚与配电室的接地装置相连接。

(2)施工现场内的起重机、井字架、龙门架等机械设备,以及钢脚手架和正在施工的在建工程等的金属结构,当在相邻建筑物、构筑物等设施的防雷装置接闪器的保护范围以外时,应按表5.15规定安装防雷装置。

表5.15　施工现场内机械设备及高架设施需安装防雷装置的规定

地区年平均雷暴日/d	机械设备高度/m
≤15	≥50
>15,<40	≥32
≥40,<90	≥20
≥90及雷害特别严重地区	≥12

当最高机械设备上避雷针(接闪器)的保护范围能覆盖其他设备,且又最后退出现场,则其他设备不可设防雷装置。

确定防雷装置接闪器的保护范围可采用《施工现场临时用电安全技术规范》(JGJ 46—2005)附录B的滚球法。

(3)机械设备或设施的防雷引下线可利用该设备或设施的金属结构体,但应保证电气连接。

(4)机械设备或设施的防雷引下线可利用该设备或设施的金属结构体,但应保证电气连接。

(5)机械设备上的避雷针(接闪器)长度应为1~2 m。塔式起重机可另设避雷针(接闪器)。

(6)安装避雷针(接闪器)的机械设备,所有固定的动力、控制、照明、信号及通信线路,应采用钢管敷设。钢管与该机械设备的金属结构体应做电气连接。

(7)施工现场内所有防雷装置的冲击接地电阻值小得太于30 Ω。

(8)做防雷接地机械上的电气设备,所连接的PE线必须同时做重复接地。同一台机械电气设备的重复接地和机械的防雷接地可共用同一接地体。但接地电阻应符合重复接地电阻值的要求。

5.3.3　施工照明

1. 一般规定

(1)在坑、洞、井内作业、夜间施工或厂房、道路、仓库、办公室、食堂、宿舍、料具堆放场及自然采光差的场所,应设一般照明、局部照明或混合照明。在一个工作场所内,不得只装设局部照明。停电后,操作人员需及时撤离施工现场,必须装设自备电源的应急照明。

(2)现场照明应采用高光效、长寿命的照明光源。对需大面积照明的场所,应采用高压汞灯或混光用的卤钨灯等。

（3）照明器的选择必须按下列环境条件确定：

1）正常湿度的一般场所，选用密闭型防水照明器。

2）有爆炸和火灾危险的场所，按危险场所等级选用防爆型照明器。

3）含有大量尘埃但无爆炸和火灾危险的场所，选用防尘型照明器。

4）潮湿或特别潮湿的场所，选用密闭型防水照明器或配有防水灯头的开启式照明器。

5）有酸碱等强腐蚀介质的场所，采用耐酸碱型照明器。

6）存在较强振动的场所，选用防振型照明器。

（4）照明器具和器材的质量应符合国家现行有关强制性标准的规定，不得使用绝缘老化或破损的器具和器材。

（5）无自然采光的地下大空间施工场所，应编制单项照明用电方案。

2. 照明供电

（1）一般场所宜选用额定电压为 220 V 的照明器。

（2）使用行灯应符合下列要求：

1）电源电压不大于 36 V。

2）灯体与手柄应坚固、绝缘良好并耐热耐潮湿。

3）灯头与灯体结合牢固，灯头无开关。

4）灯泡外部有金属保护网。

5）金属网、反光罩、悬吊挂钩固定在灯具的绝缘部位上。

（3）下列特殊场所应使用安全特低电压照明器：

1）隧道、人防工程、高温、有导电灰尘、比较潮湿或灯具离地面高度低于 2.5 m 等场所的照明，电源电压不应大于 36 V。

2）潮湿和易触及带电体场所的照明，电源电压不得大于 24 V。

3）特别潮湿的场所、导电良好的地面、锅炉或金属容器内的照明，电源电压不得大于 12 V。

（4）远离电源的小面积工作场地、道路照明、警卫照明或额定电压为 12 ~ 36 V 照明的场所，其电压允许偏移值为额定电压值的-10% ~ 5%；其余场所电压允许偏移值为额定电压值的±5%。

（5）照明变压器必须使用双绕组型安全隔离变压器，严禁使用自耦变压器。

（6）照明系统宜使三相负荷平衡，其中每一个单相回路上，灯具和插座数量不宜超过 25 个，负荷电流不宜超过 15 A。

（7）携带式变压器的一次侧电源线应采用橡皮护套或塑料护套软电缆，中间不得有接头，长度不宜超过 3 m，其中绿/黄双色线只可作 PE 线使用，电源插销应有保护触头。

（8）工作零线截面应按下列规定选择：

1）单相二线及二相二线线路中，零线截面与相线截面相同。

2）三相四线制线路中，当照明器为白炽灯时，零线截面不小于相线截面的 50%；当照明器为气体放电灯时，零线截面按最大负载的电流选择。

3)在逐相切断的三相照明,电路中,零线截面与最大负载相线截面相同。

3. 照明装置

(1)照明灯具的金属外壳必须与 PE 线相连接,照明开关箱内必须装设隔离开关、短路与过载保护器和漏电保护器。

(2)室外 220 V 灯具地面不得低于 3 m,室内 220 V 灯具距地面不得低于 2.5 m。普通灯具与易燃物距离不宜小于 300 mm;聚光灯、碘钨灯等高热灯具与易燃物距离不宜小于 500 mm,且不得直接照射易燃物。达不到规定安全距离时,应采取隔热措施。

(3)路灯的每个灯具应单独装设熔断器保护。灯头线应做防水弯。

(4)荧光灯管应采用管座固定或用吊链悬挂。荧光灯的镇流器不得安装在易燃的结构物上。

(5)碘钨灯及钠、铊、铟等金属卤化物灯具的安装高度宜在 3 m 以上,灯线应固定在杆线上,不得靠近灯具表面。

(6)投光灯的底座应安装牢固,应按需要的光轴方向将枢轴拧紧固定。

(7)螺口灯头及其接线应符合下列要求:

1)灯头的绝缘外壳无损伤、无漏电。

2)相线接在与中心触头相连的一端,零线接在与螺纹口相连的一端。

(8)灯具内的接线必须牢固。灯具外的接线必须做可靠的防水绝缘包扎。

(9)暂设工程的照明灯具宜采用拉线开关控制。开关安装位置宜符合下列要求:

1)拉线开关距地面高度为 2 ~ 3 m,与出、入口的水平距离为 0.15 ~ 0.2 m。拉线的出口应向下。

2)其他开关距地面高度为 1.3 m,与出、入口的水平距离为 0.15 ~ 0.2 m。

(10)灯具的相线必须经开关控制,不得将相线直接引入灯具。

(11)对于夜间影响飞机或车辆通行的在建工程及机械设备,必须安装设置醒目的红色信号灯。其电源应设在施工现场电源总开关的前侧,并应设置外电线路停止供电时应急自备电源。

5.3.4　接地与接零的定义与分类

所谓接地,指与大地的直接连接,电气装置或电气线路带电部分的某点与大地连接、电气装置或其他装置正常时不带电部分某点与大地的人为连接都称为接地。

接地主要有以下四种类别:

(1)工作接地在电力系统中,某些设备因运行的需要,直接或通过消弧线圈、电抗器、电阻等与大地金属连接,称为工作接地(例如三相供电系统中,电源中性点的接地)。阻值应不大于 4 Ω。有了这种接地可以稳定系统的电压,能保证某些设备正常运行,可以使接地故障迅速切断。防止高压侧电源直接窜入低压侧,造成低压系统的电气设备被摧毁不能正常工作的情况发生。

(2)保护接地将电气设备不带电的金属部分与接地体之间作良好的金属连接。即将大楼内的用电设备以及设备附近的一些金属构件,由 PE 线连接起来,但严禁将 PE 线与 N 线连接,称为保护接地。电气设备金属外壳正常运行时不带电而故障情况下就可能呈现危险的对地电压,所以这种接地可以保护人体接触设备漏电时的安全,防止发生触电事故。

(3)重复接地将零线上的一点或多点与地再次做金属连接称为重复接地。其阻值应不大于 10 Ω。重复接地可以起到保护零线断线后的补充保护作用,也可降低漏电设备的对地电压和缩短故障持续时间。在一个施工现场中,重复接地不能少于三处(始端、中间、末端)。

在设备比较集中地方如搅拌机棚、钢筋作业区等应做一组重复接地;在高大设备处如塔吊、外用电梯、物料提升机等也要作重复接地。

(4)防雷接地防雷装置(避雷针、避雷器等)的接地,称为防雷接地。作防雷接地的电气设备,必须同时作重复接地。阻值应不大于 30 Ω。

接零即电气设备与零线连接。接零分为:

1)工作接零是指电气设备因运行需要而与工作零线连接。

2)保护接零电气设备正常情况不带电的金属外壳和机械设备的金属构架与保护零线连接,称为保护接零。保护接零是将设备的碰壳故障改变为单相短路故障,保护接零与保护切断相配合,由于单相短路电流很大,所以能迅速切断保险或自动开关跳闸,使设备与电源脱离,达到避免发生触电事故的目的。

城防、人防、隧道等潮湿或条件特别恶劣的施工现场的电气设备必须采用保护接零。

当施工现场与外电线路共用同一供电系统时,不得一部分设备作保护接零,另一部分作保护接地。

5.4　电动建筑机械和手持式电动工具安全管理

5.4.1　一般规定

(1)施工现场中电动建筑机械和手持式电动工具的选购、使用、检查和维修应遵守下列规定:

1)选购的电动建筑机械、手持式电动工具及其用电安全装置符合相应的国家现行有关强制性标准的规定,且具有产品合格证和使用说明书。

2)建立和执行专人专机负责制,并定期检查和维修保养。

3)接地和漏电保护符合要求,运行时产生振动的设备的金属基座、外壳与 PE 线的连接点不少于 2 处。

4)按使用说明书使用、检查、维修。

(2)塔式起重机、外用电梯、滑升模底板的金属操作平台及需要设置避雷装置的物料提升机,除应连接 PE 线外,还应做重复接地。设备的金属结构构件之间应保证电气连接。

(3)手持式电动工具中的塑料外壳 Ⅱ类工具和一般场所手持式电动工具中的 Ⅲ类工具可不连接 PE 线。

(4)电动建筑机械和手持式电动工具的负荷线应按其计算负荷选用无接头的橡胶护

套铜芯软电缆。

（5）电缆芯线数应根据负荷及其控制电器的相数和线数确定：三相四线时，应选用五芯电缆。三相三线时，应选用四芯电缆。当三相用电设备中配置有单相用电器具时，应选用五芯电缆。单相二线时，应选用三芯电缆。其中 PE 线应采用绿/黄双色绝缘导线。

（6）每一台电动建筑机械或手持式电动工具的开关箱内，除应装设过载、短路、漏电保护电器外，还应装设隔离开关或具有可见分断点的断路器和控制装置。正、反向运转控制装置中的控制电器应采用接触器、继电器等自动控制电器，不得采用手动双向转换开关作为控制电器。

5.4.2　电动建筑机械

1. 起重机械安全技术交底

（1）塔式起重机的电气设备应符合现行国家标准《塔式起重机安全规程》（GB 5144—2006）中的要求。

（2）塔式起重机应按《施工现场临时用电安全技术规范》（JGJ 46—2005）做重复接地和防雷接地。轨道式塔式起重机接地装置的设置应符合下列要求：

1）轨道两端各设一组接地装置。

2）轨道的接头处作电气连接，两条轨道端部做环形电气连接。

3）较长轨道每隔不大于 30 m 加一组接地装置。

（3）塔式起重机与外电线路的安全距离应符合《施工现场临时用电安全技术规范》（JGJ 46—2005）第 4.1.4 条要求。

（4）轨道式塔式起重机的电缆不得拖地行走。

（5）需要夜间工作的塔式起重机，应设置正对工作面的投光灯。

（6）塔身高于 30 m 的塔式起重机，应在塔顶和臂架端部设红色，信号灯。

（7）在强电磁波附近工作的塔式起重机，操作人员应戴绝缘手套和穿绝缘鞋，或在吊钩吊装地面物体时，在吊钩上挂接临时接地装置。

（8）外用电梯梯笼内、外均应安装紧急停止开关。

（9）外用电梯和物料提升机的上、下极限位置应设置限位开关。

（10）外用电梯和物料提升机在每日工作前必须对行程开关、限位开关、紧急停止开关、驱动机构和制动器等进行空载检查，正常后方可使用。检查时必须有防坠落措施。

2. 桩工机械

（1）潜水式钻孔机电动机的密封性能应符合现行国家标准《外壳防护等级（IP 代码）》（GB 4208—2008）中的规定。

（2）潜水电动机的负荷线应采用防水橡胶护套铜芯软电缆，长度不应小于 1.5 m，且不得承受外力。

（3）配电箱、开关箱内的电器配置和接线严禁随意改动。熔断器的熔体更换时，严禁采用不符合原规格的熔体代替。漏电保护器每天使用前应启动漏电试验按钮试跳一次，试跳不正常时严禁继续使用。

3. 夯土机械

(1)夯土机械开关箱中的漏电保护器必须符合潮湿场所选用漏电保护器的要求。

(2)夯土机械 PE 线的连接点不得少于 2 处。

(3)夯土机械的负荷线应采用耐气候型橡胶护套铜芯软电缆。

(4)使用夯土机械必须按规定穿戴绝缘用品,使用过程应有专人调整电缆,电缆长度不应大于 50 m。电缆严禁缠绕、扭结和被夯土机械跨越。

(5)多台夯土机械并列工作时,其间距不得小于 5 m。前后工作时,其间距不得小于 10 m。

(6)夯土机械的操作扶手必须绝缘。

4. 焊接机械

(1)电焊机械应放置在防雨、干燥和通风良好的地方。焊接现场不得有易燃、易爆物品。

(2)交流弧焊机变压器的一次侧电源线长度不应大于 5 m,其电源进线处必须设置防护罩。发电机式直流电焊机的换向器应经常检查和维护,应消除可能产生的异常电火花。

(3)电焊机械开关箱中的漏电保护器必须符合要求,交流电焊机械应配装防二次侧触电保护器。

(4)电焊机械的二次线应采用防水橡胶护套铜芯软电缆,电缆长度不应大于 30 m,不得采用金属构件或结构钢筋代替二次线的地线。

(5)使用电焊机械焊接时必须穿戴防护用品。严禁露天冒雨从事电焊作业。

5.4.3 手持式电动工具

(1)空气湿度小于 75% 的一般场所可选用 I 类或 II 类手持式电动工具,其金属外壳与 PE 线的连接点不得少于两处。额定漏电动作时间不应大于 0.1 s,其负荷线插头应具备专用的保护触头。所用插座和插头在结构上应保持一致,避免导电触头和保护触头混用。

(2)在潮湿场所或金属构架上操作时,必须选用 II 类或由安全隔离变压器供电的 III 类手持式电动工具。金属外壳 II 类手持式电动工具使用时,开关箱和控制箱应设置在作业场所外面。在潮湿场所或金属构架上严禁使用 I 类手持式电动工具。

(3)狭窄场所必须选用由安全隔离变压器供电的 III 类手持式电动工具,其开关箱和安全隔离变压器均应设置在狭窄场所外面,并连接 PE 线。漏电保护器的选择应符合使用于潮湿或有腐蚀介质场所漏电保护器的要求。操作过程中,应有人在外面监护。

(4)手持式电动工具的负荷线应采用耐气候型的橡胶护套铜芯软电缆,并不得有接头。

(5)手持式电动工具的外壳、手柄、插头、开关、负荷线等必须完好无损,使用前必须做绝缘检查和空载检查,在绝缘合格、空载运转正常后方可使用。绝缘电阻不应小于表 5.16 规定的数值。

(6)使用手持式电动工具时,必须按规定穿、戴绝缘防护用品。

表5.16　手持式电动工具绝缘电阻限值

测量部位	绝缘电阻/MΩ		
	Ⅰ类	Ⅱ类	Ⅲ类
非电零件与外壳之间	2	7	1

注:绝缘电阻用500 V兆欧表测量。

5.4.4　其他电动建筑机械

(1)混凝土搅拌机、插入式振动器、平板振动器、地面抹光机、水磨石机、钢筋加工机械、木工机械、盾构机械、水泵等设备的漏电保护应符合《施工现场临时用电安全技术规范》(JGJ 46—2005)第8.2.10条要求。

(2)混凝土搅拌机、插入式振动器、平板振动器、地面抹光机、水磨石机、钢筋加工机械、木工机械、盾构机械的负荷线必须采用耐气候型橡皮护套铜芯软电缆,并不得有任何破损和接头。

(3)水泵的负荷线必须采用防水橡胶护套铜芯软电缆,严禁有任何破损和接头,并不得承受任何外力。

(4)盾构机械的负荷线必须固定牢固,距地高度不得小于2.5 m。

(5)对混凝土搅拌机、钢筋加工机械、木工机械、盾构机械等设备进行清理、检查、维修时,必须首先将其开关箱分闸断电,呈现可见电源分断点,并关门上锁。

5.4.5　手持式电动工具的分类

工具按电击保护方式分以下三类。

1. Ⅰ类工具

工具在防止触电的保护方面不依靠基本绝缘,而且它还包含一个附加的安全预防措施,其方法是将可触及的可导电的零件与已安装的固定线路中的保护(接地)导线连接起来,以这样的方法来使可触及的可导电的零件在基本绝缘损坏的事故中不成为带电体。

2. Ⅱ类工具

工具在防止触电的保护方面不仅依靠基本绝缘,而且它还提供例如双从绝缘或加强绝缘的附加安全预防措施。

Ⅱ类工具分绝缘外壳Ⅱ类工具和金属外壳Ⅱ类工具。

Ⅱ类应在工具的明显部位标有Ⅱ类结构符号。

3. Ⅲ类工具

工具在防止触电的保护方面依靠安全特低电压供电和在工具内部不会产生比安全特低电压高的电压。

5.4.6　工具安全检查记录表

工具安全检查记录表见表5.17。

表 5.17　工具安全检查记录表

单位名称				制造单位			
工具名称				制造日期		年　　月　　日	
型号规格		出厂编号			工具编号		
管理部门		工具类别		类	检查周期		月

检查记录

序号	检查项目名称	检查要求	□日常 □定期	□日常 □定期	□日常 □定期	□日常 □定期
1	标志检查	有认证标志,产品合格证或检查合格标志				
2	外壳、手柄检查	完好无损				
3	电源线、保护接地线（PE）检查	完好无损				
4	电源插头检查	完好无损、连接正确				
5	电源开关检查	动作正常、灵活、轻快、无缺损破裂				
6	机械防护装置检查	完好				
7	工具转动部分	转动灵活、轻快、无阻滞现象				
8	电气保护装置	良好				
9	绝缘电阻测量*	≥MΩ				
检查责任人（签字）						
检查日期			月　　日	月　　日	月　　日	月　　日
下次检查日期*			月　　日	月　　日	月　　日	月　　日

注:带 * 项目,仅适用于定期检查。

6 起重吊装安全

6.1 基本规定

(1)起重吊装作业前,必须编制吊装作业的专项施工方案,并应进行安全技术措施交底;作业中,未经技术负责人批准,不得随意更改。

(2)起重机操作人员、起重信号工、司索工等特种作业人员必须持特种作业资格证书上岗。严禁非起重机驾驶人员驾驶、操作起重机。

(3)起重吊装作业前,应检查所使用的机械、滑轮、吊具和地锚等,必须符合安全要求。

(4)起重作业人员必须穿防滑鞋、戴安全帽,高处作业应佩挂安全带,并应系挂可靠,高挂低用。

(5)起重设备的通行道路应平整,承载力应满足设备通行要求。吊装作业区域四周应设置明显标志,严禁非操作人员入内。夜间不宜作业,当确需夜间作业时,应有足够的照明。

(6)登高梯子的上端应固定,高空用的吊篮和临时工作台应固定牢靠,并应设不低于1.2 m的防护栏杆。吊篮和工作台的脚手板应铺平绑牢,严禁出现探头板。吊移操作平台时,平台上面严禁站人。当构件吊起时,所有人员不得站在吊物下方,并应保持一定的安全距离。

(7)绑扎所用的吊索、卡环、绳扣等的规格应根据计算确定。起吊前,应对起重机钢丝绳及连接部位和吊具进行检查。

(8)高空吊装屋架、梁和采用斜吊绑扎吊装柱时,应在构件两端绑扎溜绳,由操作人员控制构件的平衡和稳定。

(9)构件的吊点应符合设计规定。对异形构件或当无设计规定时,应经计算确定,保证构件起吊平稳。

(10)安装所使用的螺栓、钢楔、木楔、钢垫板和垫木等的材质应符合设计要求及国家现行标准的有关规定。

(11)吊装大、重构件和采用新的吊装工艺时,应先进行试吊,确认无问题后,方可正式起吊。

(12)大雨、雾、大雪及6级以上大风等恶劣天气应停止吊装作业。雨雪后进行吊装作业时,应及时清理冰雪并应采取防滑和防漏电措施,先试吊,确认制动器灵敏可靠后方可进行作业。

(13)吊起的构件应确保在起重机吊杆顶的正下方,严禁采用斜拉、斜吊,严禁起吊埋于地下或黏结在地上的构件。

（14）起重机靠近架空输电线路作业或在架空输电线路下行走时，与架空输电线的安全距离应符合现行行业标准《施工现场临时用电安全技术规范》（JGJ 46—2005）和其他相关标准的规定。

（15）当采用双机抬吊时，宜选用同类型或性能相近的起重机，负载分配应合理，单机载荷不得超过额定起重量的80%。两机应协调工作，起吊的速度应平稳缓慢。

（16）起吊过程中，在起重机行走、回转、俯仰吊臂、起落吊钩等动作前，起重司机应鸣声示意。一次只宜进行一个动作，待前一动作结束后，再进行下一动作。

（17）开始起吊时，应先将构件吊离地面200～300 mm后暂停，检查起重机的稳定性、制动装置的可靠性、构件的平衡性和绑扎的牢固性等，确认无误后，方可继续起吊。已吊起的构件不得长久停滞在空中。严禁超载和吊装重量不明的重型构件和设备。

（18）严禁在吊起的构件上行走或站立，不得用起重机载运人员，不得在构件上堆放或悬挂零星物件。严禁在已吊起的构件下面或起重臂下旋转范围内作业或行走。起吊时应匀速，不得突然制动。回转时动作应平稳，当回转未停稳前不得做反向动作。

（19）暂停作业时，对吊装作业中未形成稳定体系的部分，必须采取临时固定措施。

（20）高处作业所使用的工具和零配件等，应放在工具袋（盒）内，并严禁抛掷。

（21）吊装中的焊接作业，应有严格的防火措施，并应设专人看护。在作业部位下面周围10 m范围内不得有人。

（22）已安装好的结构构件，未经有关设计和技术部门批准不得随意凿洞开孔。严禁在其上堆放超过设计荷载的施工荷载。

（23）对临时固定的构件，必须在完成了永久固定，并经检查确认无误后，方可解除临时固定措施。

（24）对起吊物进行移动、吊升、停止、安装时的全过程应采用旗语或通用手势信号进行指挥，信号不明不得启动，上下联系应相互协调，也可采用通信工具。

6.2 起重机械和索具设备

6.2.1 起重机械

（1）凡新购、大修、改造、新安装及使用、停用时间超过规定的起重机械，均应按有关规定进行技术检验，合格后方可使用。

（2）起重机在每班开始作业时，应先试吊，确认制动器灵敏可靠后，方可进行作业。作业时不得擅自离岗和保养机车。

（3）起重机的选择应满足起重量、起重高度、工作半径的要求，同时起重臂的最小杆长应满足跨越障碍物进行起吊时的操作要求。

（4）自行式起重饥的使用应符合下列规定：

1）起重机工作时的停放位置应按施工方案与沟渠、基坑保持安全距离，且作业时不得停放在斜坡上。

2）作业前应将支腿全部伸出，并应支垫牢固。调整支腿应在无载荷时进行，并将起重臂全部缩回转至正前或正后,方可调整。作业过程中发现支腿沉陷或其他不正常情况时,应立即放下吊物,进行调整后,方可继续作业。

3)启动时应先将主离合器分离,待运转正常后再合上主离合器进行空载运转,确认正常后,方可开始作业。

4)工作时起重臂的仰角不得超过其额定值;当无相应资料时,最大仰角不得超过78°,最小仰角不得小于45°。

5)起重机变幅应缓慢平稳,严禁快速起落。起重臂未停稳前,严禁变换挡位和同时进行两种动作。

6)当起吊荷载达到或接近最大额定荷载时,严禁下落起重臂。

7)汽车式起重机进行吊装作业时,行走用的驾驶室内不得有人,吊物不得超越驾驶室上方,并严禁带载行驶。

8)伸缩式起重臂的伸缩,应符合下列规定:

①起重臂的伸缩,应在起吊前进行。当起吊过程中需伸缩时,起吊荷载不得大于其额定值的50%。

②起重臂伸出后的上节起重臂长度不得大于下节起重臂长度,且起重臂伸出后的仰角不得小于使用说明中相应的规定值。

③在伸起重臂同时下降吊钩时,应满足使用说明中动、定滑轮组间的最小安全距离规定。

9)起重机制动器的制动鼓表面磨损达到2.0 mm或制动带磨损超过原厚度50%时,应予更换。

10)起重机的变幅指示器、力矩限制器和限位开关等安全保护装置,应齐全完整、灵活可靠,严禁随意调整、拆除,不得以限位装置代替操作机构。

11)作业完毕或下班前,应按规定将操作杆置于空挡位置,起重臂应全部缩回原位,转至顺风方向,并应降至40°~60°之间,收紧钢丝绳,挂好吊钩或将吊钩落地,然后将各制动器和保险装置固定,关闭发动机,驾驶室加锁后,方可离开。

(5)塔式起重机的使用应符合国家现行标准《塔式起重机安全规程》(GB 5144—2006)、《建筑施工塔式起重机安装、使用、拆卸安全技术规程》(JGJ 196—2010)及《建筑机械使用安全技术规程》(JGJ 33—2012)中的相关规定。

(6)拔杆式起重机的制作安装应符合下列规定:

1)拔杆式起重机应进行专门设计和制作,经严格的测试、试运转和技术鉴定合格后,方可投入使用。

2)安装时的地基、基础、缆风绳和地锚等设施,应经计算确定。缆风绳与地面的夹角应在30°~45°之间。缆风绳不得与供电线路接触,在靠近电线处,应装设由绝缘材料制作的护线架。

(7)拔杆式起重机的使用应符合下列规定:

1)在整个吊装过程中,应派专人看守地锚。每进行一段工作或大雨后,应对拔杆、缆风绳、索具、地锚和卷扬机等进行详细检查,发现有摆动、损坏等情况时,应立即处理解决。

2)拔杆式起重机移动时,其底座应垫以足够的承重枕木排和滚杠,并将起重臂收紧,处于移动方向的前方,倾斜不得超过 10°,移动时拔杆不得向后倾斜,收放缆风绳应配合一致。

6.2.2　绳索

(1)吊装作业中使用的白棕绳应符合下列规定:

1)应由剑麻的茎纤维搓成,并不得涂油。其规格和破断拉力应符合产品说明书的规定。

2)只可用作受力不大的缆风绳和溜绳等。白棕绳的驱动力只能是人力,不得用机械动力驱动。

3)穿绕白棕绳的滑轮直径,应大于白棕绳直径的 10 倍。麻绳有结时,不得穿过滑车狭小之处。长期在滑车使用的白棕绳,应定期改变穿绳方向。

4)整卷白棕绳应根据需要长度切断绳头,切断前应用铁丝或麻绳将切断口扎紧。

5)使用中发生的扭结应立即抖直。当有局部损伤时,应切去损伤部分。

6)当绳长度不够时,应采用编接接长。

7)捆绑有棱角的物件时,应垫木板或麻袋等物。

8)使用中不得在粗糙的构件上或地下拖拉,并应防止砂、石屑嵌入。

9)编接绳头或套时,编接前每股头上应用绳扎紧,编接后相互搭接长度:绳套不得小于白棕绳直径的 15 倍;绳头不得小于 30 倍。

10)白棕绳在使用时不得超过其容许拉力,容许拉力应按下式计算:

$$[F_z] = \frac{F_z}{K} \qquad\qquad (6.1)$$

式中　　$[F_z]$—— 白棕绳的容许拉力,kN;

F_z—— 白棕绳的破断拉力,kN;

K—— 白棕绳的安全系数,按表 6.1 采用。

表 6.1　白棕绳的安全系数

用途	安全系数
一般小型构件(过梁、空心板及 5 kN 重以下等构件)	≥6
5~10 kN 重吊装作业	10
作捆绑吊索	≥12
作缆风绳	≥6

(2)采用纤维绳索、聚酯复丝绳索应符合现行国家标准《纤维绳索通用要求》(GB/T 21328—2007)、《聚酯复丝绳索》(GB/T 11787—2007)和《绳索有关物理和机械性能的测定》(GB/T 8834—2006)的相关规定。

(3)吊装作业中钢丝绳的使用、检验、破断拉力值和报废等应符合现行国家标准《重要用途钢丝绳》(GB 8918—2006)、《一般用途钢丝绳》(GB/T 20118—2006)和《起重机钢丝绳保养、维护、安装、检验和报废》(GB/T 5972—2009)中的相关规定。

6.2.3　吊索

(1)钢丝绳吊索应符合下列规定:

1)钢丝绳吊索应符合现行国家标准《一般用途钢丝绳吊索特性和技术条件》(GB/T 16762—2009)、插编索扣应符合现行国家标准《钢丝绳吊索插编索扣》(GB/T 16271—2009)中所规定的一般用途钢丝绳吊索特性和技术条件等的规定。

2)吊索宜采用6×37型钢丝绳制作成环式或8股头式,如图6.1所示,其长度和直径应根据吊物的几何尺寸、重量和所用的吊装工具、吊装方法确定。使用时可采用单根、双根、四根或多根悬吊形式。

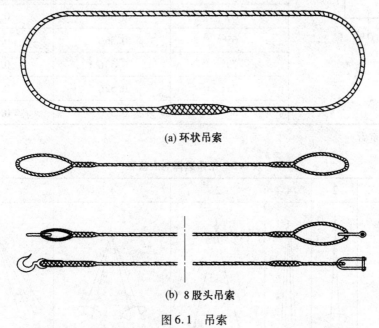

(a)环状吊索

(b)8股头吊索

图6.1　吊索

3)吊索的绳环或两端的绳套可采用压接接头,压接接头的长度不应小于钢丝绳直径的20倍,且不应小于300 mm。8股头吊索两端的绳套可根据工作需要装上桃形环、卡环或吊钩等吊索附件。

4)当利用吊索上的吊钩、卡环钩挂重物上的起重吊环时,吊索的安全系数不应小于6;当用吊索直接捆绑重物,且吊索与重物棱角间已采取妥善的保护措施时,吊索的安全系数应取6~8;当起吊重、大或精密的重物时,除应采取妥善保护措施外,吊索的安全系数应取10。

5)吊索与所吊构件间的水平夹角宜大于45°。计算拉力时可按表6.2、表6.3选用。

表 6.2　吊索拉力简易计算值表

简图	夹角 α	吊索拉力 F	水平压力 H
F *F* α *H* *H* *G*	30°	1.00G	0.87G
	35°	0.87G	0.71G
	40°	0.78G	0.60G
	45°	0.71G	0.50G
	50°	0.65G	0.42G
	55°	0.61G	0.35G
	60°	0.58G	0.29G
	65°	0.56G	0.24G
	70°	0.53G	0.18G
	75°	0.52G	0.13G
	80°	0.51G	0.09G

注:G—构件重力。

表 6.3　吊索选择对应值表

钢丝绳根数	1	2	4	2			4			8		
吊物重量 /kN	**吊索钢丝绳与重物的水平夹角**											
	90°	90°	90°	60°	45°	30°	60°	45°	30°	60°	45°	30°
	吊索的钢丝绳直径/mm											
10	15.5	11	11	13	13	15.5	11	11	11	11	11	11
20	22	15.5	11	17.5	19.5	22	13	13	15.5	11	11	11
30	26	19.5	13	19.5	22	26	15.5	15.5	19.5	11	11	13
40	30.5	22	15.5	24	26	30.5	17.5	19.5	22	13	13	15.5
50	35	24	17.5	26	28.5	35	19.5	19.5	24	13	15.5	17.5
60	37	26	19.5	28.5	30.5	37	19.5	22	26	15.5	15.5	19.5
70	43.5	28.5	19.5	30.5	35	43.5	22	24	28.5	15.5	17.5	19.5

续表6.3

吊物重量/kN	吊索钢丝绳与重物的水平夹角									
	90°	60°	45°	30°	60°	45°	30°	60°	45°	30°
	吊索的钢丝绳直径/mm									
80	43.5	30.5	22	32.5	37	43.5	24	26	30.5	17.5	17.5	22
90	47.5	32.5	24	35	39	47.5	24	28.5	32.5	17.5	19.5	24
100	47.5	35	24	37	43.5	47.5	26	28.5	35	19.5	22	24
150	60.5	43.5	30.5	39	52	60.5	32.5	35	43.5	24	26	30.5
200	—	47.5	35	47.5	56.5	—	37	43.5	47.5	26	28.5	35

（2）吊索附件应符合下列规定：

1）套环应符合现行国家标准《钢丝绳用普通套环》（GB/T 5974.1—2006）和《钢丝绳用重型套环》（GB/T 5974.2—2006）的规定。

2）使用套环时，其起吊的承载能力，应将套环的承载能力与表6.4中降低后的钢丝绳承载能力相比较，采用小值。

表6.4 使用套环时的钢丝绳强度降低率

钢丝绳直径/mm	绕过套环后强度降低率/%
10～16	5
19～28	15
32～38	20
42～50	25

3）吊钩应有制造厂的合格证明书，表面应光滑，不得有裂纹、刻痕、剥裂、锐角等现象。吊钩每次使用前应检查一次，不合格者应停止使用。

4）活动卡环在绑扎时，起吊后销子的尾部应朝下，吊索在受力后应压紧销子，其容许荷载应按出厂说明书采用。

（3）横吊梁应采用 Q235 或 Q345 钢材，应经过设计计算，计算方法应按《建筑施工起重吊装工程安全技术规范》（JGJ 276—2012）附录 B 进行，并应按设计进行制作。

6.2.4 起重吊装设备

（1）滑轮和滑轮组的使用应符合下列规定：

1）使用前，应检查滑轮的轮槽、轮轴、夹板、吊钩等各部件，不得有裂缝和损伤，滑轮转动应灵活，润滑良好。

2）滑轮应按表6.5中的容许荷载值使用。对起重量不明的滑轮，应先进行估算，并经负载试验合格后，方可使用。

表6.5 滑轮容许荷载

滑轮直径 /mm	容许荷载/kN								钢丝绳直径/mm	
	单门	双门	三门	四门	五门	六门	七门	八门	适用	最大
70	5	10	—	—	—	—	—	—	5.7	7.7
85	10	20	30	—	—	—	—	—	7.7	11
115	20	30	50	80	—	—	—	—	11	14
135	30	50	80	100	—	—	—	—	12.5	15.5
165	50	80	100	160	200	—	—	—	15.5	18.5
185	—	100	160	200	—	320	—	—	17	20
210	80	—	200	—	320	—	—	—	20	23.5
245	100	160	—	320	—	500	—	—	23.5	25
280	—	200	—	—	500	—	800	—	26.5	28
320	160	—	—	500	—	800	—	1 000	30.5	32.5
360	200	—	—	—	800	1 000	—	1 400	32.5	35

3)滑轮组绳索宜采用顺穿法,由三对以上动、定滑轮组成的滑轮组应采用花穿法。滑轮组穿绕后,应开动卷扬机慢慢将钢丝绳收紧和试吊,检查有无卡绳、磨绳的地方,绳间摩擦及其他部分应运转良好,如有问题,应立即修正。

4)滑轮的吊钩或吊环应与起吊构件的重心在同一垂直线上。

5)滑轮使用前后应刷洗干净,擦油保养,轮轴应经常加油润滑,严禁锈蚀和磨损。

6)对重要的吊装作业、较高处作业或在起重作业量较大时,不宜用钩型滑轮,应使用吊环、链环或吊梁型滑轮。

7)滑轮组的上下定、动滑轮之间安全距离不应小于1.5 m。

8)对暂不使用的滑轮,应存放在干燥少尘的库房内,下面垫以木板,并应每3个月检查保养一次。

9)滑轮和滑轮组的跑头拉力、牵引行程和速度应符合下列规定:

①滑轮组的跑头拉力应按下式计算:

$$F = \alpha Q \tag{6.2}$$

式中　F——跑头拉力,kN;

　　　α——滑轮组的省力系数,其值可按表6.6选用;

　　　Q——计算荷载(kN),等于吊重乘以动力系数1.5。

②滑轮跑头牵引行程和速度应按下列公式计算:

$$u = mh \tag{6.3}$$

$$v = mv_1 \tag{6.4}$$

式中　u——跑头牵引行程,m;

　　　m——滑轮组工作绳数;

h—— 吊件的上升行程,m;

v—— 跑头的牵引速度,m/s;

v_1—— 吊件的上升速度,m/s。

表 6.6 省力系数(α)

工作绳索数	滑轮个数（定动滑轮之和）	导向滑轮数						
		0	1	2	3	4	5	6
1	0	1.000	1.040	1.082	1.125	1.170	1.217	1.265
2	1	0.507	0.527	0.549	0.571	0.594	0.617	0.642
3	2	0.346	0.360	0.375	0.390	0.405	0.421	0.438
4	3	0.265	0.276	0.287	0.298	0.310	0.323	0.335
5	4	0.215	0.225	0.234	0.243	0.253	0.263	0.274
6	5	0.187	0.191	0.199	0.207	0.215	0.224	0.330
7	6	0.160	0.165	0.173	0.180	0.187	0.195	0.203
8	7	0.143	0.149	0.155	0.161	0.167	0.174	0.181
9	8	0.129	0.134	0.140	0.145	0.151	0.157	0.163
10	9	0.119	0.124	0.129	0.134	0.139	0.145	0.151
11	10	0.110	0.114	0.119	0.124	0.129	0.134	0.139
12	11	0.102	0.106	0.111	0.115	0.119	0.124	0.129
13	12	0.096	0.099	0.104	0.108	0.112	0.117	0.121
14	13	0.091	0.094	0.098	0.102	0.106	0.111	0.115
15	14	0.087	0.090	0.083	0.091	0.100	0.102	0.108
16	15	0.084	0.086	0.090	0.093	0.095	0.100	0.104

（2）卷扬机的使用应符合下列规定：

1）手动卷扬机不得用于大型构件吊装,大型构件的吊装应采用电动卷扬机。

2）卷扬机的基础应平稳牢固,用于锚固的地锚应可靠,防止发生倾覆和滑动。

3）卷扬机使用前,应对各部分详细检查,确保棘轮装置和制动器完好,变速齿轮沿轴转动,啮合正确,无杂音和润滑良好,发现问题,严禁使用。

4）卷扬机应安装在吊装区外,水平距离应大于构件的安装高度,并搭设防护棚,保证操作人员能清楚地看见指挥人员的信号。当构件被吊到安装位置时,操作人员的视线仰角应小于30°。

5）导向滑轮严禁使用开口拉板式滑轮。滑轮到卷筒中心的距离,对带槽卷筒应大于卷筒宽度的15倍;对无槽卷筒应大于20倍,当钢丝绳处在卷筒中间位置时,应与卷筒的轴心线垂直。

6）钢丝绳在卷筒上应逐圈靠紧,排列整齐,严禁互相错叠、离缝和挤压。钢丝绳缠满后,卷筒凸缘应高出 2 倍及以上钢丝绳直径,钢丝绳全部放出时,钢丝绳在卷筒上保留的安全圈不应少于 5 圈。

7) 在制动操纵杆的行程范围内不得有障碍物。作业过程中,操作人员不得离开卷扬机,严禁在运转中用手或脚去拉、踩钢丝绳,严禁跨越卷扬机钢丝绳。

8) 卷扬机的电气线路应经常检查,电机应运转良好,电磁抱闸和接地应安全有效,不得有漏电现象。

(3) 电动卷扬机的牵引力和钢丝绳速度应符合下列规定:

1) 卷筒上的钢丝绳牵引力应按下列公式计算:

$$F = 1.02 \times \frac{P_{\mathrm{H}}\eta}{v} \qquad (6.5)$$

$$\eta = \eta_0 \times \eta_1 \times \eta_2 \times \cdots \times \eta_n \qquad (6.6)$$

式中　　F——牵引力,kN;

P_{H}——电动机的功率,kW;

v——钢丝绳速度,m/s;

η——总效率;

η_0——卷筒效率,当卷筒装在滑动轴承上时,取 $\eta_0 = 0.94$;当装在滚动轴承上时,取 $\eta_0 = 0.96$;

$\eta_1, \eta_2, \cdots, \eta_n$——传动机构效率,按表 6.7 选用。

表 6.7　传动机构的效率

传动机构			效率
卷筒	滑动轴承		0.94 ~ 0.96
	滚动轴承		0.96 ~ 0.98
一对圆柱齿轮传动	开式传动	滑动轴承	0.93 ~ 0.95
		滚动轴承	0.95 ~ 0.96
	闭式传动	滑动轴承	0.95 ~ 0.96
	稀油润滑	滚动轴承	0.96 ~ 0.98

2) 钢丝绳速度应按下列公式计算:

$$v = \pi D \omega \qquad (6.7)$$

$$\omega = \frac{\omega_{\mathrm{H}} i}{60} \qquad (6.8)$$

$$i = \frac{n_Z}{n_B} \qquad (6.9)$$

式中　　v——钢丝绳速度,m/s;

D——卷筒直径,m;

ω——卷筒转速,r/s;

ω_{H}——电动机转速,r/s;

i——传动比;

n_Z——所有主动轮齿数的乘积;

n_B——所有被动轮齿数的乘积。

(4)捯链的使用应符合下列规定:

1)使用前应进行检查,捯链的吊钩、链条、轮轴、链盘等应无锈蚀、裂纹、损伤,传动部分应灵活正常。

2)起吊构件至起重链条受力后,应仔细检查,确保齿轮啮合良好,自锁装置有效后,方可继续作业。

3)应均匀和缓地拉动链条,并应与轮盘方向一致,不得斜向拽动。

4)捯链起重量或起吊构件的质量不明时,只可一人拉动链条,一人拉不动应查明原因,此时严禁两人或多人齐拉。

5)齿轮部分应经常加油润滑,棘爪、棘爪弹簧和棘轮应经常检查,防止制动失灵。

6)捯链使用完毕后应拆卸清洗干净,上好润滑油,装好后套上塑料罩挂好。

(5)手扳葫芦应符合下列规定:

1)只可用于吊装中收紧缆风绳和升降吊篮使用。

2)使用前,应仔细检查确认自锁夹钳装置夹紧钢丝绳后能往复作直线运动,不满足要求,严禁使用。使用时,待其受力后应检查确认运转自如,无问题后,方可继续作业。

3)用于吊篮时,直在每根钢丝绳处拴一根保险绳,并将保险绳的另一端固定在可靠的结构上。

4)使用完毕后,应拆卸、清洗、上油、安装复原,妥善保管。

(6)千斤顶的使用应符合下列规定:

1)使用前后应拆洗干净,损坏和不符合要求的零件应更换。安装好后应检查各部位配件运转的灵活性,对油压千斤顶应检查阀门、活塞、皮碗的完好程度,油液干净程度和稠度应符合要求,若在负温情况下使用,油液应不变稠、不结冻。

2)千斤顶的选择,应符合下列规定:

①千斤顶的额定起重量应大于起重构件的质量,起升高度应满足要求,其最小高度应与安装净空相适应。

②采用多台千斤顶联合顶升时,应选用同一型号的千斤顶,并应保持同步,每台的额定起质量不得小于所分担重量的1.2倍。

3)千斤顶应放在平整坚实的地面上,底座下应垫以枕木或钢板。与被顶升构件的光滑面接触时,应加垫硬木板防滑。

4)设顶处应传力可靠,载荷的传力中心应与千斤顶轴线一致,严禁载荷偏斜。

5)顶升时,应先轻微顶起后停住,检查千斤顶承力、地基、垫木、枕木垛有无异常或千斤顶歪斜,出现异常,应及时处理后方可继续工作。

6)顶升过程中,不得随意加长千斤顶手柄或强力硬压,每次顶升高度不得超过活塞上的标志,且顶升高度不得超过螺丝杆或活塞高度的3/4。

7)构件顶起后,应随起随搭枕木垛和加设临时短木块,其短木块与构件间的距离应随时保持在50 mm以内。

6.2.5　地锚

（1）立式地锚的构造应符合下列规定：

1）应在枕木、圆木、方木地龙柱的下部后侧和中部前侧设置挡木，并贴紧土壁，坑内应回填土石并夯实，表面略高于自然地坪。

2）地坑深度应大于 1.5 m，地龙柱应露出地面 0.4~1.0 m，并略向后倾斜。

3）使用枕木或方木做地龙柱时，应使截面的长边与受力方向一致，作用的荷载宜与地龙柱垂直。

4）单柱立式地锚承载力不够时，可在受力方向后侧增设一个或两个单柱立式地锚，并用绳索连接，使其共同受力。

5）各种立式地锚的构造参数及计算方法应符合《建筑施工起重吊装工程安全技术规范》（JGJ 276—2012）附录 D 的规定。

（2）桩式地锚的构造应符合下列规定：

1）应采用直径 180~330 mm 的松木或衫木做地锚桩，略向后倾斜打入地层中，并应在其前方距地面 0.4~0.9 m 深处，紧贴桩身埋置 1 m 长的挡木一根。

2）桩入土深度不应小于 1.5 m，地锚的钢丝绳应拴在距地面不大于 300 mm 处。

3）荷载较大时，可将两根或两根以上的桩用绳索与木板将其连在一起使用。

4）各种桩式地锚的构造参数及计算方法应符合《建筑施工起重吊装工程安全技术规范》（JGJ 276—2012）附录 D 的规定。

（3）卧式地锚的构造应符合下列规定：

1）钢丝绳应根据作用荷载大小，系结在横置木中部或两侧，并应采用土石回填夯实。

2）木料尺寸和数量应根据作用荷载的大小和土壤的承载力经过计算确定。

3）木料横置埋入深度宜为 1.5~3.5 m。当作用荷载超过 75 kN 时，应在横置木料顶部加压板；当作用荷载超过 150 kN 时，应在横置木料前增设挡板立柱和挡板。

4）当卧式地锚作用荷载较大时，地锚的钢丝绳应采用钢拉杆代替。

5）卧式地锚的构造参数及计算方法应符合《建筑施工起重吊装工程安全技术规范》（JGJ 276—2012）附录 D 的规定。

（4）各式地锚的使用应符合下列规定：

1）地锚采用的木料应使用剥皮落叶松、杉木。严禁使用油松、杨木、柳木、桦木、椴木和腐朽、多节的木料。

2）绑扎地锚钢丝绳的绳环应牢固可靠，横卧木四角应采用长 500 mm 的角钢加固，并应在角钢外再用长 300 mm 的半圆钢管保护。

3）钢丝绳的方向应与地锚受力方向一致。

4）地锚使用前应进行试拉，合格后方可使用。埋设不明的地锚未经试拉不得使用。

5）地锚使用时应指定专人检查、看守，如发现变形应立即处理或加固。

6.3 混凝土结构吊装

6.3.1 一般规定

(1)构件的运输应符合下列规定：

1)构件运输应严格执行所制定的运输技术措施。

2)运输道路应平整,有足够的承载力、宽度和转弯半径。

3)高宽比较大的构件的运输,应采用支撑框架、固定架、支撑或用捯链等予以固定,不得悬吊或堆放运输。支撑架应进行设计计算,应稳定、可靠和装卸方便。

4)当大型构件采用半拖或平板车运输时,构件支撑处应设转向装置。

5)运输时,各构件应拴牢于车厢上。

(2)构件的堆放应符合下列规定：

1)构件堆放场地应压实平整,周围应设排水沟。

2)构件应按设计支撑位置堆放平稳,底部应设置垫木。对不规则的柱、梁、板,应专门分析确定支撑和加垫方法。

3)屋架、薄腹梁等重心较高的构件,应直立放置,除设支撑垫木外,应在其两侧设置支撑使其稳定,支撑不得少于2道。

4)重叠堆放的构件应采用垫木隔开,上下垫木应在同一垂线上。堆放高度梁、柱不宜超过2层;大型屋面板不宜超过6层。堆垛间应留2 m宽的通道。

5)装配式大板应采用插放法或背靠法堆放,堆放架应经设计计算确定。

(3)构件翻身应符合下列规定：

1)柱翻身时,应确保本身能承受自重产生的正负弯矩值。其两端距端面1/6～1/5柱长处应垫方木或枕木垛。

2)屋架或薄腹梁翻身时应验算抗裂度,不够时应予加固。当屋架或薄腹梁高度超过1.7 m时,应在表面加绑木、竹或钢管横杆增加屋架平面刚度,并在屋架两端设置方木或枕木垛,其上表面应与屋架底面齐平,且屋架间不得有黏结现象。翻身时,应做到一次扶直或将屋架转到与地面夹角达到70°后,方可刹车。

(4)构件拼装应符合下列规定：

1)当采用平拼时,应防止在翻身过程中发生损坏和变形;当采用立拼时,应采取可靠的稳定措施。当大跨度构件进行高空立拼时,应搭设带操作台的拼装支架。

2)当组合屋架采用立拼时,应在拼架上设置安全挡木。

(5)吊点设置和构件绑扎应符合下列规定：

1)当构件无设计吊环(点)时,应通过计算确定绑扎点的位置。绑扎方法应可靠,且摘钩应简便安全。

2)当绑扎竖直吊升的构件时,应符合下列规定：

①绑扎点位置应略高于构件重心。

②在柱不翻身或吊升中不会产生裂缝时,可采用斜吊绑扎法。

③天窗架宜采用四点绑扎。

3）当绑扎水平吊升的构件时，应符合下列规定：

①绑扎点应按设计规定设置。无规定时，最外吊点应在距构件两端 1/6～1/5 构件全长处进行对称绑扎。

②各支吊索内力的合力作用点应处在构件重心线上。

③屋架绑扎点宜在节点上或靠近节点。

4）绑扎应平稳、牢固，绑扎钢丝绳与物体间的水平夹角应为：构件起吊时不得小于 45°；构件扶直时不得小于 60°。

（6）构件起吊前，其强度应符合设计规定，并应将其上的模板、厌浆残渣、垃圾碎块等全部清除干净。

（7）楼板、屋面板吊装后，对相互间或其上留有的空隙和洞口，应设置盖板或围护，并应符合现行行业标准《建筑施工高处作业安全技术规范》（JGJ 80—1991）的规定。

（8）多跨单层厂房宜先吊主跨，后吊辅助跨；先吊高跨，后吊低跨。多层厂房宜先吊中间，后吊两侧，再吊角部，且应对称进行。

（9）作业前应清除吊装范围内的障碍物。

6.3.2　单层工业厂房结构吊装

（1）柱的吊装应符合下列规定：

1）柱的起吊方法应符合施工组织设计规定。

2）柱就位后，应将柱底落实，每个柱面应采用不少于两个钢楔楔紧，但严禁将楔子重叠放置。初步校正垂直后，打紧楔子进行临时固定。对重型柱或细长柱以及多风或风大地区，在柱上部应采取稳妥的临时固定措施，确认牢固可靠后，方可指挥脱钩。

3）校正柱时，严禁将楔子拔出，在校正好一个方向后，应稍打紧两面相对的那个楔子，方可校正另一个方向。待完全校正好后，除将所有楔子按规定打紧外，还应采用石块将柱底脚与杯底四周全部楔紧。采用缆风或斜撑校正柱时，应在杯口第二次浇筑的混凝土强度达到设计强度的 75% 时，方可拆除缆风或斜撑。

4）杯口内应采用强度高一级的细石混凝土浇筑固定。采用木楔或钢楔作临时固定时，应分二次浇筑，第一次灌至楔子下端，待达到设计强度 30% 以上，方可拔出楔子。再二次浇筑至基础顶；当使用混凝土楔子时，可一次浇筑至基础顶面。混凝土强度应作试块检验，冬期施工时，应采取冬期施工措施。

（2）梁的吊装应符合下列规定：

1）梁的吊装应在柱永久固定和柱间支撑安装后进行。吊车梁的吊装，应在基础杯口二次浇筑的混凝土达到设计强度 50% 以上，方可进行。

2）重型吊车梁应边吊边校，然后再进行统一校正。

3）梁高和底宽之比大于 4 时，应采用支撑撑牢或用 8 号钢丝将梁捆于稳定的构件上后，方可摘钩。

4）吊车梁的校正应在梁吊装完，也可在屋面构件校正并最后固定后进行。校正完毕后，应立即焊接固定。

（3）屋架吊装应符合下列规定：

1）进行屋架或屋面梁垂直度校正时，在跨中，校正人员应沿屋架上弦绑设的栏杆行走，栏杆高度不得低于1.2 m；在两端，应站在悬挂于柱顶上的吊篮上进行，严禁站在柱顶操作。垂直度校正完毕并进行可靠固定后，方可摘钩。

2）吊装第一榀屋架和天窗架时，应在其上弦杆拴缆风绳作临时固定。缆风绳应采用两侧布置，每边不得少于2根。当跨度大于18 m时，宜增加缆风绳数，间距不得大于6 m。

（4）天窗架与屋面板分别吊装时，天窗架应在该榀屋架上的屋面板吊装完毕后进行，并经临时固定和校正后，方可脱钩焊接固定。

（5）校正完毕后应按设计要求进行永久性的接头固定。

（6）屋架和天窗架上的屋面板吊装，应从两边向屋脊对称进行，且不得用撬杠沿板的纵向撬动。就位后应采用铁片垫实脱钩，并应立即电焊固定，应至少保证3点焊牢。

（7）托架吊装就位校正后，应立即支模浇灌接头混凝土进行固定。

（8）支撑系统应先安装垂直支撑，后安装水平支撑；先安装中部支撑，后安装两端支撑，并与屋架、天窗架和屋面板的吊装交替进行。

6.3.3　多层框架结构吊装

（1）框架柱吊装应符合下列规定：

1）上节柱的安装应在下节柱的梁和柱间支撑安装焊接完毕、下节柱接头混凝土达到设计强度的75%及以上后，方可进行。

2）多机抬吊多层H型框架柱时，递送作业的起重机应使用横吊梁起吊。

3）柱就位后应随即进行临时固定和校正。榫式接头的，应对称施焊四角钢筋接头后方可松钩；钢板接头的，应各边分层对称施焊2/3的长度后方可脱钩；H型柱则应对称焊好四角钢筋后方可脱钩。

4）重型或较长件的临时固定，应在柱间加设水平管式支撑或设缆风绳。

5）吊装中用于保护接头钢筋的钢管或垫木应捆扎牢固。

（2）楼层梁的吊装应符合下列规定：

1）吊装明牛腿式接头的楼层梁时，应在梁端和柱牛腿上预埋的钢板焊接后方可脱钩。

2）吊装齿槽式接头的楼层梁时，应将梁端的上部接头焊好两根后方可脱钩。

（3）楼层板的吊装应符合下列规定：

1）吊装两块以上的双T形板时，应将每块的吊索直接挂在起重机吊钩上。

2）板重在5 kN以下的小型空心板或槽形板，可采用平吊或兜吊，但板的两端应保证水平。

3）吊装楼层板时，严禁采用叠压式，并严禁在板上站人、放置小车等重物或工具。

6.3.4　墙板结构吊装

（1）装配式大板结构吊装应符合下列规定：

1）吊装大板时，宜从中间开始向两端进行，并应按先横墙后纵墙，先内墙后外墙，最后隔断墙的顺序逐间封闭吊装。

2）吊装时应保证坐浆密实均匀。

3）当采用横吊梁或吊索时，起吊应垂直平稳，吊索与水平线的夹角不宜小于60°。

4）大板宜随吊随校正。就位后偏差过大时，应将大板重新吊起就位。

5）外墙板应在焊接固定后方可脱钩，内墙和隔墙板可在临时固定可靠后脱钩。

6）校正完后，应立即焊接预埋筋，待同一层墙板吊装和校正完后，应随即浇筑墙板之间立缝作最后固定。

7）圈梁混凝土强度应达到75%及以上，方可吊装楼层板。

（2）框架挂板吊装应符合下列规定：

1）挂板的运输和吊装不得用钢丝绳兜吊，并严禁用钢丝捆扎。

2）挂板吊装就位后，应与主体结构临时或永久固定后方可脱钩。

（3）工业建筑墙板吊装应符合下列规定：

1）各种规格墙板均应具有出厂合格证。

2）吊装时应预埋吊环，立吊时应有预留孔。无吊环和预留孔时，吊索捆绑点距板端不应大于1/5板长。吊索与水平面夹角不应小于60°。

3）就位和校正后应做可靠的临时固定或永久固定后方可脱钩。

6.4　钢结构吊装

6.4.1　一般规定

（1）钢构件应按规定的吊装顺序配套供应，装卸时，装卸机械不得靠近基坑行走。

（2）钢构件的堆放场地应平整，构件应放平、放稳，避免变形。

（3）柱底灌浆应在柱校正完或底层第一节钢框架校正完，并紧固地脚螺栓后进行。

（4）作业前应检查操作平台、脚手架和防风设施。

（5）柱、梁安装完毕后，在未设置浇筑楼板用的压型钢板时，应在钢梁上铺设适量吊装和接头连接作业时用的带扶手的走道板。压型钢板应随铺随焊。

（6）吊装程序应符合施工组织设计的规定。缆风绳或溜绳的设置应明确，对不规则构件的吊装，其吊点位置，捆绑、安装、校正和固定方法应明确。

6.4.2　钢结构厂房吊装

（1）钢柱吊装应符合下列规定：

1）铡柱起吊至柱脚离地脚螺栓或杯口300～400 mm后，应对准螺栓或杯口缓慢就位，经初校后，立即进行临时固定，然后方可脱钩。

2）柱校正后，应立即紧固地脚螺栓，将承重垫板点焊固定，并随即对柱脚进行永久固定。

（2）吊车梁吊装应符合下列规定：

1）吊车梁吊装应在钢柱固定后、混凝土强度达到7.5%以上和柱间支撑安装完后进行。吊车梁的校正应在屋盖吊装完成并固定后方可进行。

2)吊车梁支撑面下的空隙应采用楔形铁片塞紧,应确保支撑紧贴面不小于70%。

(3)钢屋架吊装应符合下列规定:

1)应根据确定的绑扎点对钢屋架的吊装进行验算,不满足时应进行临时加固。

2)屋架吊装就位后,应在校正和可靠的临时固定后方可摘钩,并按设计要求进行永久固定。

(4)天窗架宜采用预先与屋架拼装的方法进行一次吊装。

6.4.3　高层钢结构吊装

(1)钢柱吊装应符合下列规定:

1)安装前,应在钢柱上将登高扶梯和操作挂篮或平台等固定好。

2)起吊时,柱根部不得着地拖拉。

3)吊装时,柱应垂直,严禁碰撞已安装好的构件。

4)就位时,应待临时固定可靠后方可脱钩。

(2)钢梁吊装应符合下列规定:

1)吊装前应按规定装好扶手杆和扶手安全绳。

2)吊装应采用两点吊。水平桁架的吊点位置,应保证起吊后桁架水平,并应加设安全绳。

3)梁校正完毕,应及时进行临时固定。

(3)剪力墙板吊装应符合下列规定:

1)当先吊装框架后吊装墙板时,临时搁置应采取可靠的支撑措施。

2)墙板与上部框架梁组合后吊装时,就位后应立即进行侧面和底部的连接。

(4)框架的整体校正,应在主要流水区段吊装完成后进行。

6.4.4　轻型钢结构和门式刚架吊装

(1)轻型钢结构的吊装应符合下列规定:

1)轻型钢结构的组装需在坚实平整的拼装台上进行。组装接头的连接板应平整。

2)屋盖系统吊装应按屋架→屋架垂直支撑→檩条、檩条拉杆→屋架间水平支撑→轻型屋面板的顺序进行。

3)吊装时,檩条的拉杆应预先张紧,屋架上弦水平支撑应在屋架与檩条安装完毕后拉紧。

4)屋盖系统构件安装完后,应对全部焊缝接头进行检查,对点焊和漏焊的进行补焊或修正后,方可安装轻型屋面板。

(2)门式刚架吊装应符合下列规定:

1)轻型门式刚架可采用一点绑扎,但吊点应通过构件重心,中型和重型门式刚架应采用两点或三点绑扎。

2)门式刚架就位后的临时固定,除在基础杯口打入8个楔子楔紧外,悬臂端应采用工具式支撑架在两面支撑牢固。在支撑架顶与悬臂端底部之间,应采用千斤顶或对角楔垫实,并在门式刚架间作可靠的临时固定后方可脱钩。

3)支撑架应经过设计计算,且应便于移动并有足够的操作平台。

4)第一榀门式刚架应采用缆风或支撑作临时固定,以后各榀可用缆风、支撑或屋架校正器作临时固定。

5)已校正好的门式刚架应及时装好柱间永久支撑。当柱间支撑设计少于两道时,应另增设两道以上的临时柱间支撑,并应沿纵向均匀分布。

6)基础杯口二次灌浆的混凝土强度应达到75%及以上方可吊装屋面板。

6.5　网架吊装

6.5.1　一般规定

(1)吊装作业应按施工组织设计的规定执行。

(2)施工现场的钢管焊接工,应经过焊接球节点与钢管连接的全位置焊接工艺评定和焊工考试合格后,方可上岗。

(3)吊装方法应根据网架受力和构造特点,在保证质量、安全、进度的要求下,结合当地施工技术条件综合确定。

(4)吊装的吊点位置和数量的选择,应符合下列规定:

1)应与网架结构使用的受力状况一致或经过验算杆件满足受力要求;

2)吊点处的最大反力应小于起重设备的负荷能力;

3)各起重设备的负荷宜接近。

(5)吊装方法选定后,应分别对网架施工阶段吊点的反力、杆件内力和挠度、支撑柱的稳定性和风荷载作用下网架的水平推力等项进行验算,必要时应采取加固措施。

(6)验算荷载应包括吊装阶段结构自重和各种施工荷载。吊装阶段的动力系数应为:提升或顶升时,取1.1;拔杆吊装时,取1.2;履带式或汽车式起重机吊装时,取1.3。

(7)在施工前应进行试拼及试吊,确认无问题后方可正式吊装。

(8)当网架采用在施工现场拼装时,小拼应先在专门的拼装架上进行。高空总拼应采用预拼装或其他保证精度措施,总拼的各个支撑点应防止出现不均匀下沉。

6.5.2　高空散装法安装

(1)当采用悬挑法施工时,应在拼成可承受自重的结构体系后,方可逐步扩展。

(2)当搭设拼装支架时,支架上支撑点的位置应设在网架下弦的节点处。支架应验算其承载力和稳定性,必要时应试压,并应采取措施防止支柱下沉。

(3)拼装应从建筑物一端以两个三角形同时进行,两个三角形相交后,按人字形逐榀向前推进,最后在另一端正中闭合,如图6.2所示。

(4)第一榀网架块体就位后,应在下弦中竖杆下方用方木上放千斤顶支顶,同时在上弦和相邻柱间应绑两根杉杆作临时固定。其他各块就位后心采用螺栓与已固定的网架块体固定,同时下弦应采用方木上放千斤顶顶住。

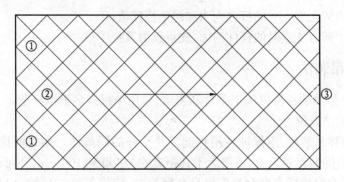

图 6.2　网架的安装顺序

①~③为安装顺序

（5）每榀网架块体应用经纬仪校正其轴线偏差；标高偏差应采用下弦节点处的千斤顶校正。

（6）网架块体安装过程中，连接块体的高强度螺栓应随安装随紧固。

（7）网架块体全部安装完毕并经全面质量检查合格后，方可拆除千斤顶和支杆。千斤顶应有组织地逐次下落，每次下落时，网架中央、中部和四周千斤顶的下降比例宜为 2∶1.5∶1。

6.5.3　分条、分块安装

（1）当网架分条或分块在高空连成整体时，其组成单元应具有足够刚度，并应能保证自身的几何不变性，否则应采取临时加固措施。

（2）在条与条或块与块的合拢处，可采用临时螺栓等固定措施。

（3）当设置独立的支撑点或拼装支架时，应符合 6.5.2 中（2）的要求。

（4）合拢时，应先采用千斤顶将网架单元顶到设计标高，方可连接。

（5）网架单元应减少中间运输，运输时应采取措施防止变形。

6.5.4　高空滑移法安装

（1）应利用已建结构作为高空拼装平台。当无建筑物可供利用时，应在滑移端设置宽度大于两个节间的拼装平台。滑移时应在两端滑轨外侧搭设走道。

（2）当网架的平移跨度大于 50 m 时，宜在跨中增设一条平移轨道。

（3）网架平移用的轨道接头处应焊牢，轨道标高允许偏差应为 10 mm。网架上的导轮与导轨之间应预留 10 mm 间隙。

（4）网架两侧应采用相同的滑轮及滑轮组；两侧的卷扬机应选用同型号、同规格产品，并应采用同类型、同规格的钢丝绳，并在卷筒上预留同样的钢丝绳圈数。

（5）网架滑移时，两侧应同步前进。当同步差达 30 mm 时，应停机调整。

（6）网架全部就位后，应采用千斤顶将网架支座抬起，抽去轨道后落下，并将网架支座与梁面预埋钢板焊接牢靠。

（7）网架的滑移和拼装应进行下列验算：

1)当跨度中间无支点时的杆件内力和跨中挠度值；

2)当跨度中间有支点时的杆件内力、支点反力及挠度值。

6.5.5　整体吊装法

(1)网架整体吊装可根据施工条件和要求,采用单根或多根拔杆起吊,也可采用一台或多台起重机起吊就位。

(2)网架整体吊装时,应保证各吊点起升及下降的同步性。相邻两拔杆间或相邻两吊点组的合力点间的相对高差,不得大于其距离的 1/400 和 100 mm,亦可通过验算确定。

(3)当采用多根拔杆或多台起重机吊装网架时,应将每根拔杆每台起重机额定负荷乘以 0.75 的折减系数。当采用四台起重机将吊点连通成两组或三根拔杆吊装时,折减系数应取 0.85。

(4)网架拼装和就位时的任何部位离支撑柱及柱上的牛腿等突出部位或拔杆的净距不得小于 100 mm。

(5)由于网架错位需要,对个别杆件可暂不组装,但应取得设计单位的同意。

(6)拔杆、缆风绳、索具、地锚、基础的选择及起重滑轮组的穿法等应进行验算,必要时应进行试验检验。

(7)当采用多根拔杆吊装时,拔杆安装应垂直,缆风绳的初始拉力应为吊装时的60%,存拔杆起重平面内可采用单向铰接头。当采用单根拔杆吊装时,底座应采用球形万向接头。

(8)拔杆在最不利荷载组合下,其支撑基础对地基土的压力不得超过其允许承载力。

(9)起吊时应根据现场实际情况设总指挥 1 人,分指挥数人,作业人员应听从指挥,操作步调应一致。应在网架上搭设脚手架通道锁扣摘扣。

(10)网架吊装完毕,应经检查无误后方可摘钩,同时应立即进行焊接固定。

6.5.6　整体提升、顶升法安装

(1)网架的整体提升法应符合下列规定：

1)应根据网架支座中心校正提升机安装位置。

2)网架支座设计标高相同时,各台提升装置吊挂横梁的顶面标高应一致;设计标高不同时,各台提升装置吊挂横梁的顶面标高差和各相应网架支座设计标高差应一致;其各点允许偏差应为 5 mm。

3)各台提升装置同顺序号吊杆的长度应一致,其允许偏差应为 5 mm。

4)提升设备应按其额定负荷能力乘以折减系数使用。穿心式液压千斤顶的折减系数取 0.5;电动螺杆升板机的折减系数取 0.7;其他设备应通过试验确定。

5)网架提升应同步。

6)整体提升法的下部支撑柱应进行稳定性验算。

(2)网架的整体顶升法应符合下列规定：

1)顶升用的支撑柱或临时支架上的缀板间距应为千斤顶行程的整数倍,其标高允许偏差应为 5 mm,不满足时应采用钢板垫平。

2）千斤顶应按其额定负荷能力乘以折减系数使用。丝杆千斤顶的折减系数取 0.6，液压千斤顶的折减系数取 0.7。

3）顶升时各顶升点的允许升差为相邻两个顶升用的支撑结构间距的 1/1 000，且不得大于 30 mm；若一个顶升用的支撑结构上有两个或两个以上的千斤顶时，则取千斤顶间距的 1/200，且不得大于 10 mm。

4）千斤顶或千斤顶的合力中心应与柱轴线对准。千斤顶本身应垂直。

5）顶升前和过程中，网架支座中心对柱基轴线的水平允许偏移为柱截面短边尺寸的 1/50 及柱高的 1/500。

6）顶升用的支撑柱或支撑结构应进行稳定性验算。

7 建筑机械使用安全

7.1 建筑起重机械

7.1.1 一般规定

(1)建筑起重机械进入施工现场应具备特种设备制造许可证、产品合格证、特种设备制造监督检验证明、备案证明、安装使用说明书和自检合格证明。

(2)建筑起重机械有下列情形之一时,不得出租和使用:

1)属国家明令淘汰或禁止使用的品种、型号。

2)超过安全技术标准或制造厂规定的使用。

3)没有完整安全技术档案。

4)没有齐全有效的安全保护装置。

(3)建筑起重机械的安全技术档案应包括下列内容:

1)购销合同、特种设备制造许可证、产品合格证、特种设备制造监督检验证明、安装使用说明书、备案证明等原始资料。

2)定期检验报告、定期自行检查记录、定期维护保养记录、维修和技术改造记录、运行故障和生产安全事故记录、累积运转记录等运行资料。

3)历次安装验收资料。

(4)建筑起重机械装拆方案的编制、审批和建筑起重机械首次使用、升节、附墙等验收应按现行有关规定执行。

(5)建筑起重机械的装拆应由具有起重设备安装工程承包资质的单位施工,操作和维修人员应持证上岗。

(6)建筑起重机械的内燃机、电动机和电气、液压装置部分,应按《建筑机械使用安全技术规程》(JGJ 33—2012)第3.2节、3.4节、3.6节和附录C的规定执行。

(7)选用建筑起重机械时,其主要性能参数、利用等级、载荷状态、工作级别等应与建筑工程相匹配。

(8)施工现场应提供符合起重机械作业要求的通道和电源等工作场地和作业环境。基础与地基承载能力应满足起重机械的安全使用要求。

(9)操作人员在作业前应对行驶道路、架空电线、建(构)筑物等现场环境以及起吊重物进行全面了解。

(10)建筑起重机械应装有音响清晰的信号装置。在起重臂吊钩、平衡重等转动物体上应有鲜明的色彩标志。

(11)建筑起重机械的变幅限位器、力矩限制器、起重量限制器、防坠安全器、钢丝绳防脱装置、防脱钩装置以及各种行程限位开关等安全保护装置,必须齐全有效,严禁随意调整或拆除。严禁利用限制器和限位装置代替操纵机构。

(12)建筑起重机械安装工、司机、信号司索工作业时应密切配合,按规定的指挥信号执行。当信号不清或错误时,操作人员应拒绝执行。

(13)施工现场应采用旗语、口哨、对讲机等有效的联络措施确保通信畅通。

(14)在风速达到9.0 m/s及以上或大雨、大雪、大雾等恶劣天气时,严禁进行建筑起重机械的安装拆卸作业。

(15)在风速达到12.0 m/s及以上或大雨、大雪、大雾等恶劣天气时,应停止露天的起重吊装作业。重新作业前,应先试吊,并应确认各种安全装设灵敏可靠后进行作业。

(16)操作人员进行起重机械回转、变幅、行走和吊钩升降等动作前,应发出音响信号示意。

(17)建筑起重机械作业时,应在臂长的水平投影覆盖范围外设置警戒区域,并应有监护措施;起重臂和重物下方不得有人停留、工作或通过。不得用吊车、物料提升机载运人员。

(18)不得使用建筑起重机械进行斜拉、斜吊和起吊埋设在地下或凝固在地面上的重物以及其他不明重量的物体。

(19)起吊重物应绑扎平稳、牢固,不得在重物上再堆放或悬挂零星物件。易散落物件应使用吊笼吊运。标有绑扎位置的物件,应按标记绑扎后吊运。吊索的水平夹角宜为45°~60°,不得小于30°,吊索与物件棱角之间应加保护垫料。

(20)起吊载荷达到起重机械额定起重的90%及以上时应先将重物吊离地面不大于200 mm,检查起重机械的稳定性和制动可靠性,并应在确认重物绑扎牢固平稳后再继续起吊。对大体积或易晃动的重物应拴拉绳。

(21)重物的吊运速度应平稳、均匀,不得突然制动。回转未停稳前,不得反向操作。

(22)建筑起重机械作业时,在遇突发故障或突然停电时,应立即把所有控制器拨到零位,并及时关闭发动机或断开电源总开关,然后进行检修。起吊物不得长时间悬挂在空中,应采取措施将重物降落到安全位置。

(23)起重机械的任何部位与架空输电导线的安全距离应符合现行行业标准《施工现场临时用电安全技术规范》JGJ 46—2005的规定。

(24)建筑起重机械使用的钢丝绳,应有钢丝绳制造厂提供的质量合格证明文件。

(25)建筑起重机械使用的钢丝绳,其结构形式、强度、规格等应符合起重机使用说明书的要求。钢丝绳与卷筒应连接牢固,放出钢丝绳时,卷筒上应至少保留三圈,收放钢丝绳时应防止钢丝绳损坏、扭结、弯折和乱绳。

(26)钢丝绳采用编结固接时,编结部分的长度不得小于钢丝绳直径的20倍,并不应小于300 mm,其编结部分应用细钢丝捆扎。当采用绳卡固接时,与钢丝绳直径匹配的绳卡数量应符合表7.1的规定,绳卡间距应是6~7倍钢丝绳直径,最后一个绳卡距绳头的长度不得小于140 mm。绳卡滑鞍(夹板)应在钢丝绳承载时受力的一侧,U形螺栓应在钢丝绳的尾端,不得正反交错。绳卡初次固定后,应待钢丝绳受力后再次紧固,并宜拧紧到使尾端钢丝绳受压处直径高度压扁1/3。作业中应经常检查紧固情况。

表 7.1　与绳径匹配的绳卡数

钢丝绳公称直径/mm	≤18	>18～26	>26～36	>36～44	>44～60
最少绳卡数/个	3	4	5	6	7

　　(27)每班作业前,应检查钢丝绳及钢丝绳的连接部位。钢丝绳报废标准按现行国家标准《起重机　钢丝绳　保养、维护、安装、检验和报废》(GB/T 5972—2009)的规定执行。

　　(28)在转动的卷筒上缠绕钢丝绳时,不得用手拉或脚踩引导钢丝绳,不得给正在运转的钢丝绳涂抹润滑脂。

　　(29)建筑起重机械报废及超龄使用应符合国家现行有关规定。

　　(30)建筑起重机械的吊钩和吊环严禁补焊。当出现下列情况之一时应更换:

　　1)表面有裂纹、破口。

　　2)危险断面及钩颈永久变形。

　　3)挂绳处断面磨损超过高度10%。

　　4)吊钩衬套磨损超过原厚度50%。

　　5)销轴磨损超过其直径的5%。

　　(31)建筑起重机械使用时,每班都应对制动器进行检查。当制动器的零件出现下列情况之一时,应作报废处理:

　　1)裂纹。

　　2)制动器摩擦片厚度磨损达原厚度50环。

　　3)弹簧出现塑性变形。

　　4)小轴或轴孔直径磨损达原直径的5%。

　　(32)建筑起重机械制动轮的制动摩擦面不应有妨碍制动性能的缺陷或沾染油污。制动轮出现下列情况之一时,应作报废处理:

　　1)裂纹。

　　2)起升、变幅机构的制动轮,轮缘厚度磨损大于原厚度的40%。

　　3)其他机构的制动轮,轮缘厚度磨损大于原厚度的50%。

　　4)轮面凹凸不平度达1.5～2.0 mm(小直径取小值,大直径取大值)。

7.1.2　履带式起重机

　　(1)起重机应在平坦坚实的地面上作业、行走和停放。作业时,坡度不得大于3°,起重机械应与沟渠、基坑保持安全距离。

　　(2)起重机械启动前重点检查下列项目,并应符合相应要求:

　　1)各安全防护装置及各指示仪表应齐全完好;

　　2)钢丝绳及连接部位应符合规定;

　　3)燃油、润滑油、液压油、冷却水等应添加充足;

　　4)各连接件不得松动;

　　5)在回转空间范围内不得有障碍物。

　　(3)起重机启动前应将主离合器分离,各操纵杆放在空挡位置。应按《建筑机械使用安全技术规程》(JGJ 33—2012)第3.2节规定启动内燃机。

(4)内燃机启动后,应检查各仪表指示值,应在运转正常后接合主离合器,空载运转时,应按顺序检查各工作机构及其制动器,应在确认正常后作业。

(5)作业时,起重臂的最大仰角不得超过使用说明书的规定。当无资料可查时,不得超过78°。

(6)起重机变幅应缓慢平稳,在起重臂未停稳前不得变换挡位。

(7)起重机械工作时,在行走、起升、回转及变幅四种动作中,应只允许不超过两种动作的复合操作。当负荷超过该工况额定负荷的90%及以上时,应慢速升降重物,严禁超过两种动作的复合操作和下降起重臂。

(8)在重物升起过程中,操作人员应把脚放在制动踏板上,控制起升高度,防止吊钩冒顶。当重物悬停空中时,即使制动踏板被固定,仍应脚踩在制动踏板上。

(9)采用双机抬吊作业时,应选用起重性能相似的起重机进行。抬吊时应统一指挥,动作应配合协调,载荷应分配合理,起吊重量不得超过两台起重机在该工况下允许起重量总和的75%,单机的起吊载荷不得超过允许载荷的80%。在吊装过程中,两台起重机的吊钩滑轮组应保持垂直状态。

(10)起重机械行走时,转弯不应过急;当转弯半径过小时,应分次转弯。

(11)起重机械不宜长距离负载行驶。起重机械负载时应缓慢行驶,起重量不得超过相应工况额定起重量的70%,起重臂应位于行驶方向正前方,载荷离地面高度不得大于500 mm,并应拴好拉绳。

(12)起重机上、下坡道时应无载行走,上坡时应将起重臂仰角适当放小,下坡时应将起重臂仰角适当放大。下坡严禁空挡滑行。在坡道上严禁带载回转。

(13)作业结束后,起重臂应转至顺风方向,并应降至40°~60°之间,吊钩应提升到接近顶端的位置,关停内燃机,并应将各操纵杆放在空挡位置,各制动器应加保险固定,操纵室和机棚应关门加锁。

(14)起重机械转移工地时,应采用火车或平板拖车运输,所用跳板的坡度不得大于15°;起重机装上车后,应将回转、行走、变幅等机构制动,应采用木楔楔紧履带两端,并应绑扎牢固;吊钩不得悬空摆动。

(15)起重机自行转移时,应卸去配重,拆短起重臂,主动轮应在后面,机身、起重臂、吊钩等必须处于制动位置,并应加保险固定。

(16)起重机通过桥梁、水坝、排水沟等构筑物时,应先查明允许载荷后再通过。必要时应采取加固措施。通过铁路、地下水管、电缆等设施时,应铺设垫板保护,机械在上面不得转弯。

7.1.3　汽车、轮胎式起重机

(1)起重机械工作的场地应保持平坦坚实,符合起重时的受力要求;起重机械应与沟渠、基坑保持安全距离。

(2)起重机启动前应重点检查下列项目,并应符合相应要求:

1)各安全保护装置和指示仪表应齐全完好。

2）钢丝绳及连接部位应符合规定。

3）燃油、润滑油、液压油及冷却水应添加充足。

4）各连接件不得松动。

5）轮胎气压应符合规定。

6）起重臂应可靠搁置在支架上。

（3）起重机械启动前，应将各操纵杆放在空挡位置，手制动器应锁死，并应按照《建筑机械使用安全技术规程》（JGJ 33—2012）第3.2节有关规定启动内燃机。应在怠速运转3～5 min后进行中高速运转，并应在检查各仪表指示值，确认运转正常后接合液压泵，液压达到规定值，油温超过30 ℃时，方可作业。

（4）作业前，应全部伸出支腿，调整机体使回转支撑面的倾斜度在无载荷时不大于1/1 000（水准居中）。支腿的定位销必须插上。底盘为弹性悬挂的起重机，插支腿前应先收紧稳定器。

（5）作业中不得扳动支腿操纵阀。调整支腿时应在无载荷时进行，应先将起重臂转至正前方或正后方之后，再调整支腿。

（6）起重作业前，应根据所吊重物的重量和起升高度，并应按起重性能曲线，调整起重臂长度和仰角；应估计吊索长度和重物本身的高度，留出适当起吊空间。

（7）起重臂顺序伸缩时，应按使用说明书进行，在伸臂的同时应下降吊钩。当制动器发出警报时，应立即停止伸臂。

（8）汽车式起重机变幅角度不得小于各长度所规定的仰角。

（9）汽车式起重机起吊作业时，汽车驾驶室内不得有人，重物不得超越汽车驾驶室上方，且不得在车的前方起吊。

（10）起吊重物达到额定起重量的50%及以上时，应使用低速挡。

（11）作业中发现起重机倾斜、支腿不稳等异常现象时，应在保证作业人员安全的情况下，将重物降至安全的位置。

（12）当重物在空中需停留较长时间时，应将起升卷筒制动锁住，操作人员不得离开操作室。

（13）起吊重物达到额定起重量的90%以上时，严禁向下变幅，同时严禁进行两种及以上的操作动作。

（14）起重机械带载回转时，操作应平稳，应避免急剧回转或急停，换向应在停稳后进行。

（15）起重机械带载行走时，道路应平坦坚实，载荷应符合使用说明书的规定，重物离地面不得超过500 mm，并应拴好拉绳，缓慢行驶。

（16）作业后，应先将起重臂全部缩回放在支架上，再收回支腿。吊钩应使用钢丝绳挂牢；车架尾部两撑杆应分别撑在尾部下方的支座内，并应采用螺母固定；阻止机身旋转的销式制动器应插入销孔，并应将取力器操纵手柄放在脱开位置，最后应锁住起重操作室门。

（17）起重机械行驶前，应检查确认各支腿收存牢固，轮胎气压应符合规定。行驶时，发动机水温应在80～90 ℃范围内，当水温未达到80 ℃时，不得高速行驶。

(18)起重机械应保持中速行驶,不得紧急制动,过铁道口或起伏路面时应减速,下坡时严禁空挡滑行,倒车时应有人监护指挥。

(19)行驶时,底盘走台上不得有人员站立或蹲坐,不得堆放物件。

7.1.4　塔式起重机

(1)行走式塔式起重机的轨道基础应符合下列要求:

1)路基承载能力应满足塔式起重机使用说明书要求。

2)每间隔6 m应设轨距拉杆一个,轨距允许偏差应为公称值的1/1 000,且不得超过±3 mm。

3)在纵横方向上,钢轨顶面的倾斜度不得大于1/1 000;塔机安装后,轨道顶面纵、横方向上的倾斜度,对上回转塔机不应大于3/1 000;对下回转塔机不应大于5/1 000。在轨道全程中,轨道顶面任意两点的高差应小于100 mm。

4)钢轨接头间隙不得大于4 mm,与另一侧轨道接头错开,错开距离不得小于1.5 m,接头处应架在轨枕上,两轨顶高度差不得大于2 mm。

5)距轨道终端1 m处应设置缓冲止挡器,其高度不应小于行走轮的半径。在轨道上应安装限位开关碰块,安装位置应保证塔机在与缓冲止挡器或与同一轨道上其他塔机相距大于1 m处能完全停住,此时电缆线应有足够的富余长度。

6)鱼尾板连接螺栓应紧固,垫板应固定牢靠。

(2)塔式起重机的混凝土基础应符合使用说明书和现行行业标准《塔式起重机混凝土基础工程技术规程》(JGJ/T 187—2009)的规定。

(3)塔式起重机的基础应排水通畅,并应按专项方案与基坑保持安全距离。

(4)塔式起重机应在其基础验收合格后进行安装。

(5)塔式起重机的金属结构、轨道应有可靠的接地装置,接地电阻不得大于4 Ω。高位塔式起重机应设置防雷装置。

(6)拆装作业前应进行检查并应符合下列规定:

1)混凝土基础、路基和轨道铺设应符合技术要求。

2)应对所装拆塔式起重机的各机构、结构焊缝、重要部位螺栓、销轴、卷扬机构和钢丝绳、吊钩、吊具、电气设备、线路等进行检查,消除隐患。

3)应对自升塔式起重机顶升液压系统的液压缸和油管、顶升套架结构、导向轮、顶升支撑(爬爪)等进行检查,使其处于完好工况。

4)拆装人员应使用合格的工具、安全带、安全帽。

5)装拆作业中配备的起重机械等辅助机械应状况良好,技术性能应满足装拆作业的安全要求。

6)装拆现场的电源电压、运输道路、作业场地等应具备装拆作业条件。

7)安全监督岗的设置及安全技术措施的贯彻落实应符合要求。

(7)指挥人员应熟悉装拆作业方案,遵守装拆工艺和操作规程,使用明确的指挥信号。参与装拆作业的人员,应听从指挥,如发现指挥信号不清或有错误时,应停止作业。

(8)装拆人员应熟悉装拆工艺,遵守操作规程,当发现异常情况或疑难问题时,应及时向技术负责人汇报,不得自行处理。

（9）装拆顺序、技术要求、安全注意事项应按批准的专项施工方案执行。

（10）塔式起重机高强度螺栓应由专业厂家制造,并应有合格证明。高强度螺栓严禁焊接。安装高强螺栓时,应采用扭矩扳手或专用扳手,并应按装配技术要求预紧。

（11）在装拆作业过程中,当遇天气剧变、突然停电、机械故障等意外情况时,应将已装拆的部件固定牢靠,并经检查确认无隐患后停止作业。

（12）塔式起重机各部位的栏杆、平台、扶杆、护圈等安全防护装置应配置齐全。行走式塔式起重机的大车行走缓冲止挡器和限位开关碰块应安装牢固。

（13）因损坏或其他原因而不能用正常方法拆卸塔式起重机时,应按照技术部门重新批准的拆卸方案进行。

（14）塔式起重机安装过程中,应分阶段检查验收。各机构动作应正确、平稳,制动可靠,各安全装置应灵敏有效。在无载荷情况下,塔身的垂直度允许偏差应为 4/1 000。

（15）塔式起重机升降作业时,应符合下列要求:

1）升降作业应有专人指挥,专人操作液压系统,专人拆装螺栓。非作业人员不得登上顶升套架的操作平台。操纵室内应只准一人操作。

2）升降作业应在白天进行。

3）顶升前应预先放松电缆,电缆长度应大于顶升总高度,并应紧固好电缆。下降时应适时收紧电缆。

4）升降作业前,应对液压系统进行检查和试机,应在空载状态下将液压缸活塞杆伸缩 3～4 次,检查无误后,再将液压缸活塞杆通过顶升梁借助顶升套架的支撑,顶起载荷 100～150 mm,停 10 min,观察液压缸载荷是否有下滑现象。

5）升降时,应调整好顶升套架滚轮与塔身标准节的间隙,并应按规定要求使起重臂和平衡臂处于平衡状态,将回转机构制动。当回转台与塔身标准节之间的最后一处连接螺栓（销轴）拆卸困难时,应将最后一处连接螺栓（销轴）对角方向的螺栓重新插入,再采取其他方法进行拆卸。不得用旋转起重臂的方法松动螺栓（销轴）。

6）顶升撑脚（爬爪）就位后,应及时插上安全销,才能继续升降作业。

7）升降作业完毕后,应按规定扭力紧固各连接螺栓,应将液压操纵杆扳到中间位置,并应切断液压升降机构电源。

（16）塔式起重机的附着装置应符合下列规定:

1）附着建筑物的锚固点的承载能力应满足塔式起重机技术要求。附着装置的布置方式应按使用说明书的规定执行。当有变动时,应另行设计。

2）附着杆件与附着支座（锚固点）应采取销轴铰接。

3）安装附着框架和附着杆件时,应用经纬仪测量塔身垂直度,并应利用附着杆件进行调整,在最高锚固点以下垂直度允许偏差应为 2/1 000。

4）安装附着框架和附着支座时,各道附着装置所在平面与水平面的夹角不得超过10°。

5）附着框架宜设置在塔身标准节连接处,并应箍紧塔身。

6）塔身顶升到规定附着间距时,应及时增设附着装置。塔身高出附着装置的自由端高度,应符合使用说明书的规定。

7)塔式起重机作业过程中,应经常检查附着装置,发现松动或异常情况时,应立即停止作业,故障未排除,不得继续作业。

8)拆卸塔式起重机时,应随着降落塔身的进程拆卸相应的附着装置。严禁在落塔之前先拆附着装置。

9)附着装置的安装、拆卸、检查和调整应有专人负责。

10)行走式塔式起重机作固定式塔式起重机使用时,应提高轨道基础的承载能力,切断行走机构的电源,并应设置阻挡行走轮移动的支座。

(17)塔式起重机内爬升时应符合下列规定:

1)内爬升作业时,信号联络应通畅。

2)内爬升过程中,严禁进行起重机的起升、回转、变幅等各项动作。

3)塔式起重机爬升到指定楼层后,应立即拔出塔身底座的支撑梁或支腿,通过内爬升框架及时固定在结构上,并应顶紧导向装置或用楔块塞紧。

4)内爬升塔式起重机的塔身固定间距应符合使用说明书要求。

5)应对设置内爬升框架的建筑结构进行承载力复核,并应根据计算结果采取相应的加固措施。

(18)雨天后,对行走式塔式起重机,应检查轨距偏差、钢轨顶面的倾斜度、钢轨的平直度、轨道基础的沉降及轨道的通过性能等;对固定式塔式起重机,应检查混凝土基础不均匀沉降。

(19)根据使用说明书的要求,应定期对塔式起重机各工作机构、所有安全装置、制动器的性能及磨损情况、钢丝绳的磨损及绳端固定、液压系统、润滑系统、螺栓销轴连接处等进行检查。

(20)配电箱应设置在距塔式起重机 3 m 范围内或轨道中部,且明显可见;电箱中应设置带熔断式断路器及塔式起重机电源总开关;电缆卷筒应灵活有效,不得拖缆。

(21)塔式起重机在无线电台、电视台或其他电磁波发射天线附近施工时,与吊钩接触的作业人员,应戴绝缘手套和穿绝缘鞋,并应在吊钩上挂接临时放电装置。

(22)当同一施工地点有两台以上塔式起重机并可能互相干涉时,应制定群塔作业方案;两台塔式起重机之间的最小架设距离应保证处于低位塔式起重机的起重臂端部与另一台塔式起重机的塔身之间至少有 2 m 的距离;处于高位塔式起重机的最低位置的部件(吊钩升至最高点或平衡重的最低部位)与低位塔式起重机中处于最高位置部件之间的垂直距离不应小于 2 m。

(23)轨道式塔式起重机作业前,应检查轨道基础平直无沉陷,鱼尾板、连接螺栓及道钉不得松动,并应清除轨道上的障碍物,将夹轨器固定。

(24)塔式起重机启动应符合下列要求:

1)金属结构和工作机构的外观情况应正常。

2)安全保护装置和指示仪表应齐全完好。

3)齿轮箱、液压油箱的油位应符合规定。

4)各部位连接螺栓不得松动。

5）钢丝绳磨损在规定范围内,滑轮穿绕应正确。

6）供电电缆不得破损。

（25）送电前,各控制器手柄应在零位。接通电源后,应检查并确认不得有漏电现象。

（26）作业前,应进行空载运转,试验各工作机构并确认运转正常,不得有噪声及异响,各机构的制动器及安全保护装置应灵敏有效,确认正常后方可作业。

（27）起吊重物时,重物和吊具的总重量不得超过塔式起重机相应幅度下规定的起重量。

（28）应根据起吊重物和现场情况。选择适当的工作速度,操纵各控制器时应从停止点（零点）开始,依次逐级增加速度,不得越挡操作。在变换运转方向时,应将控制器手柄扳到零位,待电动机停止运转后再转向另一方向,不得直接变换运转方向突然变速或制动。

（29）在提升吊钩、起重小车或行走大车运行到限位装置前,应减速缓行到停止位置,并应与限位装置保持一定距离。不得采用限位装置作为停止运行的控制开关。

（30）动臂式塔式起重机的变幅动作应单独进行;允许带载变幅的动臂式塔式起重机,当载荷达到额定起重量的 90% 及以上时,不得增加幅度。

（31）重物就位时,应采用慢就位工作机构。

（32）重物水平移动时,重物底部应高出障碍物 0.5 m 以上。

（33）回转部分不设集电器的塔式起重机,应安装回转限位器,在作业时,不得顺一个方向连续回转 1.5 圈。

（34）当停电或电压下降时,应立即将控制器扳到零位,并切断电源。如吊钩上挂有重物,应重复放松制动器,使重物缓慢地下降到安全位置。

（35）采用涡流制动调速系统的塔式起重机,不得长时间使用低速挡或慢就位速度作业。

（36）遇大风停止作业时,应锁紧夹轨器,将回转机构的制动器完全松开,起重臂应能随风转动。对轻型俯仰变幅塔式起重机,应将起重臂落下并与塔身结构锁紧在一起。

（37）作业中,操作人员临时离开操作室时,应切断电源。

（38）塔式起重机载人专用电梯不得超员,专用电梯断绳保护装置应灵敏有效。塔式起重机作业时,不得开动电梯。电梯停用时,应降至塔身底部位置,不得长时间悬在空中。

（39）在非工作状态时,应松开回转制动器,回转部分应能自由旋转;行走式塔式起重机应停放在轨道中间位置,小车及平衡重应置于非工作状态,吊钩组顶部宜上升到距起重臂底面 2～3 m 处。

（40）停机时,应将每个控制器拨到零位,依次断开各开关,关闭操作室门窗;下机后,应锁紧夹轨器,断开电源总开关,打开高空障碍灯。

（41）检修人员对高宅部位的塔身、起重臂、平衡臂等检修时,应系好安全带。

（42）停用的塔式起重机的电动机、电气柜、变阻器箱及制动器等应遮盖严密。

（43）动臂式和末附着塔式起重机及附着以上塔式起重机桁架上不得悬挂标语牌。

7.1.5 桅杆式起重机

(1)桅杆式起重机应按现行国家标准《起重机设计规范》(GB/T 3811—2008)的规定进行设计,确定其使用范围及工作环境。

(2)桅杆式起重机专项方案必须按规定程序审批,并应经专家论证后实施。施工单位必须指定安全技术人员对桅杆式起重机的安装、使用和拆卸进行现场监督和监测。

(3)专项方案应包含下列主要内容:

1)工程概况、施工平面布置。

2)编制依据。

3)施工计划。

4)施工技术参数、工艺流程。

5)施工安全技术措施。

6)劳动力计划。

7)计算书及相关图纸。

(4)桅杆式起重机的卷扬机应符合《建筑机械使用安全技术规程》(JGJ 33—2012)第4.7节的有关规定。

(5)桅杆式起重机的安装和拆卸应划出警戒区,清除周围的障碍物,在专人统一指挥下,应按使用说明书和装拆方案进行。

(6)桅杆式起重机的基础应符合专项方案的要求。

(7)缆风绳的规格、数量及地锚的拉力、埋设深度等应按照起重机性能经过计算确定,缆风绳与地面的夹角不得大于60°,缆绳与桅杆和地锚的连接应牢固。地锚不得使用膨胀螺栓、定滑轮。

(8)缆风绳的架设应避开架空电线。在靠近电线的附近,应设置绝缘材料搭设的护线架。

(9)桅杆式起重机安装后应进行试运转,使用前应组织验收。

(10)提升重物时,吊钩钢丝绳应垂直,操作应平稳;当重物吊起离开支撑面时,应检查并确认各机构工作正常后,继续起吊。

(11)在起吊额定起重量的90%及以上重物前,应安排专人检查地锚的牢固程度。起吊时,缆风绳应受力均匀,主杆应保持直立状态。

(12)作业时,桅杆式起重机的回转钢丝绳应处于拉紧状态。回转装置应有安全制动控制器。

(13)桅杆式起重机移动时,应用满足承重要求的枕木排和滚杠垫在底座,并将起重臂收紧处于移动方向的前方。移动时,桅杆不得倾斜,缆风绳的松紧应配合一致。

(14)缆风钢丝绳安全系数不应小于3.5,起升、锚固、吊索钢丝绳安全系数不应小于8。

7.1.6 门式、桥式起重机与电动葫芦

(1)起重机路基和轨道的铺设应符合使用说明书规定,轨道接地电阻不得大于4 Ω。

（2）门式起重机的电缆应设有电缆卷筒，配电箱应设置在轨道中部。

（3）用滑线供电的起重机应在滑线的两端标有鲜明的颜色，滑线应设置防护装置，防止人员及吊具钢丝绳与滑线意外接触。

（4）轨道应平直，鱼尾板连接螺栓不得松动，轨道和起重机运行范围内不得有障碍物。

（5）门式、桥式起重机作业前应重点检查下列项目，并应符合相应要求：

1）机械结构外观应正常，各连接件不得松动。

2）钢丝绳外表情况应良好，绳卡应牢固。

3）各安全限位装置应齐全完好。

（6）操作室内应垫木板或绝缘板，接通电源后应采用试电笔测试金属结构部分，并应确认无漏电现象；上、下操作室应使用专用扶梯。

（7）作业前，应进行空载试运转，检查并确认各机构运转正常，制动可靠，各限位开关灵敏有效。

（8）在提升大件时不得用快速，并应拴拉绳防止摆动。

（9）吊运易燃、易爆、有害等危险品时，应经安全主管部门批准，并应有相应的安全措施。

（10）吊运路线不得从人员、设备上面通过。空车行走时，吊钩应离地面 2 m 以上。

（11）吊运重物应平稳、慢速，行驶中不得突然变速或倒退。两台起重机同时作业时，应保持 5 m 以上距离。不得用一台起重机顶推另一台起重机。

（12）起重机行走时，两侧驱动轮应保持同步，发现偏移应及时停止作业，调整修理后继续使用。

（13）作业中，人员不得从一台桥式起重机跨越到另一台桥式起重机。

（14）操作人员进入桥架前应切断电源。

（15）门式、桥式起重机的主梁挠度超过规定值时，应修复后使用。

（16）作业后，门式起重机应停放在停机线上，用夹轨器锁紧；桥式起重机应将小车停放在两条轨道中间，吊钩提升到上部位置。吊钩上不得悬挂重物。

（17）作业后，应将控制器拨到零位，切断电源，应关闭并锁好操作室门窗。

（18）电动葫芦使用前应检查机械部分和电气部分，钢丝绳、链条、吊钩、限位器等应完好，电气部分应无漏电，接地装置应良好。

（19）电动葫芦应设缓冲器，轨道两端应设挡板。

（20）第一次吊重物时，应在吊离地面 100 mm 时停止上升，检查电动葫芦制动情况，确认完好后再正式作业。露天作业时，电动葫芦应设有防雨棚。

（21）电动葫芦起吊时，手不得握在绳索与物体之间，吊物上升时应防止冲顶。

（22）电动葫芦吊重物行走时，重物离地不宜超过 1.5 m 高。工作间歇不得将重物悬挂在空中。

（23）电动葫芦作业中发生异味、高温等异常情况时，应立即停机检查时，排除故障后继续使用。

（24）使用悬挂电缆电气控制开关时，绝缘应良好，滑动应自如，人站立位置的后方应有 2 m 的空地,并应能正确操作电钮。

(25)在起吊中,由于故障造成重物失控下滑时,应采取紧急措施,向无人处下放重物。

(26)在起吊中不得急速升降。

(27)电动葫芦在额定载荷制动时,下滑位移量不应大于 80 mm。

(28)作业完毕后,电动葫芦应停放在指定位置,吊钩升起,并应切断电源,锁好开关箱。

7.1.7　卷扬机

(1)卷扬机地基与基础应平整、坚实,场地应排水畅通,地锚应设置可靠。卷扬机应搭设防护棚。

(2)操作人员的位置应在安全区域,视线应良好。

(3)卷扬机卷筒中心线与导向滑轮的轴线应垂直,且导向滑轮的轴线应在卷筒中心位置,钢丝绳的出绳偏角应符合表 7.2 的规定。

表 7.2　卷扬机钢丝绳出绳偏角限值

排绳方式	槽面卷筒	光面卷筒	
		自然排绳	排绳器排绳
出绳偏角	≤4°	≤2°	≤4°

(4)作业前,应检查卷扬机与地面的固定、弹性联轴器的连接应牢固,并应检查安全装置、防护设施、电气线路、接零或接地装置、制动装置和钢丝绳等并确认全部合格后再使用。

(5)卷扬机至少应装有一个常闭式制动器。

(6)卷扬机的传动部分及外露的运动件应设防护罩。

(7)卷扬机应在司机操作方便的地方安装能迅速切断总控制电源的紧急断电开关,并不得使用倒顺开关。

(8)钢丝绳卷绕在卷筒上的安全圈数不得少于 3 圈。钢丝绳末端应固定可靠。不得用手拉钢丝绳的方法卷绕钢丝绳。

(9)钢丝绳不得与机架、地面摩擦,通过道路时,应设过路保护装置。

(10)建筑施工现场不得使用摩擦式卷扬机。

(11)卷筒上的钢丝绳应排列整齐,当重叠或斜绕时,应停机重新排列,不得在转动中用手拉脚踩钢丝绳。

(12)作业中,操作人员不得离开卷扬机,物件或吊笼下面不得有人员停留或通过。休息时,应将物件或吊笼降至地面。

(13)作业中如发现异响、制动不灵、制动带或轴承等温度剧烈卜升等异常情况时,应立即停机检查,排除故障后再使用。

(14)作业中停电时,应将控制手柄或按钮置于零位,并应切断电源,将物件或吊笼降至地面。

(15)作业完毕后,应将物件或吊笼降至地面,并应切断电源,锁好开关箱。

7.1.8　井架、龙门架物料提升机

(1)进入施工现场的井架、龙门架必须具有下列安全装置:

1)上料口防护棚。

2)层楼安全门、吊篮安全门、首层防护门。

3)断绳保护装置或防坠装置。

4)安全停靠装置。

5)起重量限制器。

6)上、下限位器。

7)紧急断电开关、短路保护、过电流保护、漏电保护。

8)信号装置。

9)缓冲器。

(2)卷扬机应符合7.1.7的有关规定。

(3)基础应符合使用说明书要求。缆风绳不得使用钢筋、钢管。

(4)提升机的制动器应灵敏可靠。

(5)运行中吊篮的四角与井架不得互相擦碰,吊篮各构件连接应牢固、可靠。

(6)井架、龙门架物料提升机不得和脚手架连接。

(7)不得使用吊篮载人,吊篮下方不得有人员停留或通过。

(8)作业后,应检查钢丝绳、滑轮、滑轮轴和导轨等,发现异常磨损,应及时修理或更换。

(9)下班前,应将吊篮降到最低位置,各控制开关置于零位,切断电源,锁好开关箱。

7.1.9　施工升降机

(1)施工升降机基础应符合使用说明书要求,当使用说明书无要求时,应经专项设计计算,地基上表面平整度允许偏差为10 mm,场地应排水通畅。

(2)施工升降机导轨架的纵向中心线至建筑物外墙面的距离宜选用使用说明书中提供的较小的安装尺寸。

(3)安装导轨架时,应采用经纬仪在两个方向进行测量校准。其垂直度允许偏差应符合表7.3的规定。

表7.3　施工升降机导轨架垂直度

架设高度 H/m	$H \leqslant 70$	$70 < H \leqslant 100$	$100 < H \leqslant 150$	$150 < H \leqslant 200$	$H > 200$
垂直度偏差/mm	$\leqslant 1/1\,000H$	$\leqslant 70$	$\leqslant 90$	$\leqslant 110$	$\leqslant 130$

(4)导轨架自由高度、导轨架的附墙距离、导轨架的两附墙连接点间距离和最低附墙点高度不得超过使用说明书的规定。

(5)施工升降机应设置专用开关箱,馈电容量应满足升降机直接启动的要求,生产厂家配置的电气箱内应装设短路、过载、错相、断相及零位保护装置。

(6)施工升降机周围应设置稳固的防护围栏。楼层平台通道应平整牢固,出入口应

设防护门。全行程不得有危害安全运行的障碍物。

(7)施工升降机安装在建筑物内部井道中时,各楼层门应封闭并应有电气连锁装置。装设在阴暗处或夜班作业的施工升降机,在全行程上应有足够的照明,并应装设明亮的楼层编号标志灯。

(8)施工升降机的防坠安全器应在标定期限内使用,标定期限不应超过一年。使用中不得任意拆检调整防坠安全器。

(9)施工升降机使用前,应进行坠落试验。施工升降机在使用中每隔3个月,应进行一次额定载重量的坠落试验,试验程序应按使用说明书规定进行,吊笼坠落试验制动距离应符合现行行业标准《施工升降机齿轮锥鼓形渐进式防坠安全器》(JG 121—2000)的规定。防坠安全器试验后及正常操作中,每发生一次防坠动作,应由专业人员进行复位。

(10)作业前应重点检查下列项目,并应符合相应要求:

1)结构不得有变形,连接螺栓不得松动。

2)齿条与齿轮、导向轮与导轨应接合正常。

3)钢丝绳应固定良好,不得有异常磨损。

4)运行范围内不得有障碍。

5)安全保护装置应灵敏可靠。

(11)启动前,应检查并确认供电系统、接地装置安全有效,控制开关应在零位。电源接通后,应检查并确认电压正常。应试验并确认各限位装置、吊笼、围护门等处的电气连锁装置良好可靠,电气仪表应灵敏有效。作业前应进行试运行,测定各机构制动器的效能。

(12)施工升降机应按使用说明书要求,进行维护保养,并应定期检验制动器的可靠性,制动力矩应达到使用说明书要求。

(13)吊笼内乘人或载物时,应使载荷均匀分布,不得偏重,不得超载运行。

(14)操作人员应按指挥信号操作。作业前应鸣笛示警。在施工升降机未切断总电源开关前,操作人员不得离开操作岗位。

(15)施工升降机运行中发现有异常情况时,应立即停机并采取有效措施将吊笼就近停靠楼层,排除故障后再继续运行。在运行中发现电气失控时,应立即按下急停按钮,在未排除故障前,不得打开急停按钮。

(16)在风速达到20 m/s及以上大风、大雨、大雾天气以及导轨架、电缆等结冰时,施工升降机应停止运行,并将吊笼降到底层,切断电源。暴风雨等恶劣天气后,应对施工升降机各有关安全装置等进行一次检查,确认正常后运行。

(17)施工升降机运行到最上层或最下层时,不得用行程限位开关作为停止运行的控制开关。

(18)当施工升降机在运行中由于断电或其他原因而中途停止时,可进行手动下降,将电动机尾端制动电磁铁手动释放拉手缓缓向外拉出,使吊笼缓慢地向下滑行。吊笼下滑时,不得超过额定运行速度,手动下降应由专业维修人员进行操纵。

(19)当需在吊笼的外面进行检修时,另外一个吊笼应停机配合,检修时应切断电源,并应有专人监护。

（20）作业后,应将吊笼降到底层,各控制开关拨到零位,切断电源,锁好开关箱,闭锁吊笼门和围护门。

7.2　土石方机械

7.2.1　一般规定

（1）土石方机械的内燃机、电动机和液压装置的使用,应符合《建筑机械使用安全技术规程》（JGJ 33—2012）第3.2节、第3.4节和附录C的规定。

（2）机械进入现场前,应查明行驶路线上的桥梁、涵洞的上部净空和下部承载能力,确保机械安全通过。

（3）机械通过桥梁时,应采用低速挡慢行,在桥面上不得转向或制动。

（4）作业前,必须查明施工场地内明、暗铺设的各类管线等设施,并应采用明显记号标识。严禁在离地下管线承压管道1 m距离以内进行大型机械作业。

（5）作业中,应随时监视机械各部位的运转及仪表指示值,如发现异常,应立即停机检修。

（6）机械运行中,不得接触转动部位。在修理工作装置时,应将工作装置降到最低位置,并应将悬空工作装置垫上垫木。

（7）在电杆附近取土时,对不能取消的拉线、地垄和杆身,应留出土台。土台大小应根据电杆结构、掩埋深度和土质情况由技术人员确定。

（8）机械与架空输电线路的安全距离应符合现行行业标准《施工现场临时用电安全技术规范》（JGJ 46—2005）的规定。

（9）在施工中遇下列情况之一时应立即停工：

1）填挖区土体不稳定,土体有可能坍塌。

2）地面涌水冒浆,机械陷车或因雨水机械在坡道打滑。

3）遇大雨、雷电、浓雾等恶劣天气。

4）施工标志及防护设施被损坏。

5）工作面安全净空不足。

（10）机械回转作业时,配合人员必须在机械回转半径以外工作。当需在回转半径以内工作时,必须将机械停止回转并制动。

（11）雨期施工时,机械应停放在地势较高的坚实位置。

（12）机械作业不得破坏基坑支护系统。

（13）行驶或作业中的机械,除驾驶室外的任何地方不得有乘员。

7.2.2　单斗挖掘机

（1）单斗挖掘机的作业和行走场地应平整坚实,松软地面应用枕木或垫板垫实,沼泽或淤泥场地应进行路基处理,或更换专用湿地履带。

（2）轮胎式挖掘机使用前应支好支腿,并应保持水平位置,支腿应置于作业面的方向,转向驱动桥应置于作业面的后方。履带式挖掘机的驱动轮应置于作业面的后方。采用液压悬挂装置的挖掘机,应锁住两个悬挂液压缸。

(3)作业前应重点检查下列项目,并应符合相应要求:

1)照明、信号及报警装置等应齐全有效。

2)燃油、润滑油、液压油应符合规定。

3)各铰接部分应连接可靠。

4)液压系统不得有泄漏现象。

5)轮胎气压应符合规定。

(4)启动前,应将主离合器分离,各操纵杆放在空挡位置,并应发出信号,确认安全后启动设备。

(5)启动后,应先使液压系统从低速到高速空载循环 10~20 min,不得有吸空等不正常噪声,并应检查各仪表指示值,运转正常后再接合主离合器,再进行空载运转,顺序操纵各工作机构并测试各制动器,确认正常后开始作业。

(6)作业时,挖掘机应保持水平位置,行走机构应制动,履带或轮胎应楔紧。

(7)平整场地时,不得用铲斗进行横扫或用铲斗对地面进行夯实。

(8)挖掘岩石时,应先进行爆破。挖掘冻土时,应采用破冰锤或爆破法使冻上层破碎。不得用铲斗破碎石块、冻土,或用单边斗齿硬啃。

(9)挖掘机最大开挖高度和深度,不应超过机械本身性能规定。在拉铲或反铲作业时,腹带式挖掘机的履带与工作面边缘距离应大于 1.0 m,轮胎式挖掘机的轮胎与工作面边缘距离应大于 1.5 m。

(10)在坑边进行挖掘作业,当发现有塌方危险时,应立即处理险情,或将挖掘机撤至安全地带。坑边不得留有伞状边沿及松动的大块石。

(11)挖掘机应停稳后再进行挖土作业。当铲斗未离开工作面时,不得作回转、行走等动作。应使用回转制动器进行回转制动,不得用转向离合器反转制动。

(12)作业时,各操纵过程应平稳,不宜紧急制动。铲斗升降不得过猛,下降时,不得撞碰车架或履带。

(13)斗臂在抬高及旧转时,不得碰到坑、沟侧壁或其他物体。

(14)挖掘机向运土车辆装车时,应降低卸落高度,不得偏装或砸坏车厢。回转时,铲斗不得从运输车辆驾驶室顶上越过。

(15)作业中,当液压缸将伸缩到极限位置时,应动作平稳,不得冲撞极限块。

(16)作业中,当需制动时,应将变速阀置于低速位置。

(17)作业中,当发现挖掘力突然变化,应停机检查,不得在未查明原因前调整分配阀的压力。

(18)作业中,不得打开压力表开关,且不得将工况选择阀的操纵手柄放在高速挡位置。

(19)挖掘机应停稳后再反铲作业,斗柄伸出长度应符合规定要求,提斗应平稳。

(20)作业中,履带式挖拥机作短距离行走时,主动轮应在后面,斗臂应在正前方与履带平行,并应制动回转机构,坡道坡度不得超过机械允许的最大坡度。下坡时应慢速行驶。不得在坡道上变速和空挡滑行。

（21）轮胎式挖掘机行驶前，应收回支腿并固定可靠，监控仪表和报警信号灯应处于正常显示状态。轮胎气压应符合规定，工作装置应处于行驶方向，铲斗宜离地面 1 m。长距离行驶时应将回转制动板踩下，并应采用固定销锁定回转平台。

（22）挖掘机在坡道上行止时熄火，应立即制动，并应楔住履带或轮胎，重新发动后，再继续行走。

（23）作业后，挖掘机不得停放在高边坡附近或填方区，应停放在坚实、平坦、安全的位置，并应将铲斗收回平放在地面，所有操纵杆置于中位，关闭操作室和机棚。

（24）履带式挖掘机转移工地应采用平板拖车装运。短距离自行转移时，应低速行走。

（25）保养或检修挖掘机时，应将内燃机熄火，并将液压系统卸荷，铲斗落地。

（26）利用铲斗将底盘顶起进行检修时，应使用垫木将抬起的履带或轮胎垫稳，用木楔将落地履带或轮胎楔牢，然后再将液压系统卸荷，否则不得进入底盘下工作。

7.2.3　挖掘装载机

（1）挖掘装载机的挖掘及装载作业应符合《建筑机械使用安全技术规程》（JGJ 33—2012）第 5.2 节及第 5.10 节的规定。

（2）挖掘作业前应先将装载斗翻转，使斗口朝地，并使前轮稍离开地面，踏下并锁住制动踏板，然后伸出支腿，使后轮离地并保持水平位置。

（3）挖掘装载机在边坡卸料时，应有专人指挥，挖掘装载机轮胎距边坡缘的距离应大于 1.5 m。

（4）动臂后端的缓冲块应保持完好；损坏时，应修复后使用。

（5）作业时，应平稳操纵手柄。支臂下降时不宜中途制动。挖掘时不得使用高速挡。

（6）应平稳回转挖掘装载机，并不得用装载斗砸实沟槽的侧面。

（7）挖掘装载机移位时，应将挖掘装置处于中间运输状态，收起支腿，提起提升臂。

（8）装载作业前，应将挖掘装置的回转机构置于中间位置，并应采用拉板固定。

（9）在装载过程中，应使用低速挡。

（10）铲斗提升臂在举升时，不应使用阀的浮动位置。

（11）前四阀用于支腿伸缩和装载的作业与后四阀用于回转和挖掘的作业不得同时进行。

（12）行驶中，不应高速和急转弯。下坡时不得空挡滑行。

（13）行驶时，支腿应完全收回，挖掘装置应固定牢靠，装载装置宜放低，铲斗和斗柄液压活塞杆应保持完全伸张位置。

（14）挖掘装载机停放时间超过 1 h，应支起支腿，使后轮离地；停放时间超过 1 d 时，应使后轮离地，并应在后悬架下面用垫块支撑。

7.2.4　推土机

（1）推土机在坚硬土壤或多石土壤地带作业时，应先进行爆破或用松土器翻松。在沼泽地带作业时,应更换专用湿地履带板。

(2)不得用推土机推石灰、烟灰等粉尘物料,不得进行碾碎石块的作业。

(3)牵引其他机构设备时,应有专人负责指挥。钢丝绳的连接应牢固可靠。在坡道或长距离牵引时,应采用牵引杆连接。

(4)作业前应重点检查下列项目,并应符合相应要求:

1)各部件不得松动,应连接良好。

2)燃油、润滑油、液压油等应符合规定。

3)各系统管路不得有裂纹或泄漏。

4)各操纵杆和制动踏板的行程、履带的松紧度或轮胎气压应符合要求。

(5)启动前,应将主离合器分离,各操纵杆放在空挡位置,并应按照《建筑机械使用安全技术规程》(JGJ 33—2012)第3.2节的规定启动内燃机,不得用拖、顶方式启动。

(6)启动后应检查各仪表指示值、液压系统,并确认运转正常,当水温达到55℃、机油温度达到45℃时,全载荷作业。

(7)推土机机械四周不得有障碍物,并确认安全后开动,工作时不得有人站在履带或刀片的支架上。

(8)采用主离合器传动的推土机接合应平稳,起步不得过猛,不得使离合器处于半接合状态下运转;液力传动的推土机,应先解除变速杆的锁紧状态,踏下减速器踏板,变速杆应在低挡位,然后缓慢释放减速踏板。

(9)在块石路面行驶时,应将履带张紧。当需要原地旋转或急转弯时,应采用低速挡。当行走机构夹入块石时,应采用正、反向往复行驶使块石排除。

(10)在浅水地带行驶或作业时,应查明水深,冷却风扇叶不得接触水面。下水前和出水后,应对行走装置加注润滑脂。

(11)推土机上、下坡或超过障碍物时应采用低速挡。推土机上坡坡度不得超过25°,下坡坡度不得大于35°,横向坡度不得大于10°。在25°以上的陡坡上不得横向行驶,并不得急转弯。上坡时不得换挡,下坡不得空挡滑行。当需要在陡坡上推土时,应先进行填挖,使机身保持平衡。

(12)在上坡途中,当内燃机突然熄灭,应立即放下铲刀,并锁住制动踏板。在推土机停稳后,将主离合器脱开,把变速杆放到空挡位置,并应用木块将履带或轮胎楔死后,重新启动内燃机。

(13)下坡时,当推土机下行速度大于内燃机传动速度时,转向操纵的方向应与平地行走时操纵的方向相反,并不得使用制动器。

(14)填沟作业驶近边坡时,铲刀不得越出边缘。后退时,应先换挡,后提升铲刀进行倒乍。

(15)在深沟、基坑或陡坡地区作业时,应有专人指挥,垂直边坡高度应小于2 m。当大于2 m时,应放出安全边坡,同时禁止用推土刀侧面推土。

(16)推土或松土作业时,不得超载,各项操作应缓慢平稳,不得损坏铲刀、推土架、松土器等装置。无液力变矩器装置的推土机在作业中有超载趋势时,应稍微提升刀片或变换低速挡。

(17)不得顶推与地基基础连接的钢筋混凝土桩等建筑物。顶推树木等物体不得倒向推土机及高空架设物。

(18)两台以上推土机在同一地区作业时,前后距离应大于8.0 m;左右距离应大于1.5 m。在狭窄道路上行驶时,未取得前机同意,后机不得超越。

(19)作业完毕后,宜将推土机开到平坦安全的地方,并应将铲刀、松土器落到地面。在坡道上停机时,应将变速杆挂低速挡,接合主离合器,锁住制动踏板,并将履带或轮胎楔住。

(20)停机时,应先降低内燃机转速,变速杆放在空挡,锁紧液力传动的变速杆,分开主离合器,踏下制动踏板并锁紧,在水温降到75 ℃以下、油温降到90 ℃以下后熄火。

(21)推土机长途转移工地时,应采用平板拖车装运。短途行走转移距离不宜超过10 km,并在行走过程中应经常检查和润滑行走装置。

(22)在推土机下面检修时,内燃机应熄火,铲刀应落到地面或垫稳。

7.2.5　拖式铲运机

(1)拖式铲运机牵引使用时应符合《建筑机械使用安全技术规程》(JGJ 33—2012)第5.4节的有关规定。

(2)铲运机作业时,应先采用松土器翻松。铲运作业区内不得有树根、大石块和大量杂草等。

(3)铲运机行驶道路应平整坚实,路面宽度应比铲运机宽度大2 m。

(4)启动前,应检查钢丝绳、轮胎气压、铲土斗及卸土板回缩弹簧、拖把万向接头、撑架以及各部滑轮等,并确认处于正常工作状态;液压式铲运机铲斗和拖拉机连接叉座与牵引连接块应锁定,各液压管路应连接可靠。

(5)开动前,应使铲斗离开地面,机械周围不得有障碍物。

(6)作业中,严禁人员上下机械,传递物件,以及在铲斗内、拖把或机架上坐立。

(7)多台铲运机联合作业时,各机之间前后距离应大于10 m(铲土时应大于5 m),左右距离应大于2 m,并应遵守下坡让上坡、空载让重载、支线让干线的原则。

(8)任狭窄地段运行时,未经前机同意,后机不得超越。两机交会或超车时应减速,两机左右间距应大于0.5 m。

(9)铲运机上、下坡道时,应低速行驶,不得中途换挡,下坡时不得空挡滑行,行驶的横向坡度不得超过6°,坡宽应大于铲运机宽度2 m。

(10)在新填筑的土堤上作业时,离堤坡边缘应大于1 m。当需在斜坡横向作业时,应先将斜坡挖填平整,使机身保持平衡。

(11)在坡道上不得进行检修作业。在陡坡上不得转弯、倒车或停车。在坡上熄火时,应将铲斗落地、制动牢靠后再启动。下陡坡时,应将铲斗触地行驶,辅助制动。

(12)铲土时,铲土与机身应保持直线行驶。助铲时应有助铲装置,并应正确开启斗门,不得切土过深。两机动作应协调配合,平稳接触,等速助铲。

(13)在下陡坡铲土时,铲斗装满后,在铲斗后轮未达到缓坡地段前,不得将铲斗提离地面,应防铲斗快速下滑冲击主机。

（14）在不平地段行驶时,应放低铲斗,不得将铲斗提升到高位。

（15）拖拉陷车时,应有专人指挥,前后操作人员应配合协调,确认安全后起步。

（16）作业后,应将铲运机停放在平坦地面,并应将铲斗落在地面上。液压操纵的铲运机应将液压缸缩回,将操纵杆放在中间位置,进行清洁、润滑后,锁好门窗。

（17）非作业行驶时,铲斗应用锁紧链条挂牢在运输行驶位置上,拖式铲运机不得载人或装载易燃、易爆物品。

（18）修理斗门或在铲斗下检修作业时,应将铲斗提起后用销子或锁紧链条固定,再采用垫木将斗身顶住,并应采用木楔楔住轮胎。

7.2.6 自行式铲运机

（1）自行式铲运机的行驶道路应平整坚实,单行道宽度不宜小于5.5 m。

（2）多台铲运机联合作业时,前后距离不得小于20 m,左右距离不得小于2 m。

（3）作业前,应检查铲运机的转向和制动系统,并确认灵敏可靠。

（4）铲土,或在利用推土机助铲时,应随时微调转向盘,铲运机应始终保持直线前进。不得在转弯情况下铲土。

（5）下坡时,不得空挡滑行,应踩下制动踏板辅助以内燃机制动,必要时可放下铲斗,以降低下滑速度。

（6）转弯时,应采用较大同转半径低速转向,操纵转向盘不得过猛;当重载行驶或在弯道上、下坡时,应缓慢转向。

（7）不得在大于15°的横坡上行驶,也不得在横坡上铲土。

（8）沿沟边或填方边坡作业时,轮胎离路肩不得小于0.7 m,并应放低铲斗,降速缓行。

（9）在坡道上不得进行检修作业。遇在坡道上熄火时,应立即制动,下降铲斗,把变速杆放在空挡位置,然后启动内燃机。

（10）穿越泥泞或松软地面时,铲运机应直线行驶,当一侧轮胎打滑时,可踩下差速器锁止踏板。当离开不良地面时,应停止使用差速器锁止踏板。不得在差速器锁止时转弯。

（11）夜间作业时,前后照明应齐全完好,前大灯应能照至30 m;非作业行驶时,应符合《建筑机械使用安全技术规程》(JGJ 33—2012)第5.5.17条的规定。

7.2.7 静作用压路机

（1）压路机碾压的工作面,应经过适当平整,对新填的松软土,应先用羊足碾或打夯机逐层碾压或夯实后,再用压路机碾压。

（2）工作地段的纵坡不应超过压路机最大爬坡能力,横坡不应大于20°。

（3）应根据碾压要求选择机种。当光轮压路机需要增加机重时,可在滚轮内加砂或水。当气温降至0 ℃及以下时,不得用水增重。

（4）轮胎压路机不宜在大块石基层上作业。

（5）作业前,应检查并确认滚轮的刮泥板应平整良好,各紧固件不得松动;轮胎压路机应检查轮胎气压,确认正常后启动。

（6）启动后,应检查制动性能及转向功能并确认灵敏可靠。开动前,压路机周围不得有障碍物或人员。不得用压路机拖拉任何机械或物件。

（7）碾压时应低速行驶。速度宜控制在 3～4 km/h 范围内,在一个碾压行程中不得变速。碾压过程应保持正确的行驶方向,碾压第二行时应与第一行重叠半个滚轮压痕。

（8）变换压路机前进、后退方向,应在滚轮停止运行后进行。不得将换向离合器当作制动器使用。

（9）在新建场地上进行碾压时,应从中间向两侧碾压。碾压时,距场地边缘不应少于0.5 m。

（10）在坑边碾压施工时,应由里侧向外侧碾压,距坑边不应少于1 m。

（11）上下坡时,应事先选好挡位,不得在坡上换挡,下坡时不得空挡滑行。

（12）两台以上压路机同时作业时,前后间距不得小于3 m,在坡道上不得纵队行驶。

（13）在行驶中,不得进行修理或加油。需要在机械底部进行修理时,应将内燃机熄火,刹车制动,并楔住滚轮。

（14）对有差速器锁定装置的三轮压路机,当只有一只轮子打滑时,可使用差速器锁定装置,但不得转弯。

（15）作业后,应将压路机停放在平坦坚实的场地,不得停放在软土路边缘及斜坡上,并不得妨碍交通,并应锁定制动。

（16）严寒季节停机时,宜采用木板将滚轮垫离地面,应防止滚轮与地面冻结。

（17）压路机转移距离较远时,应采用汽车或平板拖车装运。

7.2.8　振动压路机

（1）作业时,压路机应先起步后起振,内燃机应先置于中速,然后再调至高速。

（2）压路机换向时应先停机;压路机变速时应降低内燃机转速。

（3）压路机不得在坚实的地面上进行振动。

（4）压路机碾压松软路基时,应先碾压1～2遍后再振动碾压。

（5）压路机碾压时,压路机振动频率应保持一致。

（6）换向离合器、起振离合器和制动器的调整,应在主离合器脱开后进行。

（7）上下坡时或急转弯时不得使用快速挡。铰接式振动压路机在转弯半径较小绕圈碾压时不得使用快速挡。

（8）压路机在高速行驶时不得接合振动。

（9）停机时应先停振,然后将换向机构置于中间位置,变速器置于空挡,最后拉起手制动操纵杆。

（10）振动压路机的使用除应符合本节要求外,还应符合《建筑机械使用安全技术规程》(JGJ 33—2012)第5.7节的有关规定。

7.2.9　平地机

（1）起伏较大的地面宜先用推土机推平,再用平地机平整。

（2）平地机作业区内不得有树根、大石块等障碍物。对土质坚实的地面,应先用齿耙翻松。

(3)作业前应按7.2.2中(3)的规定进行检查。

(4)平地机不得用于拖拉其他机械。

(5)启动内燃机后,应检查各仪表指示值并应符合要求。

(6)开动平地机时,应鸣笛示意,并确认机械周围不得有障碍物及行人,用低速挡起步后,应测试并确认制动器灵敏有效。

(7)作业时,应先将刮刀下降到接近地面,起步后再下降刮刀铲土。铲土时,应根据铲土阻力大小,随时调整刮刀的切土深度。

(8)刮刀的回转、铲土角的调整及向机外侧斜,应在停机时进行;刮刀左右端的升降动作,可在机械行驶中调整。

(9)刮刀角铲土和齿耙松地时应采用一挡速度行驶;刮土和平整作业时应用二、三挡速度行驶。

(10)土质坚实的地而应先用齿耙翻松,翻松时应缓慢下齿。

(11)使用平地机清除积雪时,应在轮胎上安装防滑链,并应探明工作面的深坑、沟槽位置。

(12)平地机在转弯或调头时,应使用低速挡;在正常行驶时,应使用前轮转向,当场地特别狭小时,可使用前后轮同时转向。

(13)平地机行驶时,应将刮刀和齿耙升到最高位置,并将刮刀斜放,刮刀两端不得超出后轮外侧。行驶速度不得超过使用说明书规定。下坡时,不得空挡滑行。

(14)平地机作业中变矩器的油温不得超过120 ℃。

(15)作业后,平地机应停放在平坦、安全的场地,刮刀应落在地面上,手制动器应拉紧。

7.2.10 轮胎式装载机

(1)装载机与汽车配合装运作业时,自卸汽车的车厢容积应与装载机铲斗容量相匹配。

(2)装载机作业场地坡度应符合使用说明书的规定。作业区内不得有障碍物及无关人员。

(3)轮胎式装载机作业场地和行驶道路应平坦坚实。在石块场地作业时,应在轮胎上加装保护链条。

(4)作业前应按7.2.2中(3)的规定进行检查。

(5)装载机行驶前。应先鸣声示意,铲斗宜提升离地0.5 m。装载机行驶过程中应测试制动器的可靠性。装载机搭乘人员应符合规定。装载机铲斗不得载人。

(6)装载机高速行驶时应采用前轮驱动;低速铲装时,应采用四轮驱动。铲斗装载后升起行驶时,不得急转弯或紧急制动。

(7)装载机下坡时不得空挡滑行。

(8)装载机的装载量应符合使用说明书的规定,装载机铲斗应从正面铲料,铲斗不得单边受力。装载机应低速缓慢举臂翻转铲斗卸料。

（9）装载机操纵手柄换向应平稳。装载机满载时,铲臂应缓慢下降。

（10）在松散不平的场地作业时,应把铲臂放在浮动位置,使铲斗平稳地推进;当推进阻力增大时,可稍微提升铲臂。

（11）当铲臂运行到上下最大限度时,应立即将操纵杆回到空挡位置。

（12）装载机运载物料时,铲臂下铰点宜保持离地面0.5 m,并保持平稳行驶。铲斗提升到最高位置时不得运输物料。

（13）铲装或挖掘时,铲斗不应偏载。铲斗装满后,应先举臂,再行走、转向、卸料。铲斗行走过程中不得收斗或举臂。

（14）当铲装阻力较大,出现轮胎打滑时,应立即停止铲装,排除过载后再铲装。

（15）在向汽车装料时,铲斗不得在汽车驾驶室上方越过。如汽车驾驶室顶无防护,驾驶室内不得有人。

（16）向汽车装料,宜降低铲斗高度,减小卸落冲击。汽车装料,不得偏载、超载。

（17）装载机在坡、沟边卸料时,轮胎离边缘应保留安全距离,安全距离宜大于1.5 m;铲斗不宜伸出坡、沟边缘。在大于3°的坡面上,载装机不得朝下坡方向俯身卸料。

（18）作业时,装载机变矩器油温不得超过110 ℃,超过时,应停机降温。

（19）作业后,装载机应停放在安全场地,铲斗应平放在地面上,操纵杆应置于中位,制动应锁定。

（20）装载机转向架未锁闭时,严禁站在前后车架之间进行检修保养。

（21）装载机铲臂升起后,在进行润滑或检修等作业时,应先装好安全销,或先采取其他措施支住铲臂。

（22）停车时,应使内燃机转速逐步降低,不得突然熄火,应防止液压油因惯性冲击而溢出油箱。

7.2.11　蛙式夯实机

（1）蛙式夯实机宜适用于夯实灰土和素土。蛙式夯实机不得冒雨作业。

（2）作业前应重点检查下列项目,并应符合相应要求:

1）漏电保护器应灵敏有效,接零或接地及电缆线接头应绝缘良好。

2）传动皮带应松紧合适,皮带轮与偏心块应安装牢固。

3）转动部分应安装防护装置,并应进行试运转,确认正常。

4）负荷线应采用耐气候型的四芯橡皮护套软电缆。电缆线长不应大于50 m。

（3）夯实机启动后,应检查电动机旋转方向,错误时应倒换相线。

（4）作业时,夯实机扶手上的按钮开关和电动机的接线应绝缘良好。当发现有漏电现象时,应立即切断电源,进行检修。

（5）夯实机作业时,应一人扶夯,一人传递电缆线,并应戴绝缘手套和穿绝缘鞋。递线人员应跟随夯机后或两侧调顺电缆线。电缆线不得扭结或缠绕,并应保持3 ~ 4 m的余量。

（6）作业时,不得夯击电缆线。

（7）作业时,应保持夯实机平衡,不得用力压扶手。转弯时应用力平稳,不得急转弯。

(8)夯实填高松软土方时,应先在边缘以内 100～150 mm 夯实 2～3 遍后,再夯实边缘。

(9)不得在斜坡上夯行,以防夯头后折。

(10)夯实房心土时,夯板应避开钢筋混凝土基础及地下管道等地下物。

(11)在建筑物内部作业时,夯板或偏心块不得撞击墙壁。

(12)多机作业时,其平行间距不得小于 5 m,前后间距不得小于 10 m。

(13)夯实机作业时,夯实机四周 2 m 范围内,不得有非夯实机操作人员。

(14)夯实机电动机温升超过规定时,应停机降温。

(15)作业时,当夯实机有异常响声时,应立即停机检查。

(16)作业后,应切断电源,卷好电缆线,清除夯实机。夯实机保管应防水防潮。

7.2.12 振动冲击夯

(1)振动冲击夯适用于压实黏性土、砂及砾石等散状物料,不得在水泥路面和其他坚硬地面作业。

(2)内燃机冲击夯作业前,应检查并确认有足够的润滑油,油门控制器应转动灵活。

(3)内燃冲击夯启动后,应逐渐加大油门,夯机跳动稳定后开始作业。

(4)振动冲击夯作业时,应正确掌握夯机,不得倾斜,手把不宜握得过紧,能控制夯机前进速度即可。

(5)正常作业时,不得使劲往下压手把,以免影响夯机跳起高度。夯实松软土或上坡时,可将手把稍向下压,并应能增加夯机前进速度。

(6)根据作业要求,内燃冲击夯应通过调整油门的大小,在一定范围内改变夯机振动频率。

(7)内燃冲击夯不宜在高速下连续作业。

(8)当短距离转移时,应先将冲击夯手把稍向上抬起,将运转轮装入冲击夯的挂钩内,再压下手把,使重心后倾,再推动手把转移冲击夯。

(9)振动冲击夯除应符合本节的规定外,还应符合《建筑机械使用安全技术规程》(JGJ 33—2012)第 5.11 节的规定。

7.2.13 强夯机械

(1)担任强夯作业的主机,应按照强夯等级的要求经过计算选用。当选用履带式起重机作主机时,应符合《建筑机械使用安全技术规程》(JGJ 33—2012)第 4.2 节的规定。

(2)强夯机械的门架、横梁、脱钩器等主要结构和部件的材料及制作质量,应经过严格检查,对不符合设计要求的,不得使用。

(3)夯机驾驶室挡风玻璃前应增设防护网。

(4)夯机的作业场地应平整,门架底座与夯机着地部位的场地不平度不得超过 100 mm。

(5)夯机在工作状态时,起重臂仰角应符合使用说明书的要求。

(6)梯形门架支腿不得前后错位,门架支腿在未支稳垫实前,不得提锤。变换夯位后,应重新检查门架支腿,确认稳固可靠,然后再将锤提升 100~300 mm,检查整机的稳定性,确认可靠后作业。

(7)夯锤下落后,在吊钩尚未降至夯锤吊环附近前,操作人员严禁提前下坑挂钩。从坑中提锤时,严禁挂钩人员站在锤上随锤提升。

(8)夯锤起吊后,地面操作人员应迅速撤至安全距离以外,非强夯施工人员不得进入夯点 30 m 范围内。

(9)夯锤升起如超过脱钩高度仍不能自动脱钩时,起重指挥应立即发出停车信号,将夯锤落下,应查明原因并正确处理后继续施工。

(10)当夯锤留有的通气孔在作业中出现堵塞现象时,应及时清理,并不得在锤下作业。

(11)当夯坑内有积水或因黏土产生的锤底吸附力增大时,应采取措施排除,不得强行提锤。

(12)转移夯点时,夯锤应由辅机协助转移,门架随夯机移动前,支腿离地面高度不得超过 500 mm。

(13)作业后,应将夯锤下降,放在坚实稳固的地面上。在非作业时,不得将锤悬挂在空中。

7.3　运输机械

7.3.1　一般规定

(1)各类运输机械应有完整的机械产品合格证以及相关的技术资料。

(2)启动前应重点检查下列项目,并应符合相应要求:

1)车辆的各总成、零件、附件应按规定装配齐全,不得有脱焊、裂缝等缺陷。螺栓、铆钉连接紧固不得松动、缺损。

2)各润滑装置应齐全并应清洁有效。

3)离合器应结合平稳、工作可靠、操作灵活,踏板行程应符合规定。

4)制动系统各部件应连接可靠,管路畅通。

5)灯光、喇叭、指示仪表等应齐全完整。

6)轮胎气压应符合要求。

7)燃油、润滑油、冷却水等应添加充足。

8)燃油箱应加锁。

9)运输机械不得有漏水、漏油、漏气、漏电现象。

(3)运输机械启动后,应观察各仪表指示值,检查内燃机运转情况,检查转向机构及制动器等性能,并确认正常,当水温达到 40 ℃以上、制动气压达到安全压力以上时,应低挡起步。起步时,应检查周边环境,并确认安全。

(4)装载的物品应捆绑稳固牢靠,整车重心高度应控制在规定范围内,轮式机具和圆形物件装运时应采取防止滚动的措施。

（5）运输机械不得人货混装,运输过程中,料斗内不得载人。

（6）运输超限物件时,应事先勘察路线,了解空中、地面上、地下障碍以及道路、桥梁等通过能力,并应制定运输方案,应按规定办理通行手续。在规定时间内按规定路线行驶。超限部分白天应插警示旗,夜间应挂警示灯。装卸人员及电工携带工具随行,保证运行安全。

（7）运输机械水温未达到70 ℃时,不得高速行驶。行驶中变速应逐级增减挡位,不得强推硬拉。前进和后退交替时,应在运输机械停稳后换挡。

（8）运输机械行驶中,应随时观察仪表的指示情况,当发现机油压力低于规定值,水温过高,有异响、异味等情况时,应立即停车检查,并应排除故障后继续运行。

（9）运输机械运行时不得超速行驶,并应保持安全距离。进入施工现场应沿规定的路线行进。

（10）车辆上、下坡应提前换入低速挡,不得中途换挡。下坡时,应以内燃机变速箱阻力控制车速,必要时,可间歇轻踏制动器。严禁空挡滑行。

（11）在泥泞、冰雪道路上行驶时,应降低车速,并应采取防滑措施。

（12）车辆涉水过河时,应先探明水深、流速和水底情况,水深不得超过排气管或曲轴皮带盘,并应低速直线行驶,不得在中途停车或换挡。涉水后,应缓行一段路程,轻踏制动器使浸水的制动片上的水分蒸发掉。

（13）通过危险地区时,应先停车检查,确认可以通过后,应由有经验人员指挥前进。

（14）运载易燃易爆、剧毒、腐蚀性等危险品时,应使用专用车辆按相应的安全规定运输,并应有专业随车人员。

（15）爆破器材的运输,应符合现行国家法规《爆破安全规程》(GB 6722—2003)的要求。起爆器材与炸药、不同种类的炸药严禁同车运输。车箱底部应铺软垫层,并应有专业押运人员,按指定路线行驶。不得在人口稠密处、交叉路口和桥上（下）停留。车厢应用帆布覆盖并设置明显标志。

（16）装运氧气瓶的车厢小得有油污,氧气瓶严禁与油料或乙炔气瓶装混。氧气瓶上防振胶圈应齐全,运行过程中,氧气瓶不得滚动及相互撞击。

（17）车辆停放时,应将内燃机熄火,拉紧手制动器,关锁车门。在下坡道停放时应挂倒挡,在上坡道停放时应挂一挡,并应使用三角木楔等楔紧轮胎。

（18）平头型驾驶室需前倾时,应清理驾驶室内物件,关紧车门后前倾并锁定。平头型驾驶室复位后,应检查并确认驾驶室已锁定。

（19）在车底进行保养、检修时,应将内燃机熄火、拉紧手制动器并将车轮楔牢。

（20）车辆经修理后需要试车时,应由专业人员驾驶,当需在道路上试车时,应事先报经公安、公路等有关部门的批准。

7.3.2　自卸汽车

（1）自卸汽车应保持顶升液压系统完好,工作平稳。操纵应灵活,不得有卡阻现象。各节液压缸表面应保持清洁。

（2）非顶升作业时,应将顶升操纵杆放在空挡位置,顶升前,应拔出车厢固定销。作业后,应及时插入车厢固定锁。固定锁应无裂纹,插入或拔出应灵活、可靠。在行驶过程中车厢挡板不得自行打开。

(3)自卸汽车配合挖掘机、装载机装料时,应符合《建筑机械使用安全技术规程》(JGJ 33—2012)第5.10.15条规定,就位后应拉紧手制动器。

(4)卸料时应听从现场专业人员指挥,车厢上方不得有障碍物,四周不得有人员来往,并应将车停稳。举升车厢时,应控制内燃机中速运转,当车厢升到顶点时,应降低内燃机转速,减少车厢振动。不得边卸边行驶。

(5)向坑洼地区卸料时,应和坑边保持安全距离。在斜坡上不得侧向倾卸。

(6)卸完料,车厢应及时复位,自卸汽车应在复位后行驶。

(7)自卸汽车不得装运爆破器材。

(8)车厢举升状态下,应将车厢支撑牢靠后,进入车厢下面进行检修、润滑等作业。

(9)装运混凝土或黏性物料后,应将车厢清洗干净。

(10)自卸汽车装运散料时,应有防止散落的措施。

7.3.3　平板拖车

(1)拖车的制动器、制动灯、转向灯等应配备齐全,并应与牵引车的灯光信号同时起作用。

(2)行车前,应检查并确认拖挂装置、制动装置、电缆接头等连接良好。

(3)拖车装卸机械时,应停在平坦坚实处,拖车应制动并用三角小楔紧轮胎。装车时应调整好机械在车厢上的位置,各轴负荷分配应合理。

(4)平板拖车的跳板应坚实,在装卸履带式起重机、挖掘机、压路机时,跳板与地面夹角不宜大于15°;在装卸履带式推土机、拖拉机时,跳板与地面夹角不应大于25°。装卸时应由熟练的驾驶人员操作,并应统一指挥。上、下车动作应平稳,不得在跳板上调整方向。

(5)装运履带式起重机时,履带式起重机起重臂应拆短,起重臂向后,吊钩不得自由晃动。

(6)推土机的铲刀宽度超过平板拖车宽度时,应先拆除铲刀后再装运。

(7)机械装车后,机械的制动器应锁定,保险装置应锁牢,履带或车轮应楔紧,机械应绑扎牢固。

(8)使用随车卷扬机装卸物料时,应有专人指挥,拖车应制动锁定,并应将车轮楔紧,防止在装卸时车辆移动。

(9)拖车长期停放或重车停放时间较长时,应将平板支起,轮胎不应承压。

7.3.4　机动翻斗车

(1)机动翻斗车驾驶员应经考试合格,持有机动翻斗车专用驾驶证上岗。

(2)机动翻斗车行驶前,应检查锁紧装置,并应将料斗锁牢。

(3)机动翻斗车行驶时,不得用离合器处于半结合状态来控制车速。

(4)在路面不良状况下行驶时,应低速缓行。机动翻斗车不得靠近路边或沟旁行驶,并应防侧滑。

（5）在坑沟边缘卸料时，应设置安全挡块。车辆接近坑边时，应减速行驶，不得冲撞挡块。

（6）上坡时，应提前换入低挡行驶；下坡时，不得空挡滑行；转弯时，应先减速，急转弯时，应先换入低挡。机动翻斗车不宜紧急刹车，应防止向前倾覆。

（7）机动翻斗车不得在卸料工况下行驶。

（8）内燃机运转或料斗内有载荷时，不得在车底下进行作业。

（9）多台机动翻斗车纵队行驶时，前后车之间应保持安全距离。

7.3.5　散装水泥车

（1）在装料前应检查并清除散装水泥车的罐体及料管内积灰和结渣等杂物，管道不得有堵塞和漏气现象；阀门开闭应灵活，部件连接应牢固可靠，压力表工作应正常。

（2）在打开装料口前，应先打开排气阀，排除罐内残余气压。

（3）装料完毕，应将装料口边缘上堆积的水泥清扫干净，盖好进料口，并锁紧。

（4）散装水泥车卸料时，应装好卸料管，关闭卸料管蝶阀和卸压管球阀，并应打开二次风管，接通压缩空气。空气压缩机应在无载情况下启动。

（5）在确认卸料阀处于关闭状态后，向罐内加压，当达到卸料压力时，应先稍开二次风嘴阀后再打开卸料阀，并用二次风嘴阀调整空气与水泥比例。

（6）卸料过程中，应注意观察压力表的变化情况，当发现压力突然上升，输气软管堵塞时，应停止送气，并应放出管内有压气体，及时排除故障。

（7）卸料作业时，空气压缩机应由专人管理，其他人员不得擅自操作。在进行加压卸料时，不得增加内燃机转速。

（8）卸料结束后，应打开放气阀，放尽罐内余气，并应关闭各部阀门。

（9）雨雪天气，散装水泥车进料口应关闭严密，并不得在露天装卸作业。

7.3.6　皮带运输机

（1）固定式皮带运输机应安装在坚固的基础上，移动式皮带运输机在开动前应将轮子楔紧。

（2）皮带运输机在启动前，应调整好输送带的松紧度，带扣应牢固，各传动部件应灵活可靠，防护罩应齐全有效。电气系统应布置合理，绝缘及接零或接地应保护良好。

（3）输送带启动时，应先空载运转，在运转正常后，再均匀装料。不得先装料后启动。

（4）输送带上加料时，应对准中心，并宜降低加料高度，减少落料对输送带的冲击。

（5）作业中，应随时观察输送带运输情况，当发现带有松动、走偏或跳动现象时，应停机进行调整。

（6）作业时，人员不得从带上面跨越，或从带下面穿过。输送带打滑时，不得用手拉动。

（7）输送带输送大块物料时，输送带两侧应加装挡板或栅栏。

（8）多台皮带运输机串联作业时，应从卸料端按顺序启动；停机时，应从装料端开始按顺序停机。

（9）作业时需要停机时，应先停止装料，将带上物料卸完后，再停机。

（10）皮带运输机作业中突然停机时，应立即切断电源，清除运输带上的物料，检查并排除故障。

（11）作业完毕后，应将电源断开，锁好电源开关箱，清除输送机上的砂土，应采用防雨护罩将电动机盖好。

7.4　混凝土机械

7.4.1　一般规定

（1）混凝土机械的内燃机、电动机、空气压缩机等应符合《建筑机械使用安全技术规程》（JGJ 33—2012）第 3 章的有关规定。行驶部分应符合《建筑机械使用安全技术规程》（JGJ 33—2012）第 6 章的有关规定。

（2）液压系统的溢流阀、安全阀应齐全有效，调定压力应符合说明书要求。系统应无泄漏，工作应平稳，不得有异响。

（3）混凝土机械的工作机构、制动器、离合器、各种仪表及安全装置应齐全完好。

（4）电气设备作业应符合现行行业标准《施工现场临时用电安全技术规范》（JGJ 46—2005）的有关规定。插入式、平板式振捣器的漏电保护器应采用防溅型产品，其额定漏电动作电流不应大于 15 mA；额定漏电动作时间不应大于 0.1 s。

（5）冬期施工，机械设备的管道、水泵及水冷却装置应采取防冻保温措施。

7.4.2　混凝土搅拌机

（1）作业区应排水通畅，并应设置沉淀池及防尘设施。

（2）操作人员视线应良好。操作台应铺设绝缘垫板。

（3）作业前应重点检查下列项目，并应符合相应要求：

1）料斗上、下限位装置应灵敏有效，保险销、保险链应齐全完好。钢丝绳报废应按现行国家标准《起重机钢丝绳　保养　维护、安装、检验和报废》（GB/T 5972—2009）的规定执行。

2）制动器、离合器应灵敏可靠。

3）各传动机构、工作装置应正常。开式齿轮、皮带轮等传动装置的安全防护罩应齐全可靠。齿轮箱、液压油箱内的油质和油量应符合要求。

4）搅拌筒与托轮接触应良好，不得窜动、跑偏。

5）搅拌筒内叶片应紧固，不得松动，叶片与衬板间隙应符合说明书规定。

6）搅拌机开关箱应设置在距搅拌机 5 m 的范围内。

（4）作业前应先进行空载运转，确认搅拌筒或叶片运转方向正确。反转出料的搅拌机应进行正、反转运转。空载运转时，不得有冲击现象和异常声响。

（5）供水系统的仪表计量应准确，水泵、管道等部件应连接可靠，不得有泄漏。

（6）搅拌机不宜带载启动，在达到正常转速后上料，上料量及上料程序应符合使用说明书的规定。

（7）料斗提升时，人员严禁在料斗下停留或通过；当需在料斗下方进行清理或检修时，应将料斗提升至上止点，并必须用保险销锁牢或用保险链挂牢。

（8）搅拌机运转时，不得进行维修、清理工作。当作业人员需进入搅拌筒内作业时，应先切断电源，锁好开关箱，悬挂"禁止合闸"的警示牌，并应派专人监护。

（9）作业完毕，宜将料斗降到最低位置，并应切断电源。

7.4.3　混凝土搅拌运输车

（1）混凝土搅拌运输车的内燃机和行驶部分应分别符合《建筑机械使用安全技术规程》（JGJ 33—2012）第3章和第6章的有关规定。

（2）液压系统和气动装置的安全阀、溢流阀的调整压力应符合使用说明书的要求。卸料槽锁扣及搅拌筒的安全锁定装置应齐全完好。

（3）燃油、润滑油、液压油、制动液及冷却液应添加充足，质量应符合要求，不得有渗漏。

（4）搅拌筒及机架缓冲件应无裂纹或损伤，筒体与托轮应接触良好。搅拌叶片、进料斗，主辅卸料槽不得有严重磨损和变形。

（5）装料前应先启动内燃机空载运转，并低速旋转搅拌筒3～5 min，当各仪表指示正常、制动气压达到规定值时，并检查确认后装料。装载量不得超过规定值。

（6）行驶前，应确认操作手柄处于"搅动"位置并锁定，卸料槽锁扣应扣牢。搅拌行驶时最高速度不得大于50 km/h。

（7）出料作业时，应将搅拌运输车停靠在地势平坦处，应与基坑及输电线路保持安全距离，并应锁定制动系统。

（8）进入搅拌筒维修、清理混凝土前，应将发动机熄火，操作杆置于空挡，将发动机钥匙取出，并应设专人监护，悬挂安全警示牌。

7.4.4　混凝土输送泵

（1）混凝土泵应安放在平整、坚实的地面上，周围不得有障碍物，支腿应支设牢靠，机身应保持水平和稳定，轮胎应楔紧。

（2）混凝土输送管道的敷设应符合下列规定：

1）管道敷设前应检查并确认管壁的磨损量应符合使用说明书的要求，管道不得有裂纹、砂眼等缺陷。新管或磨损量较小的管道应敷设在泵出口处。

2）管道应使用支架或与建筑结构固定牢固。泵出口处的管道底部应依据泵送高度、混凝土排量等设置独立的基础，并能承受相应的荷载。

3）敷设垂直向上的管道时，垂直管不得直接与泵的输出口连接，应在泵与垂直管之间敷没长度不小于15 m的水平管，并加装逆止阀。

4）敷设向下倾斜的管道时，应在泵与斜管之间敷设长度不小于5倍落差的水平管。当倾斜度大于7°时，应加装排气阀。

（3）作业前应检查并确认管道连接处管卡扣牢，不得泄漏。混凝土泵的安全防护装置应齐全可靠,各部位操纵开关、手柄等位置应正确,搅拌斗防护网应完好牢固。

(4)砂石粒径、水泥强度等级及配合比应符合出厂规定,并应满足混凝土泵的泵送要求。

(5)混凝土泵启动后,应空载运转,观察各仪表的指示值,检查泵和搅拌装置的运转情况,并确认一切正常后作业。泵送前应向料斗加入清水和水泥砂浆润滑泵及管道。

(6)混凝土泵在开始或停止泵送混凝土前,作业人员应与出料软管保持安全距离,作业人员不得在出料口下方停留。出料软管不得埋在混凝土中。

(7)泵送混凝土的排量、浇注顺序应符合混凝土浇筑施工方案的要求。施工荷载应控制在允许范围内。

(8)混凝土泵工作时,料斗中混凝土应保持在搅拌轴线以上,不应吸空或无料泵送。

(9)混凝土泵工作时,不得进行维修作业。

(10)混凝土泵作业中,应对泵送设备和管路进行观察,发现隐患应及时处理。对磨损超过规定的管子、卡箍、密封圈等应及时更换。

(11)混凝土泵作业后应将料斗和管道内的混凝土全部排出,并应对泵、料斗、管道等进行清洗。清洗作业应按说明书要求进行。不宜采用压缩空气进行清洗。

7.4.5　混凝土泵车

(1)混凝土泵车应停放在平整坚实的地方,与沟槽和基坑的安全距离应符合使用说明书的要求。臂架回转范围内不得有障碍物,与输电线路的安全距离应符合现行行业标准《施工现场临时用电安全技术规范》(JGJ 46—2005)的有关规定。

(2)混凝土泵车作业前,应将支腿打开,并应采用垫木垫平,车身的倾斜度不应大于3°。

(3)作业前应蘑点检查下列项目,并应符合相应要求:

1)安全装置应齐全有效,仪表应指示正常。

2)液压系统、工作机构应运转正常。

3)料斗网格应完好牢固。

4)软管安全链与臂架连接应牢固。

(4)伸展布料杆应按出厂说明书的顺序进行。布料杆在升离支架前不得回转。不得用布料杆起吊或拖拉物件。

(5)当布料杆处于全伸状态时,不得移动车身。当需要移动车身时,应将上段布料杆折叠固定,移动速度不得超过 10 km/h。

(6)不得接长布料配管和布料软管。

7.4.6　插入式振捣器

(1)作业前应检查电动机、软管、电缆线、控制开关等,并应确认处于完好状态。电缆线连接应正确。

(2)操作人员作业时应穿戴符合要求的绝缘鞋和绝缘手套。

(3)电缆线应采用耐候型橡皮护套铜芯软电缆,并不得有接头。

（4）电缆线长度不应大于 30 m。不得缠绕、扭结和挤压，并不得承受任务外力。

（5）振捣器软管的弯曲半径不得小于 500 mm，操作时应将振捣器垂直插入混凝土，深度不宜超过 600 mm。

（6）振动器不得在初凝的混凝土、脚手板和干硬的地面上进行试振。在检修或作业间断时，应切断电源。

（7）作业完毕，应切断电源，并应将电动机、软管及振动棒清理干净。

7.4.7　附着式、平板式振捣器

（1）作业前应检查电动机、电源线、控制开关等，并确认完好无破损。附着式振捣器的安装位置应正确，连接应牢固，并应安装减振装置。

（2）操作人员作业时应穿戴符合要求的绝缘鞋和绝缘手套。

（3）平板式振捣器应采用耐气候型橡皮护套铜芯软电缆，并不得有接头和承受任何外力，其长度不应超过 30 m。

（4）附着式、平板式振捣器的轴承不应承受轴向力，振捣器使用时，应保持振捣器电动机轴线在水平状态。

（5）附着式、平板式振捣器不得在初凝的混凝土、脚手板和干硬的地面上进行试振。在检修或作业间断时，应切断电源。

（6）平板式振捣器作业时应使用牵引绳控制移动速度，不得牵拉电缆。

（7）在同一块混凝土模板上同时使用多台附着式振捣器时，各振动器的振频应一致，安装位置宜交错设置。

（8）安装在混凝土模板上的附着式振捣器，每次作业时间应根据施工方案确定。

（9）作业完毕，应切断电源，并应将振捣器清理干净。

7.4.8　混凝土振动台

（1）作业前应检查电动机、传动及防护装置，并确认完好有效。轴承座、偏心块及机座螺栓应紧固牢靠。

（2）振动台应设有可靠的锁紧夹，振动时应将混凝土槽锁紧，混凝土模板在振动台上不得无约束振动。

（3）振动台电缆应穿在电管内，并预埋牢固。

（4）作业前应检查并确认润滑油不得有泄漏，油温、传动装置应符合要求。

（5）在作业过程中，不得调节预置拨码开关。

（6）振动台应保持清洁。

7.4.9　混凝土喷射机

（1）喷射机风源、电源、水源、加料设备等应配套齐全。

（2）管道应安装正确，连接处应紧固密封。当管道通过道路时，管道应有保护措施。

（3）喷射机内部应保持干燥和清洁。应按出厂说明书规定的配合比配料，不得使用结块的水泥和未经筛选的砂石。

（4）作业前应重点检查下列项目，并应符合相应要求：

1）安全阀应灵敏可靠。

2）电源线应无破损现象，接线应牢靠。

3）各部密封件应密封良好，橡胶结合板和旋转板上出现的明显沟槽应及时修复。

4）压力表指针显示应正常。应根据输送距离，及时调整风压的上限值。

5）喷枪水环管应保持畅通。

（5）启动时，应按顺序分别接通风、水、电。开启进气阀时，应逐步达到额定压力启动电动机后，应空载运转，确认一切正常后方可投料作业。

（6）机械操作人员和喷射作业人员应有信号联系，送风、加料、停料、停风及发生堵塞时，应联系畅通，密切配合。

（7）喷嘴前方不得有人员。

（8）发生堵管时，应先停止喂料，敲击堵塞部位，使物料松散，然后用压缩空气吹通。操作人员作业时，应紧握喷嘴，不得甩动管道。

（9）作业时，输料软管不得随地拖拉和折弯。

（10）停机时，应先停止加料，再关闭电动机，然后停止供水，最后停送压缩空气，并应将仓内及输料管内的混合料全部喷出。

（11）停机后，应将输料管、喷嘴拆下清洗干净，清除机身内外黏附的混凝土料及杂物，并应使密封件处于放松状态。

7.4.10　混凝土布料机

（1）设置混凝土布料机前，应确认现场有足够的作业空间，混凝土布料机任一部位与其他设备及构筑物的安全距离不应小于 0.6 m。

（2）混凝土布料机的支撑面应平整坚实。固定式混凝土布料机的支撑应符合使用说明书的要求，支撑结构应经设计计算，并应采取相应加固措施。

（3）手动式混凝土布料机应有可靠的防倾覆措施。

（4）混凝土布料机作业前应重点检查下列项目，并应符合相应要求：

1）支腿应打开垫实，并应锁紧。

2）塔架的垂直度应符合使用说明书要求。

3）配重块应与臂架安装长度匹配。

4）臂架回转机构润滑应充足，转动应灵活。

5）机动混凝土布料机的动力装置、传动装置、安全及制动装置应符合要求。

6）混凝土输送管道应连接牢固。

（5）手动混凝土布料机回转速度应缓慢均匀，牵引绳长度应满足安全距离的要求。

（6）输送管出料口与混凝土浇筑面宜保持 1 m 的距离，不得被混凝土掩埋。

（7）人员不得在臂架下方停留。

（8）当风速达到 10.8 m/s 及以上或大雨、大雾等恶劣天气应停止作业。

7.5 钢筋加工机械

7.5.1 一般规定

(1)机械的安装应坚实稳固。固定式机械应有可靠的基础;移动式机械作业时应楔紧行走轮。

(2)手持式钢筋加工机械作业时,应佩戴绝缘手套等防护用品。

(3)加工较长的钢筋时,应有专人帮扶。帮扶人员应听从操作人员指挥,不得任意推拉。

7.5.2 钢筋调直切断机

(1)料架、料槽应安装平直,并应与导向筒、调直筒和下切刀孔的中心线一致。

(2)切断机安装后,应用手转动飞轮,检查传动机构和工作装置,并及时调整间隙,紧固螺栓,在检查并确认电气系统正常后,进行空运转。切断机空运转时,齿轮应啮合良好,并不得有异响,确认正常后开始作业。

(3)作业时,应按钢筋的直径,选用适当的调直块、曳引轮槽及传动速度。调直块的孔径应比钢筋直径大 2~5 mm。曳引轮槽宽应和所需调直钢筋的直径相符合。大直径钢筋宜选用较慢的传动速度。

(4)在调直块未固定或防护罩未盖好前,不得送料。作业中,不得打开防护罩。

(5)送料前,应将弯曲的钢筋端头切除。导向筒前应安装一根长度为 1 m 的钢管。

(6)钢筋送入后,手应与曳轮保持安全距离。

(7)当调直后的钢筋仍有慢弯时,可逐渐加大调直块的偏移量,直到调直为止。

(8)切断 3~4 根钢筋后,应停机检查钢筋长度,当超过允许偏差时,应及时调整限位开关或定尺板。

7.5.3 钢筋切断机

(1)接送料的工作台面应和切刀下部保持水平,工作台的长度应根据加工材料长度确定。

(2)启动前,应检查并确认切刀不得有裂纹,刀架螺栓应紧固,防护罩应牢靠。应用手转动皮带轮,检查齿轮啮合间隙,并及时调整。

(3)启动后,应先空运转,检查并确认各传动部分及轴承运转正常后,开始作业。

(4)机械未达到正常转速前,不得切料。操作人员应使用切刀的中、下部位切料,应紧握钢筋对准刀口迅速投入,并应站在固定刀片一侧用力压住钢筋,防止钢筋末端弹出伤人。不得用双手分在刀片两边握住钢筋切料。

(5)操作人员不得剪切强度超过机械性能规定及直径超标的钢筋或烧红的钢筋。一次切断多根钢筋时,其总截面积应在规定范围内。

(6)剪切低合金钢筋时,应更换高硬度切刀,剪切直径应符合机械性能的规定。

（7）切断短料时，手和切刀之间的距离应大于 150 mm，并应采用套管或夹具将切断的短料压住或夹牢。

（8）机械运转中，不得用手直接清除切刀附近的断头和杂物。在钢筋摆动范围和机械周围，非操作人员不得停留。

（9）当发现机械有异常响声或切刀歪斜等不正常现象时，应立即停机检修。

（10）液压式切断机启动前，应检查并确认液压油位符合规定。切断机启动后，应空载运转，检查并确认电动机旋转方向应符合规定，并应打开放油阀，在排净液压缸体内的空气后开始作业。

（11）手动液压式切断机使用前，应将放油阀按顺时针方向旋紧，作业完毕后，应立即按逆时针方向旋松。

7.5.4　钢筋弯曲机

（1）工作台和弯曲机台面应保持水平。

（2）作业前应准备好各种芯轴及工具，并应按加工钢筋的直径和弯曲半径的要求，装好相应规格的芯轴和成型轴、挡铁轴。

（3）芯轴直径应为钢筋直径的 2.5 倍。挡铁轴应有轴套。挡铁轴的直径和强度不得小于被弯钢筋的直径和强度。

（4）启动前应检查并确认芯轴、挡铁轴、转盘等不得有裂纹和损伤，防护罩应有效。在空载运转并确认正常后，开始作业。

（5）作业时，应将需弯曲的一端钢筋插入在转盘固定销的间隙内，将另一端紧靠机身固定销，并用手压紧，在检查并确认机身固定销安放在挡住钢筋的一侧后，启动机械。

（6）弯曲作业时，不得更换轴芯、销子和变换角度以及调速，不得进行清扫和加油。

（7）对超过机械铭牌规定直径的钢筋不得进行弯曲。在弯曲未经冷拉或带有锈皮的钢筋时，应戴防护镜。

（8）在弯曲高强度钢筋时，应进行钢筋直径换算，钢筋直径不得超过机械允许的最大弯曲能力，并应及时调换相应的芯轴。

（9）操作人员应站在机身没有固定销的一侧。成品钢筋应堆放整齐，弯钩不得朝上。

（10）转盘换向应在弯曲机停稳后进行。

7.5.5　钢筋冷拉机

（1）应根据冷拉钢筋的直径，合理选用冷拉卷扬机。卷扬钢丝绳应经封闭式导向滑轮，并应和被拉钢筋成直角。操作人员能见到全部冷拉场地。卷扬机与冷拉中心线距离不得少于 5 m。

（2）冷拉场地应设置警戒区，并应安装防护栏及警告标志。非操作人员不得进入警戒区。作业时，操作人员与受拉钢筋的距离应大于 2 m。

（3）采用配重控制的冷拉机应有指示起落的记号或专人指挥。冷拉机的滑轮、钢丝绳应相匹配。配重提起时，配重离地高度应小于 300 mm。配重架四周应设置防护栏杆及警告标志。

(4)作业前,应检查冷拉机,夹齿应完好;滑轮、拖拉小车应润滑灵活;拉钩、地锚及防护装置应齐全牢固。

(5)采用延伸率控制的冷拉机,应设置明显的限位标志,并应有专人负责指挥。

(6)照明设施宜设置在张拉警戒区外。当需设置在警戒区内时,照明设施安装高度应大于 5 m,并应加防护罩。

(7)作业后,应放松卷扬钢丝绳,落下配重,切断电源,并锁好开关箱。

7.5.6 钢筋冷拔机

(1)启动机械前,应检查并确认机械各部连接应牢固,模具不得有裂纹,轧头和模具的规格应配套。

(2)钢筋冷拔量应符合机械出厂说明书的规定。机械出厂说明书未作规定时,可按每次冷拔缩减模具孔径 0.5~1.0 mm 进行。

(3)轧头时,应先将钢筋的一端穿过模具,钢筋穿过的长度宜为 100~150 mm,再用夹具夹牢。

(4)作业时,操作人员的手与轧辊应保持 300~500 mm 的距离。不得用手直接接触钢筋和滚筒。

(5)冷拔模架中应随时加足润滑剂,润滑剂可采用石灰和肥皂水调和晒干后的粉末。

(6)当钢筋的末端通过冷拔模后,应立即脱开离合器,同时用手闸挡住钢筋末端。

(7)冷拔过程中,当出现断丝或钢筋打结乱盘时,应立即停机处理。

7.5.7 钢筋螺纹成型机

(1)在机械使用前,应检查并确认刀具安装应正确,连接应牢固,运转部位润滑应良好,不得有漏电现象,空车试运转并确认正常后作业。

(2)钢筋应先调直再下料。钢筋切口端面应与轴线垂直,不得用气割下料。

(3)加工锥螺纹时,应采用水溶性切削润滑液。当气温低于 0 ℃时,可掺入 15%~20% 亚硝酸钠。套丝作业时,不得用机油作润滑液或不加润滑液。

(4)加工时,钢筋应夹持牢固。

(5)机械在运转过程中,不得清扫刀片上面的积屑杂物和进行检修。

(6)不得加工超过机械铭牌规定直径的钢筋。

7.5.8 钢筋除锈机

(1)作业前应检查并确认钢丝刷应固定牢靠,传动部分应润滑充分,封闭式防护罩及排尘装置等应完好。

(2)操作人员应束紧袖口,并应佩戴防尘口罩、手套和防护眼镜。

(3)带弯钩的钢筋不得上机除锈。弯度较大的钢筋宜在调直后除锈。

(4)操作时,应将钢筋放平,并侧身送料。不得在除锈机正面站人。较长钢筋除锈时,应有 2 人配合操作。

7.6　焊接机械

7.6.1　一般规定

(1)焊接(切割)前,应先进行动火审查,确认焊接(切割)现场防火措施符合要求,并应配备相应的消防器材和安全防护用品,落实监护人员后,开具动火证。

(2)焊接设备应有完整的防护外壳,一、二次接线柱处应有保护罩。

(3)现场使用的电焊机应设有防雨、防潮、防晒、防砸的措施。

(4)焊割现场及高空焊割作业下方严禁堆放油类、木材、氧气瓶、乙炔瓶、保温材料等易燃、易爆物品。

(5)电焊机绝缘电阻不得小于 0.5 MΩ,电焊机导线绝缘电阻不得小于 1 MΩ,电焊机接地电阻不得大于 4 Ω。

(6)电焊机导线和接地线不得搭在易燃、易爆、带有热源或有油的物品上;不得利用建(构)筑物的金属结构、管道、轨道或其他金属物体,搭接起来,形成焊接回路,并不得将电焊机和工件双重接地;严禁使用氧气、天然气等易燃易爆气体管道作为接地装置。

(7)电焊机的一次侧电源线长度不应大于 5 m,二次线应采用防水橡皮护套铜芯软电缆,电缆长度不应大于 30 m,接头不得超过 3 个,并应双线到位。当需要加长导线时,应相应增加导线的截面积。当导线通过道路时,应架高,或穿入防护管内埋设在地下;当通过轨道时,应从轨道下面通过。当导线绝缘受损或断股时,应立即更换。

(8)电焊钳应有良好的绝缘和隔热能力。电焊钳握柄应绝缘良好,握柄与导线连接应牢靠,连接处应采用绝缘布包好。操作人员不得用胳膊夹持电焊钳并不得在水中冷却电焊钳。

(9)对承压状态的压力容器和装有剧毒、易燃、易爆物品的容器,严禁进行焊接或切割作业。

(10)当需焊割受压容器、密闭容器、粘有可燃气体和溶液的工件时,应先消除容器及管道内压力,消除可燃气体和溶液,并冲洗有毒、有害、易燃物质;对存有残余油脂的容器,宜用蒸汽、碱水冲洗,打开盖口,并确认容器清洗干净后,应灌满清水后进行焊割。

(11)在容器内和管道内焊割时,应采取防止触电、中毒和窒息的措施。焊、割密闭容器时。应留出气孔,必要时应在进、出气口处装设通风设备;容器内照明电压不得超过12 V;容器外应有专人监护。

(12)焊接铜、锁、锌、锡等有色金属时,应通风良好,焊割人员应戴防毒面罩或采取其他防毒措施。

(13)当预热焊件温度达 150 ~ 700 ℃时,应设挡板隔离焊件发出的辐射热,焊接人员应穿戴隔热的石棉服装和鞋、帽等。

(14)雨雪天不得在露天电焊。在潮湿地带作业时,应铺设绝缘物品,操作人员应穿绝缘鞋。

(15)电焊机应按额定焊接电流和暂载率操作,并应控制电焊机的温升。

(16)当清除焊渣时,应戴防护眼镜,头部应避开焊渣飞溅方向。

(17)交流电焊机应安装防二次侧触电保护装置。

7.6.2 交(直)流焊机

(1)使用前,应检查并确认初、次级线接线正确,输入电压符合电焊机的铭牌规定,接线螺母、螺栓及其他部件完好齐全,不得松动或损坏。直流焊机换向器与电刷接触应良好。

(2)当多台焊机在同一场地作业时,相互间距不应小于600 mm,应逐台启动,并应使三相负载保持平衡。多台焊机的接地装置不得串联。

(3)移动电焊机或停电时,应切断电源,不得用拖拉电缆的方法移动焊机。

(4)调节焊接电流和极性开关应在卸除负荷后进行。

(5)硅整流直流电焊机主变压器的次级线圈和控制变压器的次级线圈不得用摇表测试。

(6)长期停用的焊机启用时,应空载通电一定时间,进行干燥处理。

7.6.3 氩弧焊机

(1)作业前,应检查并确认接地装置安全可靠,气管、水管应通畅,不得有外漏。工作场所应有良好的通风措施。

(2)应先根据焊件的材质、尺寸、形状,确定极性,再选择焊机的电压、电流和氩气的流量。

(3)安装氩气表、氩气减压阀、管接头等配件时,不得粘有油脂,并应拧紧丝扣(至少5扣)。开气时,严禁身体对准氩气表和气瓶节门,应防止氩气表和气瓶节门打开伤人。

(4)水冷型焊机应保持冷却水清洁。在焊接过程中,冷却水的流量应正常,不得断水施焊。

(5)焊机的高频防护装置应良好,振荡器电源线路中的连锁开关不得分接。

(6)使用氩弧焊时,操作人员应戴防毒面罩。应根据焊接厚度确定钨极粗细,更换钨极时,必须切断电源。磨削钨极端头时,应设有通风装置,操作人员应佩戴手套和口罩,磨削下来的粉尘,应及时清除。钍、铈、钨极不得随身携带,应贮存在铅盒内。

(7)焊机附近不宜有振动。焊机上及周围不得放置易燃、易爆或导电物品。

(8)氩气瓶和氩气瓶与焊接地点应相距3 m以上,并应直立固定放置。

(9)作业后,应切断电源,关闭水源和气源。焊接人员应及时脱去工作服,清洗外露的皮肤。

7.6.4 点焊机

(1)作业前,应清除上下两电极的油污。

(2)作业前,应先接通控制线路的转向开关和焊接电流的开关,调整好极数,再接通水源、气源,最后接通电源。

(3)焊机通电后,应检查并确认电气设备、操作机构、冷却系统、气路系统工作正常,不得有漏电现象。

（4）作业时,气路、水冷系统应畅通。气体应保持干燥。排水温度不得超过 40 ℃,排水量可根据水温调节。

（5）严禁在引燃电路中加大熔断器。当负载过小,引燃管内电弧不能发生时,不得闭合控制箱的引燃电路。

（6）正常工作的控制箱的预热时间不得少于 5 min。当控制箱长期停用时,每月应通电加热 30 min。更换闸流管前,应预热 30 min。

7.6.5　二氧化碳气体保护焊机

（1）作业前,二氧化碳气体应按规定进行预热。开气时,操作人员必须站在瓶嘴的侧面。

（2）作业前,应检查并确认焊丝的进给机构、电线的连接部分、二氧化碳气体的供应系统及冷却水循环系统符合要求,焊枪冷却水系统不得漏水。

（3）二氧化碳气瓶宜存放在阴凉处,不得靠近热源,并应放置牢靠。

（4）二氧化碳气体预热器端的电压,不得大于 36 V。

7.6.6　埋弧焊机

（1）作业前,应检查并确认各导线连接应良好;控制箱的外壳和接线板上的罩壳应完好;送丝滚轮的沟槽及齿纹应完好;滚轮、导电嘴(块)不得有过度磨损,接触应良好;减速箱润滑油应正常。

（2）软管式送丝机构的软管槽孔应保持清洁,并定期吹洗。

（3）在焊接中,应保持焊剂连续覆盖,以免焊剂中断露出电弧。

（4）在焊机工作时,手不得触及送丝机构的滚轮。

（5）作业时,应及时排走焊接中产生的有害气体,在通风不良的室内或容器内作业时,应安装通风设备。

7.6.7　对焊机

（1）对焊机应安置在室内或防雨的工棚内,并应有可靠的接地或接零。当多台对焊机并列安装时,相互间的间距不得小于 3 m,并应分别接在不同相位的电网上,分别设置各自的断路器。

（2）焊接前,应检查并确认对焊机的压力机构应灵活,夹具应牢固,气压、液压系统不得有泄漏。

（3）焊接前,应根据所焊接钢筋的截面,调整二次电压,不得焊接超过对焊机规定直径的钢筋。

（4）断路器的接触点、电极应定期光磨,二次电路连接螺栓应定期紧固。冷却水温度不得超过 40 ℃;排水量应根据温度调节。

（5）焊接较长钢筋时,应设置托架。

（6）闪光区应设挡板,与焊接无关的人员不得入内。

(7)冬期施焊时,温度不应低于8℃。作业后,应放尽机内冷却水。

7.6.8 竖向钢筋电渣压力焊机

(1)应根据施焊钢筋直径选择具有足够输出电流的电焊机。电源电缆和控制电缆连接应正确、牢固。焊机及控制箱的外壳应接地或接零。

(2)作业前,应检查供电电压并确认正常,当一次电压降大于8%时,不宜焊接。焊接导线长度不得大于30 m。

(3)作业前,应检查并确认控制电路正常,定时应准确,误差不得大于5%,机具的传动系统、夹装系统及焊钳的转动部分应灵活自如,焊剂应已干燥,所需附件应齐全。

(4)作业前,应按所焊钢筋的直径,根据参数表,标定好所需的电流和时间。

(5)起弧前,上下钢筋应对齐,钢筋端头应接触良好。对锈蚀或粘有水泥等杂物的钢筋,应在焊接前用钢丝刷清除,并保证导电良好。

(6)每个接头焊完后,应停留5~6 min保温,寒冷季节应适当延长保温时间。焊渣应在完全冷却后清除。

7.6.9 气焊(割)设备

(1)气瓶每三年检验一次,使用期不应超过20年。气瓶压力表应灵敏正常。

(2)操作者不得正对气瓶阀门出气口,不得用明火检验是否漏气。

(3)现场使用的不同种类气瓶应装有不同的减压器,未安装减压器的氧气瓶不得使用。

(4)氧气瓶、压力表及其焊割机具上不得粘染油脂。氧气瓶安装减压器时,应先检查阀门接头,并略开氧气瓶阀门吹除污垢,然后安装减压器。

(5)开启氧气瓶阀门时,应采用专用工具,动作应缓慢。氧气瓶中的氧气不得全部用尽,应留49 kPa以上的剩余压力。关闭氧气瓶阀门时,应先松开减压器的活门螺栓。

(6)乙炔钢瓶使用时,应设有防止回火的安全装置;同时使用两种气体作业时,不同气瓶都应安装单向阀,防止气体相互倒灌。

(7)作业时,乙炔瓶与氧气瓶之间的距离不得少于5 m,气瓶与明火之间的距离不得少于10 m。

(8)乙炔软管、氧气软管不得错装。乙炔气胶管、防止回火装置及气瓶冻结时,应用40℃以下热水加热解冻,不得用火烤。

(9)点火时,焊枪口不得对人。正在燃烧的焊枪不得放在工件或地面上。焊枪带有乙炔和氧气时,不得放在金属容器内,以防止气体逸出,发生爆燃事故。

(10)点燃焊(割)炬时,应先开乙炔阀点火开氧气阀调整火。关闭时,应先关闭乙炔阀,再关闭氧气阀。

氢氧并用时,应先开乙炔气,再开氢气,最后开氧气,再点燃。灭火时,应先关氧气,再关氢气,最后关乙炔气。

(11)操作时,氢气瓶、乙炔瓶应直立放置,且应安放稳固。

(12)作业中,发现氧气瓶阀门失灵或损坏不能关闭时,应让瓶内的氧气自动放尽后,再进行拆卸修理。

（13）作业中，当氧气软管着火时，不得折弯软管断气，应迅速关闭氧气阀门，停止供氧。当乙炔软管着火时，应先关熄炬火，可弯折前面一段软管将火熄灭。

（14）工作完毕，应将氧气瓶、乙炔瓶气阀关好，拧上安全罩，检查操作场地，确认无着火危险，方准离开。

（15）氧气瓶应与其他气瓶、油脂等易燃、易爆物品分开存放，且不得同车运输。氧气瓶不得散装吊运。运输时，氧气瓶应主有防振圈和安全帽。

7.6.10　等离子切割机

（1）作业前，应检查并确认不得有漏电、漏气、漏水现象，接地或接零应安全可靠。应将工作台与地面绝缘，或在电气控制系统安装空载断路继电器。

（2）小车、工件位置应适当，工件应接通切割电路正极，切割工作面下应设有熔渣坑。

（3）应根据工件材质、种类和厚度选定喷嘴孔径，调整切割电源、气体流量和电极的内缩量。

（4）自动切割小车应经空车运转，并应选定合适的切割速度。

（5）操作人员应戴好防护面罩、电焊手套、帽子、滤膜防尘口罩和隔声耳罩。

（6）切割时，操作人员应站在上风处操作。可从工作台下部抽风，并宜缩小操作台上的敞开面积。

（7）切割时，当空载电压过高时，应检查电器接地或接零、割炬把手绝缘情况。

（8）高频发生器应设有屏蔽护罩，用高频引弧后，应立即切断高频电路。

（9）作业后，应切断电源，关闭气源和水源。

7.6.11　仿形切割机

（1）应按出厂使用说明书要求接通切割机的电源，并应做好保护接地或接零。

（2）作业前，应先空运转，检查并确认氧、乙炔和加装的仿形样板配合无误后，开始切割作业。

（3）作业后，应清理保养设备，整理并保管好氧气带、乙炔气带及电缆线。

8 建筑工程冬期施工安全

8.1 建筑地基基础工程

8.1.1 一般规定

(1)冬期施工的地基基础工程,除应有建筑场地的工程地质勘察资料外,尚应根据需要提出地基土的主要冻土性能指标。

(2)建筑场地宜在冻结前清除地上和地下障碍物、地表积水,并应平整场地与道路。冬期应及时清除积雪,春融期应作好排水。

(3)对建筑物、构筑物的施工控制坐标点、水准点及轴线定位点的埋设,应采取防止土壤冻胀、融沉变位和施工振动影响的措施,并应定期复测校正。

(4)在冻土上进行桩基础和强夯施工时所产生的振动,对周围建筑物及各种设施有影响时,应采取隔振措施。

(5)靠近建筑物、构筑物基础的地下基坑施工时,应采取防止相邻地基土遭冻的措施。

(6)同一建筑物基槽(坑)开挖对应同时进行,基底不得留冻土层。基础施工中,应防止地基土被融化的雪水或冰水浸泡。

8.1.2 土方工程

(1)冻土挖掘应根据冻土层的厚度和施工条件,采用机械、人工或爆破等方法进行,并应符合下列规定:

1)人工挖掘冻土可采用锤击铁楔子劈冻土的方法分层进行;铁楔子长度应根据冻土层厚度确定,且宜在 300~600 mm 之间取值。

2)机械挖掘冻土可根据冻土层厚度按表8.1选用设备。

表8.1 机械挖掘冻土设备选择表

冻土厚度/mm	挖掘设备
<500	铲运机、挖掘机
500~1 000	松土机、挖掘机
1 000~1 500	重锤或重球

3)爆破法挖掘冻土应选择具有专业爆破资质的队伍,爆破施工应按国家有关规定进行。

(2)在挖方上边弃置冻土时,其弃土堆坡脚至挖方边缘的距离应为常温下规定的距离加上弃土堆的高度。

（3）挖掘完毕的基槽（坑）应采取防止基底部受冻的措施，因故未能及时进行下道工序施工时，应在基槽（坑）底标高以上预留土层，并应覆盖保温材料。

（4）土方回填时，每层铺土厚度应比常温施工时减少20%～25%，预留沉陷量应比常温施工时增加。

对于大面积回填土和有路面的路基及其人行道范围内的平整场地填方，可采用含有冻土块的土回填，但冻土块的粒径不得大于150 mm，其含量不得超过30%。铺填时冻土块应分散开，并应逐层夯实。

（5）冬期施工应在填方前清除基底上的冰和保温材料，填方上层部位应采用未冻的或透水性好的土方回填，其厚度应符合设计要求。填方边坡的表层1 m以内，不得采用含有冻土块的土填筑。

（6）室外的基槽（坑）或管沟可采用含有冻土块的土回填，冻土块粒径不得大于150 mm，含量不得超过15%，且应均匀分布。管沟底以上500 mm范围内不得用含有冻土块的土回填。

（7）室内的基槽（坑）或管沟不得采用含有冻土块的土回填，施工应连续进行并应夯实。当采用人工夯实时，每层铺土厚度不得超过200 mm，夯实厚度宜为100～150 mm。

（8）冻结期间暂不使用的管道及其场地回填时，冻土块的含量和粒径可不受限制，但融化后应作适当处理。

（9）室内地面垫层下回填的土方，填料中不得含有冻土块，并应及时夯实。填方完成后至地面施工前，应采取防冻措施。

（10）永久性的挖、填方和排水沟的边坡加固修整，宜在解冻后进行。

8.1.3　地基处理

（1）强夯施工技术参数应根据加固要求与地质条件在场地内经试夯确定，试夯应按现行行业标准《建筑地基处理技术规范》（JGJ 79—2012）的规定进行。

（2）强夯施工时，不应将冻结基土或回填的冻土块夯入地基的持力层，回填土的质量应符合8.1.2的有关规定。

（3）黏性土或粉土地基的强夯，宜在被夯土层表面铺设粗颗粒材料，并应及时清除黏结于锤底的土料。

（4）强夯加固后的地基越冬维护，应按"8.9越冬工程维护"的有关规定进行。

8.1.4　桩基础

（1）冻土地基可采用干作业钻孔桩、挖孔灌注桩等或沉管灌注桩、预制桩等施工。

（2）桩基施工时，当冻土层厚度超过500 mm，冻土层宜采用钻孔机引孔，引孔直径不宜大于桩径20 mm。

（3）钻孔机的钻头宜选用锥形钻头并镶焊合金刀片。钻进冻土时应加大钻杆对土层的压力，并应防止摆动和偏位。钻成的桩孔应及时覆盖保护。

（4）振动沉管成孔时，应制定保证相邻桩身混凝土质量的施工顺序。拔管时，应及时清除管壁上的水泥浆和泥土。当成孔施工有间歇时,宜将桩管埋入桩孔中进行保温。

(5)灌注桩的混凝土施工应符合下列规定:

1)混凝土材料的加热、搅拌,运输、浇筑应按"8.4　混凝土工程"的有关规定进行;混凝土浇筑温度应根据热工计算确定,且不得低于5 ℃。

2)地基土冻深范围内的和露出地面的桩身混凝土养护,应按"8.4　混凝土工程"有关规定进行。

3)在冻胀性地基土上施工时,应采取防止或减小桩身与冻土之间产生切向冻胀力的防护措施。

(6)预制桩施工应符合下列规定:

1)施工前,桩表面应保持干燥与清洁。

2)起吊前,钢丝绳索与桩机的夹具应采取防滑措施。

3)沉桩施工应连续进行,施工完成后应采用保温材料覆盖于桩头上进行保温。

4)接桩可采用焊接或机械连接,焊接和防腐要求应符合"8.7　钢结构工程"的有关规定。

5)起吊、运输与堆放应符合"8.8　混凝土构件安装工程"的有关规定。

(7)桩基静荷载试验前,应将试桩周围的冻土融化或挖除。试验期间,应对试桩周围地表土和锚桩横梁支座进行保温。

8.1.5　基坑支护

(1)基坑支护冬期施工宜选用排桩和土钉墙的方法。

(2)采用液压高频锤法施工的型钢或钢管排桩基坑支护工程,除应考虑对周边建筑物、构筑物和地下管疲乏的振动影响外,尚应符合下列规定:

1)当在冻土上施工时,应采用钻机在冻土层内引孔,引孔的直径应大于型钢或钢管的最大边缘尺寸。

2)型钢或钢管的焊接应按"8.7　钢结构工程"的有关规定进行。

(3)钢筋混凝土灌注桩的排桩施工应符合8.1.4中(2)和(5)的规定,并应符合下列规定:

1)基坑土方开挖应待桩身混凝土达到设计强度时方可进行。

2)基坑土方开挖时,排桩上部自由端外侧的基土应进行保温。

3)排桩上部的冠梁钢筋混凝土施工应按"必知要点4:混凝土工程"的有关规定进行。

4)桩身混凝土施工可选用掺防冻剂混凝土进行。

(4)锚杆施工应符合下列规定:

1)锚杆注浆的水泥浆配制宜掺入适量的防冻剂。

2)锚杆体钢筋端头与锚板的焊接应符合"8.7　钢结构工程"的相关规定。

3)预应力锚杆张拉应待锚杆水泥浆体达到设计强度后方可进行。

(5)土钉施工应符合(4)的规定。严寒地区土钉墙混凝土面板施工应符合下列规定:

1)面板下宜铺设60～100 mm厚聚苯乙烯泡沫板。

2)浇筑后的混凝土应按"8.4　混凝土工程"的相关规定立即进行保温养护。

8.2　砌体工程

8.2.1　一般规定

（1）冬期施工所用材料应符合下列规定：

1）砖、砌块在砌筑前，应清除表面污物、冰雪等，不得使用遭水浸和受冻后表面结冰、污染的砖或砌块。

2）砌筑砂浆宜采用普通硅酸盐水泥配制，不得使用无水泥拌制的砂浆。

3）现场拌制砂浆所用砂中不得含有直径大于 10 mm 的冻结块或冰块。

4）石灰膏、电石渣膏等材料应有保温措施，遭冻结时应经融化后方可使用。

5）砂浆拌合水温不宜超过 80 ℃，砂加热温度不宜超过 40 ℃，且水泥不得与 80 ℃以上热水直接接触；砂浆稠度宜较常温适当增大，且不得二次加水调整砂浆和易性。

（2）砌筑间歇期间，宜及时在砌体表面进行保护性覆盖，砌体面层不得留有砂浆。继续砌筑前，应将砌体表面清理干净。

（3）砌体工程宜选用外加剂法进行施工，对绝缘、装饰等有特殊要求的工程，应采用其他方法。

（4）施工日记中应记录大气温度、暖棚内温度、砌筑时砂浆温度、外加剂掺量等有关资料。

（5）砂浆试块的留置，除应按常温规定要求外，尚应增设一组与砌体同条件养护的试块，用于检验转入常温 28 d 的强度。如有特殊需要，可另外增加相应龄期的同条件试块。

8.2.2　外加剂法

（1）采用外加剂法配制砂浆时，可采用氯盐或亚硝酸盐等外加剂。氯盐应以氯化钠为主，当气温低于 -15 ℃时，可与氯化钙复合使用。氯盐掺量可按表 8.2 选用。

表 8.2　氯盐外加剂掺量

氯盐及砌体材料种类		日最低气温/℃			
		≥ -10	-11 ~ -15	-16 ~ -20	-21 ~ -25
单掺氯化钠（%）	砖、砌块	3	5	7	—
	石材	4	7	10	—
复掺（%）	氯化钠	砖、砌块	—	—	5	7
	氯化钙		—	—	2	3

注：氯盐以无水盐计，掺量为占拌合水质量百分比。

（2）砌筑施工时，砂浆温度不应低于 5 ℃。

（3）当设计无要求，且最低气温等于或低于 -15 ℃时，砌体砂浆强度等级应较常温施工提高一级。

（4）氯盐砂浆中复掺引气型外加剂时,应在氯盐砂浆搅拌的后期掺入。

（5）采用氯盐砂浆时,应对砌体中配置的钢筋及钢预埋件进行防腐处理。

（6）砌体采用氯盐砂浆施工,每日砌筑高度不宜超过 1.2 m,墙体留置的洞口,距交接墙处不应小于 500 mm。

（7）下列情况不得采用掺氯盐的砂浆砌筑砌体:

1）对装饰工程有特殊要求的建筑物。

2）使用环境湿度大于 80% 的建筑物。

3）配筋、钢埋件无可靠防腐处理措施的砌体。

4）接近高压电线的建筑物（如变电所、发电站等）。

5）经常处于地下水位变化范围内,以及在地下未设防水层的结构。

8.2.3 暖棚法

（1）暖棚法适用于地下工程、基础工程以及工期紧迫的砌体结构。

（2）暖棚法施工时,暖棚内的最低温度不应低于 5 ℃。

（3）砌体在暖棚内的养护时间应根据暖棚内的温度确定,并应符合表 8.3 的规定。

表 8.3 暖棚法施工时的砌体养护时间

暖棚内温度/℃	5	10	15	20
养护时间/d	≥6	≥5	≥4	≥3

8.3 钢筋工程

8.3.1 一般规定

（1）钢筋调直冷拉温度不宜低于-20 ℃。预应力钢筋张拉温度不宜低于-15 ℃。

（2）钢筋负温焊接,可采用闪光对焊、电弧焊、电渣压力焊等方法。当采用细晶粒热轧钢筋时,其焊接工艺应经试验确定。当环境温度低于-20 ℃时,不宜进行施焊。

（3）负温条件下使用的钢筋,施工过程中应加强管理和检验,钢筋在运输和加工过程中应防止撞击和刻痕。

（4）钢筋张拉与冷拉设备、仪表和液压工作系统油液应根据环境温度选用,并应在使用温度条件下进行配套校验。

（5）当环境温度低于-20 ℃时,不得对 HRB335、HRB400 钢筋进行冷弯加工。

8.3.2 钢筋负温焊接

（1）雪天或施焊现场风速超过三级风焊接时,应采取遮蔽措施,焊接后未冷却的接头应避免碰到冰雪。

（2）热轧钢筋负温闪光对焊,宜采用预热——闪光焊或闪光——预热——闪光焊工艺。钢筋端面比较平整时,宜采用预热——闪光焊;端面不平整时,宜采用闪光——预热——闪光焊。

（3）钢筋负温闪光对焊工艺应控制热影响区长度。焊接参数应根据当地气温按常温参数调整。

采用较低变压器级数,宜增加调整长度、预热留量、预热次数、预热间歇时间和预热接触压力,并宜减慢烧化过程的中期速度。

（4）钢筋负温电弧焊宜采取分层控温施焊。热轧钢筋焊接的层间温度宜控制在150～350 ℃之间。

（5）钢筋负温电弧焊可根据钢筋牌号、直径、接头形式和焊接位置选择焊条和焊接电流。焊接时应采取防止产生过热、烧伤、咬肉和裂缝等措施。

（6）钢筋负温帮条焊或搭接焊的焊接工艺应符合下列规定:

1）帮条与主筋之间应采用四点定位焊固定,搭接焊时应采用两点固定;定位焊缝与帮条或搭接端部的距离不应小于 20 mm。

2）帮条焊的引弧应在帮条钢筋的一端开始,收弧应在帮条钢筋端头上,弧坑应填满。

3）焊接时,第一层焊缝应具有足够的熔深,主焊缝或定位焊缝应熔合良好;平焊时,第一层焊缝应先从中间引弧,再向两端运弧;立焊时,应先从中间向上方运弧,再从下端向中间运弧;在以后各层焊缝焊接时,应采用分层控温施焊。

4）帮条接头或搭接接头的焊缝厚度不应小于钢筋直径的30%,焊缝宽度不应小于钢筋直径的70%。

（7）钢筋负温坡口焊的工艺应符合下列规定:

1）焊缝根部、坡口端面以及钢筋与钢垫板之间均应熔合,焊接过程中应经常除渣。

2）焊接时,宜采用几个接头轮流施焊。

3）加强焊缝的宽度应超出 V 形坡口边缘3 mm,高度应超出 V 形坡口上下边缘3 mm,并应平缓过渡至钢筋表面。

4）加强焊缝的焊接,应分两层控温施焊。

（8）HRB335 和 HRB400 钢筋多层施焊时,焊后可采用回火焊道施焊,其回火焊道的长度应比前一层焊道的两端缩短 4～6 mm。

（9）钢筋负温电渣压力焊应符合下列规定:

1）电渣压力焊宜用于 HRB335、HRB400 热轧带肋钢筋。

2）电渣压力焊机容量应根据所焊钢筋直径选定。

3）焊剂应存放于干燥库房内,在使用前经250～300 ℃烘焙2 h 以上。

4）焊接前,应进行现场负温条件下的焊接工艺试验,经检验满足要求后方可正式作业。

5）电渣压力焊焊接参数可按表8.4进行选用。

6）焊接完毕,应停歇20 s 以上方可卸下夹具回收焊剂,回收的焊剂内不得混入冰雪,接头渣壳应待冷却后清理。

表 8.4 钢筋负温电渣压力焊焊接参数

钢筋直径/mm	焊接温度/℃	焊接电流/A	焊接电压/V		焊接通电时间/s	
			电弧过程	电渣过程	电弧过程	电渣过程
14 ~ 18	−10	300 ~ 350	35 ~ 45	18 ~ 22	20 ~ 25	6 ~ 8
	−20	350 ~ 400				
20	−10	350 ~ 400			25 ~ 30	8 ~ 10
	−20	400 ~ 450				
22	−10	400 ~ 450				
	−20	500 ~ 550				
25	−10	450 ~ 550				
	−20	550 ~ 650				

注:本表系采用常用 HJ431 焊剂和半自动焊机参数。

8.4 混凝土工程

8.4.1 一般规定

(1)冬期浇筑的混凝土,其受冻临界强度应符合下列规定:

1)采用蓄热法、暖棚法、加热法等施工的普通混凝土,采用硅酸盐水泥、普通硅酸盐水泥配制时,其受冻临界强度不应小于设计混凝土强度等级值的 30%;采用矿渣硅酸盐水泥、粉煤灰硅酸盐水泥、火山灰质硅酸盐水泥、复合硅酸盐水泥时,不应小于设计混凝土强度等级值的 40%。

2)当室外最低气温不低于−15 ℃时,采用综合蓄热法、负温养护法施工的混凝土受冻临界强度不应小于 4.0 MPa;当室外最低气温不低于−30 ℃时,采用负温养护法施工的混凝土受冻临界强度不虚小于 5.0 MPa。

3)对强度等级等于或高于 C50 的混凝土,不宜小于设计混凝土强度等级值的 30%。

4)对有抗渗要求的混凝土,不宜小于设计混凝土强度等级值的 50%。

5)对有抗冻耐久性要求的混凝土,不宜小于设计混凝土强度等级值的 70%。

6)当采用暖棚法施工的混凝土中掺入早强剂时,可按综合蓄热法受冻临界强度取值。

7)当施工需要提高混凝土强度等级时,应按提高后的强度等级确定受冻临界强度。

(2)混凝土工程冬期施工应按《建筑工程冬期施工规程》(JGJ/T 104—2011)附录 A 进行混凝土热工计算。

(3)混凝土的配制宜选用硅酸盐水泥或普通硅酸盐水泥,并应符合下列规定:

1)当采用蒸汽养护时,宜选用矿渣硅酸盐水泥。

2)混凝土最小水泥用量不宜低于 280 kg/m³,水胶比不应大于 0.55。

3)大体积混凝土的最小水泥用量,可根据实际情况决定。

4)强度等级不大于 C15 的混凝土,其水胶比和最小水泥用量可不受以上限制。

(4)拌制混凝土所用骨料应清洁,不得含有冰、雪、冻块及其他易冻裂物质。掺加含有钾、钠离子的防冻剂混凝土,不得采用活性骨料或在骨料中混有此类物质的材料。

(5)冬期施工混凝土选用外加剂应符合现行国家标准《混凝土外加剂应用技术规范》(GB 50119—2003)的相关规定。非加热养护法混凝土施工,所选用的外加剂应含有引气组分或掺入引气剂,含气量宜控制在 3.0% ~5.0% 。

(6)钢筋混凝土掺用氯盐类防冻剂时,氯盐掺量不得大于水泥质量的 1.0% 。掺用氯盐的混凝土应振捣密实,且不宜采用蒸汽养护。

(7)在下列情况下,不得在钢筋混凝土结构中掺用氯盐:

1)排出大量蒸汽的车间、浴池、游泳馆、洗衣房和经常处于空气相对湿度大于80%的房间以及有顶盖的钢筋混凝土蓄水池等在高湿度空气环境中使用的结构。

2)处于水位升降部位的结构。

3)露天结构或经常受雨、水淋的结构。

4)有镀锌钢材或铝铁相接触部位的结构,和有外露钢筋、预埋件而无防护措施的结构。

5)与含有酸、碱或硫酸盐等侵蚀介质相接触的结构。

6)使用过程中经常处于环境温度为 60 ℃以上的结构。

7)使用冷拉钢筋或冷拔低碳钢丝的结构。

8)薄壁结构,中级和重级工作制吊车梁、屋架、落锤或锻锤基础结构。

9)电解车间和直接靠近直流电源的结构。

10)直接靠近高压电源(发电站、变电所)的结构。

11)预应力混凝土结构。

(8)模板外和混凝土表面覆盖的保温层,不应采用潮湿状态的材料,也不应将保温材料直接铺盖在潮湿的混凝土表面,新浇混凝土表面应铺一层塑料薄膜。

(9)采用加热养护的整体结构,浇筑程序和施工缝位置的设置,应采取能防止产生较大温度应力的措施。当加热温度超过 45 ℃时,应进行温度应力核算。

(10)型钢混凝土组合结构,浇筑混凝土前应对型钢进行预热,预热温度宜大于混凝土入模温度,预热方法可按8.4.5 相关规定进行。

8.4.2　混凝土原材料加热、搅拌、运输和浇筑

(1)混凝土原材料加热宜采用加热水的方法。当加热水仍不能满足要求时,可对骨料进行加热。水、骨料加热的最高温度应符合表 8.5 的规定。

表 8.5　拌合水及骨料加热最高温度

水泥强度等级	拌合水/℃	骨料/℃
小于42.5	80	60
42.5、42.5R 及以上	60	40

当水和骨料的温度仍不能满足热工计算要求时,可提高水温到 100 ℃,但水泥不得与80 ℃以上的水直接接触。

（2）水加热宜采用蒸汽加热、电加热、汽水热交换罐或其他加热方法。水箱或水池容积及水温应能满足连续施工的要求。

（3）砂加热应在开盘前进行，加热应均匀。当采用保温加热料斗时，宜配备两个，交替加热使用。每个料斗容积可根据机械可装高度和侧壁厚度等要求进行设计，每一个斗的容量不宜小于 3.5 m³。

预拌混凝土用砂，应提前备足料，运至有加热设施的保温封闭储料棚（室）或仓内备用。

（4）水泥不得直接加热，袋装水泥使用前宜运入暖棚内存放。

（5）混凝土搅拌的最短时间应符合表 8.6 的规定。

表 8.6 混凝土搅拌的最短时间

混凝土坍落度/mm	搅拌机容积/L	混凝土搅拌最短时间/s
≤80	<250	90
	250～500	135
	>500	180
>80	<250	90
	250～500	90
	>500	135

注：采用自落式搅拌机时，应较上表搅拌时间延长 30～60 s；采用预拌混凝土时，应较常温下预拌混凝土搅拌时间延长 15～30 s。

（6）混凝土在运输、浇筑过程中的温度和覆盖的保温材料，应按《建筑工程冬期施工规程》（JGJ/T 104—2011）附录 A 进行热工计算后确定，且入模温度不应低于 5 ℃。当不符合要求时，应采取措施进行调整。

（7）混凝土运输与输送机具应进行保温或具有加热装置。泵送混凝土在浇筑前应对泵管进行保温，并应采用与施工混凝土同配比砂浆进行预热。

（8）混凝土浇筑前，应清除模板和钢筋上的冰雪和污垢。

（9）冬期不得在强冻胀性地基土上浇筑混凝土；在弱冻胀性地基土上浇筑混凝土时，基土不得受冻。在非冻胀性地基土上浇筑混凝土时，混凝土受冻临界强度应符合 8.4.1 中（1）的规定。

（10）大体积混凝土分层浇筑时，已浇筑层的混凝土在未被上一层混凝土覆盖前，温度不应低于 2 ℃。采用加热法养护混凝土时，养护前的混凝土温度也不得低于 2 ℃。

8.4.3 混凝土蓄热法和综合蓄热法养护

（1）当室外最低温度不低于-15 ℃时，地面以下的工程，或表面系数不大于 5 m⁻¹ 的结构，宜采用蓄热法养护。对结构易受冻的部位，应加强保温措施。

（2）当室外最低气温不低于-15 ℃时，对于表面系数为 5～15 m⁻¹ 的结构，宜采用综合蓄热法养护，围护层散热系数宜控制在 50～200 kJ/(m³·h·K) 之间。

（3）综合蓄热法施工的混凝土中应掺入早强剂或早强型复合外加剂，并应具有减水、引气作用。

（4）混凝土浇筑后应采用塑料布等防水材料对裸露表面覆盖并保温。对边、棱角部位的保温层厚度应增大到面部位的 2~3 倍。混凝土在养护期间应防风、防失水。

8.4.4　混凝土蒸汽养护法

（1）混凝土蒸汽养护法可采用棚罩法、蒸汽套法、热模法、内部通汽法等方式进行，其适用范围应符合下列规定：

1）棚罩法适用于预制梁、板、地下基础、沟道等。

2）蒸汽套法适用于现浇梁、板、框架结构，墙、柱等。

3）热模法适用于墙、柱及框架结构。

4）内部通汽法适用于预制梁、柱、桁架，现浇梁、柱、框架单梁。

（2）蒸汽养护法应采用低压饱和蒸汽，当工地有高压蒸汽时，应通过减压阀或过水装置后方可使用。

（3）蒸汽养护的混凝土，采用普通硅酸盐水泥时最高养护温度不得超过 80 ℃，采用矿渣硅酸盐水泥时可提高到 85 ℃。但采用内部通汽法时，最高加热温度不应超过 60 ℃。

（4）整体浇筑的结构，采用蒸汽加热养护时，升温和降温速度不得超过表 8.7 的规定。

表 8.7　蒸汽加热养护混凝土升温和降温速度

结构表面系数/m^{-1}	升温速度/(℃·h^{-1})	降温速度/(℃·h^{-1})
≥6	15	10
<6	10	5

（5）蒸汽养护应包括升温——恒温——降温三个阶段，各阶段加热延续时间可根据养护结束时要求的强度确定。

（6）采用蒸汽养护的混凝土，可掺入早强剂或非引气型减水剂。

（7）蒸汽加热养护混凝土时，应排除冷凝水，并应防止渗入地基土中。当有蒸汽喷出口时，喷嘴与混凝土外露面的距离不得小于 300 mm。

8.4.5　电加热法养护混凝土

（1）电加热法养护混凝土的温度应符合表 8.8 的规定。

表 8.8　电加热法养护混凝土的温度(℃)

水泥强度等级	结构表面系数/m^{-1}		
	<10	10~15	>15
32.5	70	50	45
42.5	40	40	35

注：采用红外线辐射加热时，其辐射表面温度可采用 70~90℃。

（2）电极加热法养护混凝土的适用范围宜符合表8.9的规定。

表8.9　电极加热法养护混凝土的适用范围

分类		常用电极规格	设置方法	适用范围
内部电极	棒形电极	φ6~12的钢筋短棒	混凝土浇筑后，将电极穿过模板或在混凝土表面插入混凝土体内	梁、柱、厚度大于150 mm的板、墙及设备基础
	弦形电极	φ6~12的钢筋，长为2.0~2.5 m	在浇筑混凝土前将电极装入，与结构纵向平行。电极两端弯成直角，由模板孔引出	含筋较少的墙、柱、梁、大型柱基础以及厚度大于200 mm单侧配筋的板
表面电极		φ6钢筋或厚1~2 mm、宽30~60 mm的扁钢	电极固定在模板内侧，或装在混凝土的外表面	条形基础、墙及保护层大于50 mm的大体积结构和地面等

（3）混凝土采用电极加热法养护应符合下列规定：

1）电路接好应经检查合格后方可合闸送电。当结构工程量较大，需边浇筑边通电时，应将钢筋接地线。电加热现场应设安全围栏。

2）棒形和弦形电极应固定牢固，并不得与钢筋直接接触。电极与钢筋之间的距离应符合表8.10的规定；当因钢筋密度大而不能保证钢筋与电极之间的距离满足表8.10的规定时，应采取绝缘措施。

表8.10　电极与钢筋之间的距离

工作电压/V	最小距离/mm
65.0	50~70
87.0	80~100
106.0	120~150

3）电极加热法应采用交流电。电极的形式、尺寸、数量及配置应能保证混凝土各部位加热均匀，且应加热到设计的混凝土强度标准值的50%。在电极附近的辐射半径方向每隔10 mm距离的温度差不得超过1 ℃。

4）电极加热应在混凝土浇筑后立即送电，送电前混凝土表面应保温覆盖。混凝土在加热养护过程中，洒水应在断电后进行。

（4）混凝土采用电热毯法养护应符合下列规定：

1）电热毯宜由四层玻璃纤维布中间夹以电阻丝制成。其几何尺寸应根据混凝土表面或模板外侧与龙骨组成的区格大小确定。电热毯的电压宜为60~80 V，功率宜为75~100 W。

2）布置电热毯时，在模板周边的各区格应连续布毯，中间区格可间隔布毯，并应与对面模板错开。电热毯外侧应设置岩棉板等性质的耐热保温材料。

3）电热毯养护的通电持续时间应根据气温及养护温度确定，可采取分段、间断或连续通电养护工序。

(5)混凝土采用工频涡流法养护应符合下列规定：

1)工频涡流法养护的涡流管应采用钢管,其直径宜为 12.5 mm,壁厚宜为 3 mm。钢管内穿铝芯绝缘导线,其截面宜为 25~35 mm²,技术参数宜符合表 8.11 的规定。

表 8.11　工频涡流管技术参数

项目	取值
饱和电压降值/(V·m⁻¹)	1.05
饱和电流值/A	200
钢管极限功率/(W·m⁻¹)	195
涡流管间距/mm	150~250

2)各种构件涡流模板的配置应通过热工计算确定,也可按下列规定配置：

①柱:四面配置。

②梁:当高宽比大于 2.5 时,侧模宜采用涡流模板,底模宜采用普通模板;当高宽比小于等于 2.5 时,侧模和底模皆宜采用涡流模板。

③墙板:距墙板底部 600 mm 范围内,应在两侧对称拼装涡流板;600 mm 以上部位,应在两侧采用涡流和普通钢模交错拼装,并应使涡流模板对应面为普通模板。

④梁、柱节点:可将涡流钢管插入节点内,钢管总长度应根据混凝土量按 6.0 kW/m³ 功率计算;节点外围应保温养护。

3)当采用工频涡流法养护时,各阶段送电功率应使预养与恒温阶段功率相同,升温阶段功率应大于预养阶段功率的 2.2 倍。预养、恒温阶段的变压器一次接线为 Y 形,升温阶段接线应为 △ 形。

(6)线圈感应加热法养护宜用于梁、柱结构,以及各种装配式钢筋混凝土结构的接头混凝土的加热养护;亦可用于型钢混凝土组合结构的钢体、密筋结构的钢筋和模板预热,以及受冻混凝土结构构件的解冻。

(7)混凝土采用线圈感应加热养护应符合下列规定：

1)变压器宜选择 50 kVA 或 100 kVA 低压加热变压器,电压宜在 36~110 V 间调整。当混凝土量较少时,也可采用交流电焊机。变压器的容量宜比计算结果增加 20% ~ 30%。

2)感应线圈宜选用截面面积为 35 mm² 铝质或铜质电缆,加热主电缆的截面面积宜为 150 mm²。电流不宜超过 400 A。

3)当缠绕感应线圈时,宜靠近钢模板。构件两端线圈导线的间距应比中间加密一倍,加密范围宜由端部开始向内至一个线圈直径的长度为止。端头应密缠 5 圈。

4)最高电压值宜为 80 V,新电缆电压值可采用 100 V,但应确保接头绝缘。养护期间电流不得中断,并应防止混凝土受冻。

5)通电后应采用钳形电流表和万能表随时检查测定电流,并应根据具体情况随时调整参数。

(8)采用电热红外线加热器对混凝土进行辐射加热养护,宜用于薄壁钢筋混凝土结构和装配式钢筋混凝土结构接头处混凝土加热,加热温度应符合1)的规定。

8.4.6　暖棚法施工

(1)暖棚法施工适用于地下结构工程和混凝土构件比较集中的工程。

(2)暖棚法施工应符合下列规定:

1)应设专人监测混凝土及暖棚内温度,暖棚内各测点温度不得低于5 ℃。测温点应选择具有代表性位置进行布置,在离地面500 mm 高度处应设点,每昼夜测温不应少于4次。

2)养护期间应监测暖棚内的相对湿度,混凝土不得有失水现象,否则应及时采取增湿措施或在混凝土表面洒水养护。

3)暖棚的出入口应设专人管理,并应采取防止棚内下降或引起风口处混凝土受冻的措施。

4)在混凝土养护期间应将烟或燃烧气体排至棚外,并应采取防止烟气中毒和防火的措施。

8.4.7　负温养护法

(1)混凝土负温养护法适用于不易加热保温,且对强度增长要求不高的一般混凝土结构工程。

(2)负温养护法施工的混凝土,应以浇筑后5 d 内的预计日最低气温来选用防冻剂,起始养护温度不应低于5 ℃。

(3)混凝土浇筑后,裸露表面应采取保湿措施;同时,应根据需要采取必要的保温覆盖措施。

(4)负温养护法施工应按8.4.9中(3)规定加强测温;混凝土内部温度降到防冻剂规定温度之前,混凝土的抗压强度应符合8.4.1中(1)的规定。

8.4.8　硫铝酸盐水泥混凝土负温施工

(1)硫铝酸盐水泥混凝土可在不低于-25 ℃环境下施工,适用于下列工程:

1)工业与民用建筑工程的钢筋混凝土梁、柱、板、墙的现浇结构。

2)多层装配式结构的接头以及小截面和薄壁结构混凝土工程。

3)抢修、抢建工程及有硫酸盐腐蚀环境的混凝土工程。

(2)使用条件经常处于温度高于80 ℃的结构部位或有耐火要求的结构工程,不宜采用硫铝酸盐水泥混凝土施工。

(3)硫铝酸盐水泥混凝土冬期施工可选用$NaNO_2$防冻剂或$NaNO_2$与Li_2CO_3复合防冻剂,其掺量可按表8.12 选用。

(4)拼装接头或小截面构件、薄壁结构施工时,应适当提高拌合物温度,并应加强保温措施。

(5)硫铝酸盐水泥可与硅酸盐类水泥混合使用,硅酸盐类水泥的掺用比例应小于10%。

表 8.12　硫铝酸盐水泥用防冻剂掺量表

环境最低气温/℃		≥-5	-5 ~ -15	-15 ~ -25
单掺 NaNO$_2$/%		0.50 ~ 1.00	1.00 ~ 3.00	3.00 ~ 4.00
复掺 NaNO$_2$ 与 Li$_2$CO$_3$/%	NaNO$_2$	0.00 ~ 1.00	1.00 ~ 2.00	2.00 ~ 4.00
	Li$_2$CO$_3$	0.00 ~ 0.02	0.02 ~ 0.05	0.05 ~ 0.10

注:防冻剂掺量按水泥质量百分比计。

(6)硫铝酸盐水泥混凝土可采用热水拌合,水温不宜超过 50 ℃,拌合物温度宜为 5 ~ 15 ℃,坍落度应比普通混凝土增加 10 ~ 20 mm。水泥不得直接加热或直接与 30 ℃ 以上热水接触。

(7)采用机械搅拌和运输车运输,卸料时应将搅拌筒及运输车内混凝土排空,并应根据混凝土凝结时间情况,及时清洗搅拌机和运输车。

(8)混凝土应随拌随用,并应在拌制结束 30 min 内浇筑完毕,不得二次加水拌合使用。混凝土入模温度不得低于 2 ℃。

(9)混凝土浇筑后,应立即在混凝土表面覆盖一层塑料薄膜防止失水,并应根据气温情况及时覆盖保温材料。

(10)混凝土养护不宜采用电热法或蒸汽法。当混凝土结构体积较小时,可采用暖棚法养护,但养护温度不宜高于 30 ℃;当混凝土结构体积较大时,可采用蓄热法养护。

(11)模板和保温层的拆除应符合 8.4.9 中(6)的规定。

8.4.9　混凝土质量控制及检查

(1)混凝土冬期施工质量检查除应符合现行国家标准《混凝土结构工程施工质量验收规范(2010 年版)》(GB 50204—2002)以及国家现行有关标准规定外,尚应符合下列规定:

1)应检查外加剂质量及掺量;外加剂进入施工现场后应进行抽样检验,合格后方准使用。

2)应根据施工方案确定的参数检查水、骨料、外加剂溶液和混凝土出机、浇筑、起始养护时的温度。

3)应检查混凝土从入模到拆除保温层或保温模板期间的温度。

4)采用预拌混凝土时,原材料、搅拌、运输过程中的温度检查及混凝土质量检查应由预拌混凝土生产企业进行,并应将记录资料提供给施工单位。

(2)施工期间的测温项目与频次应符合表 8.13 规定。

(3)混凝土养护期间的温度测量应符合下列规定:

1)采用蓄热法或综合蓄热法时,在达到受冻临界强度之前应每隔 4 ~ 6 h 测量一次。

2)采用负温养护法时,在达到受冻临界强度之前应每隔 2 h 测量一次。

3)采用加热法时,升温和降温阶段应每隔 1 h 测量一次,恒温阶段每隔 2 h 测量一次。

4)混凝土在达到受冻临界强度后,可停止测温。

5) 大体积混凝土养护期间的温度测量尚应符合现行国家标准《大体积混凝土施工规范》(GB 50496—2009)的相关规定。

表 8.13　施工期间的测温项目与频次

测温项目	频次
室外气温	测量最高、最低气温
环境温度	每昼夜不少于 4 次
搅拌机棚温度	每一工作班不少于 4 次
水、水泥、矿物掺合料、砂、石及外加剂溶液温度	每一工作班不少于 4 次
混凝土出机、浇筑、入模温度	每一工作班不少于 4 次

(4) 养护温度的测量方法应符合下列规定:

1) 测温孔应编号,并应绘制测温孔布置图,现场应设置明显标识。

2) 测温时,测温元件应采取措施与外界气温隔离;测温元件测量位置应处于结构表面下 20 mm 处,留置在测温孔内的时间不应少于 3 min。

3) 采用非加热法养护时,测温孔应设置在易于散热的部位;采用加热法养护时,应分别设置在离热源不同的位置。

(5) 混凝土质量检查应符合下列规定:

1) 应检查混凝土表面是否受冻、粘连、收缩裂缝,边角是否脱落,施工缝处有无受冻痕迹。

2) 应检查同条件养护试块的养护条件是否与结构实体相一致。

3) 按《建筑工程冬期施工规程》(JGJ/T 104—2011)附录 B 成熟度法推定混凝土强度时,应检查测温记录与计算公式要求是否相符。

4) 采用电加热养护时,应检查供电变压器二次电压和二次电流强度,每一工作班不应少于两次。

(6) 模板和保温层在混凝土达到要求强度并冷却到 5 ℃后方可拆除。拆模时混凝土表面与环境温差大于 20 ℃时,混凝土表面应及时覆盖,缓慢冷却。

8.5　保温及屋面防水工程

8.5.1　一般规定

(1) 保温工程、屋面防水工程冬期施工应选择晴朗天气进行,不得在雨、雪天和五级风及其以上或基层潮湿、结冰、霜冻条件下进行。

(2) 保温及屋面工程应依据材料性能确定施工气温界限,最低施工环境气温宜符合表 8.14 的规定。

表8.14 保温及屋面工程施工环境气温要求

防水与保温材料	施工环境气温
黏结保温板	有机胶粘剂不低于−10 ℃；无机胶粘剂不低于5 ℃
现喷硬泡聚氨酯	15 ~ 30 ℃
高聚物改性沥青防止卷材	热熔法不低于−10 ℃
合成高分子防水卷材	冷粘不低于5 ℃；焊接法不低于−10 ℃
高聚物改性沥青防水涂料	溶剂型不低于5 ℃；热熔型不低于−10 ℃
合成高分子防水涂料	溶剂型不低于−5 ℃
防水混凝土、防水砂浆	符合《建筑工程冬期施工规程》(JGJ/T 104—2011)混凝土、砂浆相关规定
改性石油沥青密封材料	不低于0 ℃
合成高分子密封材料	溶剂型不低于0 ℃

（3）保温与防水材料进场后，应存放于通风、干燥的暖棚内，并严禁接近火源和热源。棚内温度不宜低于0 ℃，且不得低于表8.14规定的温度。

（4）屋面防水施工时，应先做好排水比较集中的部位，凡节点部位均应加铺一层附加层。

（5）施工时，应合理安排隔气层、保温层、找平层、防水层的各项工序，连续操作，已完成部位应及时覆盖，防止受潮与受冻。穿过屋面防水层的管道、设备或预埋件，应在防水施工前安装完毕并做好防水处理。

8.5.2 外墙外保温工程施工

（1）外墙外保温工程冬期施工宜采用EPS板薄抹灰外墙外保温系统、EPS板现浇混凝土外墙外保温系统或EPS钢丝网架板现浇混凝土外墙外保温系统。

（2）建筑外墙外保温工程冬期施工最低温度不应低于−5 ℃。

（3）外墙外保温工程施工期间以及完工后24 h内，基层及环境空气温度不应低于5 ℃。

（4）进场的EPS板胶黏剂、聚合物抹面胶浆应存放于暖棚内。液态材料不得受冻，粉状材料不得受潮，其他材料应符合本节有关规定。

（5）EPS板薄抹灰外墙外保温系统应符合下列规定：

1）应采用低温型EPS板胶黏剂和低温型聚合物抹面胶浆，并应按产品说明书要求进行使用。

2）低温型EPS板胶黏剂和低温型EPS板聚合物抹面胶浆的性能应符合表8.15和表8.16的规定。

表 8.15 低温型 EPS 板胶黏剂技术指标

试验项目		性能指标
拉伸黏结强度/MPa（与水泥砂浆）	原强度	≥0.60
	耐水	≥0.40
拉伸黏结强度/MPa（与 EPS 板）	原强度	≥0.10,破坏界面在 EPS 板上
	耐水	≥0.10,破坏界面在 EPS 板上

表 8.16 低温型 EPS 板聚合物抹面胶浆技术指标

试验项目		性能指标
拉伸黏结强度/MPa（与 EPS 板）	原强度	≥0.10,破坏界面在 EPS 板上
	耐水	≥0.10,破坏界面在 EPS 板上
	耐冻融	≥0.10,破坏界面在 EPS 板上
柔韧性	抗压强度/抗折强度	≤3.00

注:低温型胶黏剂与聚合物抹面胶浆检验方法与常温一致,试件养护温度取施工环境温度。

3)胶黏剂和聚合物抹面胶浆拌合温度皆应高于 5 ℃,聚合物抹面胶浆拌合水温度不宜大于 80 ℃,且不宜低于 40 ℃。

4)拌合完毕的 EPS 板胶黏剂和聚合物抹面胶浆每隔 15 min 搅拌一次,1 h 内使用完毕。

5)施工前应按常温规定检查基层施工质量,并确保干燥、无结冰、霜冻。

6)EPS 板粘贴应保证有效粘贴面积大于 50%。

7)EPS 板粘贴完毕后,应养护至表 8-15、表 8.16 规定强度后方可进行面层薄抹灰施工。

(6)EPS 板现浇混凝土外墙外保温系统和 EPS 钢丝网架板现浇混凝土外墙外保温系统冬期施工应符合下列规定:

1)施工前应经过试验确定负温混凝土配合比,选择合适的混凝土防冻剂。

2)EPS 板内外表面应预先在暖棚内喷刷界面砂浆。

3)EPS 板现浇混凝土外墙外保温系统和 EPS 钢丝网架板现浇混凝土外墙外保温系统的外抹面层施工应符合"8.6 建筑装饰装修工程"的有关规定,抹面抗裂砂浆中可掺入非氯盐类砂浆防冻剂。

4)抹面层厚度应均匀,钢丝网应完全包覆于抹面层中;分层抹灰时,底层灰不得受冻,抹灰砂浆在硬化初期应采取保温措施。

(7)其他施工技术要求应符合现行行业标准《外墙外保温工程技术规程》(JGJ 144—2004)的相关规定。

8.5.3 屋面保温工程施工

(1)屋面保温材料应符合设计要求,且不得含有冰雪、冻块和杂质。

（2）干铺的保温层可在负温下施工；采用沥青胶结的保温层应在气温不低于-10 ℃时施工；采用水泥、石灰或其他胶结料胶结的保温层应在气温不低于5 ℃时施工。当气温低于上述要求时，应采取保温、防冻措施。

（3）采用水泥砂浆粘贴板状保温材料以及处理板间缝隙，可采用掺有防冻剂的保温砂浆。防冻剂掺量应通过试验确定。

（4）干铺的板状保温材料在负温施工时，板材应在基层表面铺平垫稳，分层铺设。板块上下层缝应相互错开，缝间隙应采用同类材料的碎屑填嵌密实。

（5）倒置式屋面所选用材料应符合设计及《建筑工程冬期施工规程》（JGJ/T 104—2011）相关规定，施工前应检查防水层平整度及有无结冰、霜冻或积水现象，满足要求后方可施工。

8.5.4　屋面防水工程施工

（1）屋面找平层施工应符合下列规定：

1）找平层应牢固坚实、表面无凹凸、起砂、起鼓现象。如有积雪、残留冰霜、杂物等应清扫干净，并应保持干燥。

2）找平层与女儿墙、立墙、天窗壁、变形缝、烟囱等突出屋面结构的连接处，以及找平层的转角处、水落口、檐口、天沟、檐沟、屋脊等均应做成圆弧。采用沥青防水卷材的圆弧，半径宜为100~150 mm；采用高聚物改性沥青防水卷材，圆弧半径宜为50 mm；采用合成高分子防水卷材，圆弧半径宜为20 mm。

（2）采用水泥砂浆或细石混凝土找平层时，应符合下列规定：

1）应依据气温和养护温度要求掺入防冻剂，且掺量应通过试验确定。

2）采用氯化钠作为防冻剂时，宜选用普通硅酸盐水泥或矿渣硅酸盐水泥，不得使用高铝水泥。施工温度不应低于-7 ℃。氯化钠掺量可按表8.17采用。

表8.17　氯化钠掺量

施工时室外气温/℃		-2~0	-5~-3	-7~-6
氯化钠掺量 （占水泥质量百分比/%）	用于平面部位	2	4	6
	用于檐口、天沟等部位	3	5	7

（3）找平层宜留设分格缝，缝宽宜为20 mm，并应填充密封材料。当分格缝兼作排汽屋面的排汽道时，可适当加宽，并应与保温层连通。找平层表面宜平整，平整度不应超过5 mm，且不得有酥松、起砂、起皮现象。

（4）高聚物改性沥青防水卷材、合成高分子防水卷材、高聚物改性沥青防水涂料、合成高分子防水涂料等防水材料的物理性能应符合现行国家标准《屋面工程质量验收规范》（GB 50207—2012）的相关规定。

（5）热熔法施工宜使用高聚物改性沥青防水卷材，并应符合下列规定：

1）基层处理剂宜使用挥发快的溶剂，涂刷后应干燥10 h以上，并应及时铺贴。

2）水落口、管根、烟囱等容易发生渗漏部位的周围200 mm范围内，应涂刷一遍聚氨酯等溶剂型涂料。

3)热熔铺贴防水层应采用满粘法。当坡度小于3%时,卷材与屋脊应平行铺贴;坡度大于15%时卷材与屋脊应垂直铺贴;坡度为3%～15%时,可平行或垂直屋脊铺贴。铺贴时应喷灯或热喷枪均匀加热基层和卷材,喷灯或热喷枪距卷材的距离宜为0.5 m,不得过热或烧穿,应待卷材表面熔化后,缓缓地滚铺铺贴。

4)卷材搭接应符合设计规定。当设计无规定时,横向搭接宽度宜为120 mm,纵向搭接宽度宜为100 mm。搭接时应采用喷灯或热喷枪加热搭接部位,趁卷材熔化尚未冷却时,用铁抹子把接缝边抹好,再用喷灯或热喷枪均匀细致地密封。平面与立面相连接的卷材,应由上向下压缝铺贴,并应使卷材紧贴阴角,不得有空鼓现象。

5)卷材搭接缝的边缘以及末端收头部位应以密封材料嵌缝处理,必要时也可在经过密封处理的末端接头处再用掺防冻剂的水泥砂浆压缝处理。

(6)热熔法铺贴卷材施工安全应符合下列规定:

1)易燃性材料及辅助材料库和现场严禁烟火,并应配备适当灭火器材。

2)溶剂型基层处理剂未充分挥发前不得使用喷灯或热喷枪操作;操作时应保持火焰与卷材的喷距,严防火灾发生。

3)在大坡度屋面或挑檐等危险部位施工时,施工人员应系好安全带,四周应设防护措施。

(7)冷黏法施工宜采用合成高分子防水卷材。胶黏剂应采用密封桶包装,储存在通风良好的室内,不得接近火源和热源。

(8)冷黏法施工应符合下列规定:

1)基层处理时应将聚氨酯涂膜防水材料的甲料:乙料:二甲苯按1:1.5:3的比例配合,搅拌均匀,然后均匀涂布在基层表面上,干燥时间不应少于10 h。

2)采用聚氨酯涂料做附加层处理时,应将聚氨酯甲料和乙料按1:1.5的比例配合搅拌均匀,再均匀涂刷在阴角、水落口和通气口根部的周围,涂刷边缘与中心的距离不应小于200 mm,厚度不应小于1.5 mm,并应在固化36 h以后,方能进行下一工序施工。

3)铺贴立面或大坡面合成高分子防水卷材宜用满黏法。胶黏剂应均匀涂刷在基层或卷材底面,并应根据其性能,控制涂刷与卷材铺贴的间隔时间。

4)铺贴的卷材应平整顺直黏结牢固,不得有皱折。搭接尺寸应准确,并应辊压排除卷材下面的空气。

5)卷材铺好压黏后,应及时处理搭接部位。并应采用与卷材配套的接缝专用胶黏剂,在搭接缝黏合面上涂刷均匀。根据专用胶黏剂的性能,应控制涂刷与黏合间隔时间,排除空气、辊压黏结牢固。

6)接缝口应采用密封材料封严,其宽度不应小于10 mm。

(9)涂膜屋面防水施工应选用溶剂型合成高分子防水涂料。涂料进场后,应储存于干燥、通风的室内,环境温度不宜低于0 ℃,并应远离火源。

(10)涂膜屋面防水施工应符合下列规定:

1)基层处理剂可选用有机溶剂稀释而成。使用时应充分搅拌,涂刷均匀,覆盖完全,干燥后方可进行涂膜施工。

2)涂膜防水应由两层以上涂层组成,总厚度应达到设计要求,其成膜厚度不应小于

2 mm。

3)可采用涂刮或喷涂施工。当采用涂刮施工时,每遍涂刮的推进方向宜与前一遍互相垂直,并应在前一遍涂料干燥后,方可进行后一遍涂料的施工。

4)使用双组分涂料时应按配合比正确计量,搅拌均匀,已配成的涂料及时使用。配料时可加入适量的稀释剂,但不得混入固化涂料。

5)在涂层中夹铺胎体增强材料时,位于胎体下面的涂层厚度不应小于 1 mm,最上层的涂料层不应少于两遍。胎体长边搭接宽度不得小于 50 mm,短边搭接宽度不得小于 70 mm。采用双层胎体增强材料时,上下层不得互相垂直铺设,搭接缝应错开,间距不应小于一个幅面宽度的 1/3。

6)天沟、檐沟、檐口、泛水等部位,均应加铺有胎体增强材料的附加层。水落口周围与屋面交接处,应作密封处理,并应加铺两层有胎体增强材料的附加层,涂膜伸入水落口的深度不得小于 50 mm,涂膜防水层的收头应用密封材料封严。

7)涂膜屋面防水工程在涂膜层固化后应做保护层。保护层可采用分格水泥砂浆或细石混凝土或块材等。

(11)隔气层可采用气密性好的单层卷材或防水涂料。冬期施工采用卷材时,可采用花铺法施工,卷材搭接宽度不应小于 80 mm;采用防水涂料时,宜选用溶剂型涂料。隔气层施工的温度不应低于 −5 ℃。

8.6   建筑装饰装修工程

8.6.1   一般规定

(1)室外建筑装饰装修工程施工不得在五级及以上大风或雨、雪天气下进行。施工前,应采取挡风措施。

(2)外墙饰面板、饰面砖以及马赛克饰面工程采用湿贴法作业时,不宜进行冬期施工。

(3)外墙抹灰后需进行涂料施工时,抹灰砂浆内所掺的防冻剂品种应与所选用的涂料材质相匹配,具有良好的相溶性,防冻剂掺量和使用效果应通过试验确定。

(4)装饰装修施工前,应将墙体基层表面的冰、雪、霜等清理干净。

(5)室内抹灰前,应提前做好屋面防水层、保温层及室内封闭保温层。

(6)室内装饰施工可采用建筑物正式热源、临时性管道或火炉、电气取暖。若采用火炉取暖时,应采取预防煤气中毒的措施。

(7)室内抹灰、块料装饰工程施工与养护期间的温度不应低于 5 ℃。

(8)冬期抹灰及粘贴面砖所用砂浆应采取保温、防冻措施。室外用砂浆内可掺入防冻剂,其掺量应根据施工及养护期间环境温度经试验确定。

(9)室内粘贴壁纸时,其环境温度不宜低于 5 ℃。

8.6.2　抹灰工程

（1）室内抹灰的环境温度不应低于5℃。抹灰前,应将门口和窗口、外墙脚手眼或孔洞等封堵好,施工洞口、运料口及楼梯间等处应封闭保温。

（2）砂浆应在搅拌棚内集中搅拌,并应随用随拌,运输过程中应进行保温。

（3）室内抹灰工程结束后,在7 d以内应保持室内温度不低于5℃。当采用热空气加温时,应注意通风,排除湿气。当抹灰砂浆中掺入防冻剂时,温度可相应降低。

（4）室外抹灰采用冷作法施工时,可使用掺防冻剂水泥砂浆或水泥混合砂浆。

（5）含氯盐的防冻剂不宜用于有高压电源部位和有油漆墙面的水泥砂浆基层内。

（6）砂浆防冻剂的掺量应按使用温度与产品说明书的规定经试验确定。当采用氯化钠作为砂浆防冻剂时,其掺量可按表8.18选用。当采用亚硝酸钠作为砂浆防冻剂时,其掺量可按表8.19选用。

表8.18　砂浆内氯化钠掺量

室外气温/℃		−5~0	−10~−5
氯化钠掺量(占拌合水质量百分比,%)	挑檐、阳台、雨罩、墙面等抹水泥砂浆	4	4~8
	墙面为水刷石、干粘石水泥砂浆	5	5~10

表8.19　砂冰镇内亚硝酸钠掺量

室外温度/℃	−3~0	−9~−4	−15~−10	−20~−16
亚硝酸钠掺量(占水泥质量百分比/%)	1	3	5	8

（7）当抹灰基层表面有冰、霜、雪时,可采用与抹灰砂浆同浓度的防冻剂溶剂冲刷,并应清除表面的尘土。

（8）当施工要求分层抹灰时,底层灰不得受冻。抹灰砂浆在硬化初期应采取防止受冻的保温措施。

8.6.3　油漆、刷浆、裱糊、玻璃工程

（1）油漆、刷浆、裱糊、玻璃工程应在采暖条件下进行施工。当需要在室外施工时,其最低环境温度不应低于5℃。

（2）刷调合漆时,应在其内加入调合漆质量2.5%的催干剂和5.0%的松香水,施工时应排除烟气和潮气,防止失光和发黏不干。

（3）室外喷、涂、刷油漆、高级涂料时应保持施工均衡。粉浆类料浆宜采用热水配制,随用随配并应将料冻保温,料浆使用温度宜保持15℃左右。

（4）裱糊工程施工时,混凝土或抹灰基层含水率不应大于8%。施工中当室内温度高于20℃,且相对湿度大于80%时,应开窗换气,防止壁纸皱折起泡。

（5）玻璃工程施工时,应将玻璃、镶嵌用合成橡胶等材料运到有采暖设备的室内,施工环境温度不宜低于5℃。

(6)外墙铝合金、塑料框、大扇玻璃不宜在冬期安装。

8.7　钢结构工程

8.7.1　一般规定

(1)在负温下进行钢结构的制作和安装时,应按照负温施工的要求,编制钢结构制作工艺规程和安装施工组织设计文件。

(2)钢结构制作和安装采用的钢尺和量具,应和土建单位使用的钢尺和量具相同,并应采用同一精度级别进行鉴定。土建结构和钢结构应采取不同的温度膨胀系数差值调整措施。

(3)钢构件在正温下制作,负温下安装时,施工中应采取相应调整偏差的技术措施。

(4)参加负温钢结构施工的电焊工应经过负温焊接工艺培训,并应取得合格证,方能参加钢结构的负温焊接工作。定位点焊工作应由取得定位点焊合格证的电焊工来担任。

8.7.2　材料

(1)冬期施工宜采用 Q345 钢、Q390 钢、Q420 钢,其质量应分别符合国家现行标准的规定。

(2)负温下施工用钢材,应进行负温冲击韧性试验,合格后方可使用。

(3)负温下钢结构的焊接梁、柱接头板厚大于 40 mm,且在板厚方向承受拉力作用时,钢材板厚方向的伸长率应符合现行国家标准《厚度方向性能钢筋》(GB/T 5313—2010)的规定。

(4)负温下施工的钢铸件应按现行国家标准《一般工程用铸造碳钢件》(GB/T 11352—2009)中规定的 ZG200-400、ZG230-450、ZG270-500、ZG310-570 号选用。

(5)钢材及有关连接材料应附有质量证明书,性能应符合设计和产品标准的要求。根据负温下结构的重要性、荷载特征和连接方法,应按国家标准的规定进行复验。

(6)负温下钢结构焊接用的焊条、焊丝应在满足设计强度要求的前提下,选择屈服强度较低、冲击韧性较好的低氢型焊条,重要结构可采用高韧性超低氢型焊条。

(7)负温下钢结构用低氢型焊条烘焙温度宜为 350 ~ 380 ℃,保温时间宜为 1.5 ~ 2 h,烘焙后应缓冷存放在 110 ~ 120 ℃烘箱内,使用时应取出放在保温筒内,随用随取。当负温下使用的焊条外露超过 4 h 时,应重新烘焙。焊条的烘焙次数不宜超过 2 次,受潮的焊条不应使用。

(8)焊剂在使用前应按照质量证明书的规定进行烘焙,其含水量不得大于 0.1%。在负温下露天进行焊接工作时,焊剂重复使用的时间间隔不得超过 2 h,当超过时应重新进行烘焙。

(9)气体保护焊采用的二氧化碳,气体纯度按体积比计不宜低于 99.5%,含水量按质量比计不得超过 0.005%。

使用瓶装气体时,瓶内气体压力低于 1 MPa 时应停止使用。在负温下使用时,要检查瓶嘴有无冰冻堵塞现象。

（10）在负温下钢结构使用的高强螺栓、普通螺栓应有产品合格证，高强螺栓应在负温下进行扭矩系数、轴力的复验工作，符合要求后方能使用。

（11）钢结构使用的涂料应符合负温下涂刷的性能要求，不得使用水基涂料。

（12）负温下钢结构基础锚栓施工时，应保护好锚栓螺纹端，不宜进行现场对焊。

8.7.3　钢结构制作

（1）钢结构在负温下放样时，切割、铣刨的尺寸，应考虑负温对钢材收缩的影响。

（2）端头为焊接接头的构件下料时，应根据工艺要求预留焊缝收缩量，多层框架和高层钢结构的多节柱应预留荷载使柱子产生的压缩变形量。焊接收缩量和压缩变形量应与钢材在负温下产生的收缩变形时相协调。

（3）形状复杂和要求在负温下弯曲加工的构件，应按制作工艺规定的方向取料。弯曲构件的外侧不应有大于 1 mm 的缺口和伤痕。

（4）普通碳素结构钢工作地点温度低于-20 ℃、低合金钢工作地点温度低于-15 ℃时不得剪切、冲孔，普通碳素结构钢工作地点温度低于-16 ℃、低合金结构钢工作地点温度低于-12 ℃时不得进行冷矫正和冷弯曲。当工作地点温度低于-30 ℃时，不宜进行现场火焰切割作业。

（5）负温下对边缘加工的零件应采用精密切割机加工，焊缝坡口宜采用自动切割。采用坡口机、刨条机进行坡口加工时，不得出现鳞状表面。重要结构的焊缝坡口，应采用机械加工或自动切割加工，不宜采用手工气焊切割加工。

（6）构件的组装应按工艺规定的顺序进行，由里往外扩展组拼。在负温下组装焊接结构时，预留焊缝收缩值宜由试验确定，点焊缝的数量和长度应经计算确定。

（7）零件组装应把接缝两侧各 50 mm 内铁锈、毛刺、泥土、油污、冰雪等清理干净，并应保持接缝干燥，不得残留水分。

（8）焊接预热温度应符合下列规定：

1）焊接作业区环境温度低于 0 ℃时，应将构件焊接区各方向大于或等于 2 倍钢板厚度且不小于 100 mm 范围内的母材，加热到 20 ℃以上时方可施焊，且在焊接过程中均不得低于 20 ℃。

2）负温下焊接中厚钢板、厚钢板、厚钢管的预热温度可由试验确定，当无试验资料时可按表 8.20 选用。

（9）在负温下构件组装定型后进行焊接应符合焊接工艺规定。单条焊缝的两端应设置引弧板和熄弧板，引弧板和熄弧板的材料应和母材相一致。严禁在焊接的母材上引弧。

（10）负温下厚度大于 9 mm 的钢板应分多层焊接，焊缝应由下往上逐层堆焊。每条焊缝应一次焊完，不得中断。当发生焊接中断，在再次施焊时，应先清除焊接缺陷，合格后方可按焊接工艺规定再继续施焊，且再次预热温度应高于初期预热温度。

（11）在负温下露天焊接钢结构时，应考虑雨、雪和风的影响。当焊接场地环境温度低于-10 ℃时，应在焊接区域采取相应保温措施；当焊接场地环境温度低于-30 ℃时，宜搭设临时防护棚。严禁雨水、雪花飘落在尚未冷却的焊缝上。

表 8.20　负温下焊接中厚钢板、厚钢板、厚钢管的预热温度

钢材种类	钢材厚度/mm	工作地点温度/℃	预热温度/℃
普通碳素钢构件	<30	<-30	36
	30~50	-30~-10	36
	50~70	-10~0	36
	>70	<0	100
普通碳素钢管构件	<16	<-30	36
	16~30	-30~-20	36
	30~40	-20~-10	36
	40~50	-10~0	36
	>50	<0	100
低合金钢构件	<10	<-26	36
	10~16	-26~-10	36
	16~24	-10~-5	36
	24~40	-5~0	36
	>40	<0	100~150

(12)当焊接场地环境温度低于-15 ℃时,应适当提高焊机的电流强度,每降低3 ℃,焊接电流应提高2%。

(13)采用低氢型焊条进行焊接时,焊接后焊缝宜进行焊后消氢处理,消氢处理的加热温度应为200~250 ℃,保温时间应根据工件的板厚确定,且每25 mm板厚不小于0.5 h,总保温时间不得小于1 h,达到保温时间后应缓慢冷却至常温。

(14)在负温下厚钢板焊接完成后,在焊缝两侧板厚的2~3倍范围内,应立即进行焊后热处理,加热温度宜为150~300 ℃,并宜保持1~2 h。焊缝焊完或焊后热处理完毕后,应采取保温措施,使焊缝缓慢冷却,冷却速度不应大于10 ℃/min。

(15)当构件在负温下进行热矫正时,钢材加热矫正温度应控制在750~900 ℃之间,加热矫正后应保温覆盖使其缓慢冷却。

(16)负温下钢构件需成孔时,成孔工艺应选用钻成孔或先冲后扩钻孔。

(17)在负温下制作的钢构件在进行外形尺寸检查验收时,应考虑检查当时的温度影响。焊缝外观检查应全部合格,等强接头和要求焊透的焊缝应100%超声波检查,其余焊缝可按30%~50%超声波抽样检查。如设计有要求时,应按设计要求的数量进行检查。负温下超声波探伤仪用的探头与钢材接触面间应采用不冻结的油基耦合剂。

(18)不合格的焊缝应铲除重焊,并仍应按在负温下钢结构焊接工艺的规定进行施焊,焊后应采用同样的检验标准进行检验。

(19)低于0 ℃的钢构件上涂刷防腐或防火涂层前,应进行涂刷工艺试验。涂刷时应将构件表面的铁锈、油污、边沿孔洞的飞边毛刺等清除干净,并应保持构件表面干燥。可

用热风或红外线照射干燥,干燥温度和时间应由试验确定。雨雪天气或构件上薄冰时不得进行涂刷工作。

(20)钢结构焊接加固时,应由对应类别合格的焊工施焊;施焊镇静钢板的厚度不大于 30 mm 时,环境空气温度不应低于−15 ℃,当厚度超过 30 mm 时,温度不应低于 0 ℃;当施焊沸腾钢板时,环境空气温度应高于 5 ℃。

(21)栓钉施焊环境温度低于 0 ℃时,打弯试验的数量应增加 1%;当栓钉采用手工电弧焊或其他保护性电弧焊焊接时,其预热温度应符合相应工艺的要求。

8.7.4 钢结构安装

(1)冬期运输、堆存钢结构时,应采取防滑措施。构件堆放场地应平整坚实并无水坑,地面无结冰。同一型号构件叠放时,构件应保持水平,垫块应在同一垂直线上,并应防止构件溜滑。

(2)钢结构安装前除应按常温规定要求内容进行检查外,尚应根据负温条件下的要求对构件质量进行详细复验。凡是在制作中漏检和运输、堆放中造成的构件变形等,偏差大于规定影响安装质量时,应在地面进行修理、矫正,符合设计和规范要求后方能起吊安装。

(3)在负温下绑扎、起吊钢构件用的钢壳与构件直接接触时,应加防滑隔垫。凡是与构件同时起吊的节点板、安装人员用的挂梯、校正用的卡具,应采用绳壳绑扎牢固。直接使用吊环、吊耳起吊构件时应检查吊环、吊耳连接焊缝有无损伤。

(4)在负温下安装构件时,应根据气温条件编制钢构件安装顺序图表,施工中应按照规定的顺序进行安装。平面上应从建筑物的中心逐步向四周扩展安装,立面上宜从下部逐件往上安装。

(5)钢结构安装的焊接工作应编制焊接工艺。在各节柱的一层构件安装、校正、栓接并预留焊缝收缩量后,平面上应从结构中心开始向四周对称扩展焊接,不得从结构外圈向中心焊接,一个构件的两端不得同时进行焊接。

(6)构件上有积雪、结冰、结露时,安装前应清除干净,但不得损伤涂层。

(7)在负温下安装钢结构用的专用机具应按负温要求进行检验。

(8)在负温下安装柱子、主梁、支撑等大构件时应立即进行校正,位置校正正确后应立即进行永久固定。当天安装的构件,应形成空间稳定体系。

(9)高强螺栓接头安装时,构件的摩擦面应干净,不得有积雪、结冰,且不得雨淋、接触泥土、油污等脏物。

(10)多层钢结构安装时,应限制楼面上堆放的荷载。施工活荷载、积雪、结冰的质量不得超过钢梁和楼板(压型钢板)的承载能力。

(11)栓钉焊接前,应根据负温值的大小,对焊接电流、焊接时间等参数进行测定。

(12)在负温下钢结构安装的质量除应符合现行国家标准《钢结构工程施工质量验收规范》(GB 50205—2001)规定外,尚应按设计的要求进行检查验收。

(13)钢结构在低温安装过程中,需要进行临时固定或连接时,宜采用螺栓连接形式;当需要现场临时焊接时,应在安装完毕后及时清理临时焊缝。

8.8　混凝土构件安装工程

8.8.1　构件的堆放及运输

（1）混凝土构件运输及堆放前，应将车辆、构件、垫木及堆放场地的积雪、结冰清除干净，场地应平整、坚实。

（2）混凝土构件在冻胀性土壤的自然地面上或冻结前回填土地面上堆放时，应符合下列规定：

1）每个构件在满足刚度、承载力条件下，应尽量减少支承点数量。

2）对于大型板、槽板及空心板等板类构件，两端的支点应选用长度大于板宽的垫木。

3）构件堆放时，如支点为两个及以上时，应采取可靠措施防止土壤的冻胀和融化下沉。

4）构件用垫木垫起时，地面与构件间隙应大于 150 mm。

（3）在回填冻土并经一般压实的场地上堆放构件时，当构件重叠堆放时间长，应根据构件质量，尽量减少重叠层数，底层构件支垫与地面接触面积应适当加大。在冻土融化之前，应采取防止因冻土融化下沉造成构件变形和破坏的措施。

（4）构件运输时，混凝土强度不得小于设计混凝土强度等级值75%。在运输车上的支点设置应按设计要求确定。对于重叠运输的构件，应与运输车固定并防止滑移。

8.8.2　构件的吊装

（1）吊车行走的场地应平整，并应采取防滑措施。起吊的支撑点地基应坚实。

（2）地锚应具有稳定性，回填冻土的质量应符合设计要求。活动地锚应设防滑措施。

（3）构件在正式起吊前，应先松动、后起吊。

（4）凡使用滑行法起吊的构件，应采取控制定向滑行，防止偏离滑行方向的措施。

（5）多层框架结构的吊装，接头混凝土强度未达到设计要求前，应加设缆风绳等防止整体倾斜的措施。

8.8.3　构件的连接与校正

（1）装配整浇式构件接头的冬期施工应根据混凝土体积小、表面系数大、配筋密等特点，采取相应的保证质量措施。

（2）构件接头采用现浇混凝土连接时，应符合下列规定：

1）接头部位的积雪、冰霜等应清除干净。

2）承受内力接头的混凝土，当设计无要求时，其受冻临界强度不应低于设计强度等级值的70%。

3）接头处混凝土的养护应符合"8.4　混凝土工程"有关规定。

4）接头处钢筋的焊接应符合"8.3　钢筋工程"有关规定。

（3）混凝土构件预埋连接板的焊接除应符合"8.7　钢结构工程"相关规定外，尚应分段连接，并应防止累积变形过大影响安装质量。

（4）混凝土柱、屋架及框架冬期安装，在阳光照射下校正时，应计入温差的影响。各固定支撑校正后，应立即固定。

8.9　越冬工程维护

8.9.1　一般规定

（1）对于有采暖要求，但却不能保证正常采暖的新建工程、跨年施工的在建工程以及停建、缓建工程等，在入冬前均应编制越冬维护方案。

（2）越冬工程保温维护，应就地取材，保温层的厚度应由热工计算确定。

（3）在制定越冬维护措施之前，应认真检查核对有关工程地质、水文、当地气温以及地基土的冻胀特征和最大冻结深度等资料。

（4）施工场地和建筑物周围应做好排水，地基和基础不得被水浸泡。

（5）在山区坡地建造的工程，入冬前应根据地表水流动的方向设置截水沟、泄水沟，但不得在建筑物底部设暗沟和盲沟疏水。

（6）凡按采暖要求设计的房屋竣工后，应及时采暖，室内温度不得低于5 ℃。当不能满足上述要求时，应采取越冬防护措施。

8.9.2　在建工程

（1）在冻胀土地区建造房屋基础时，应按设计要求做防冻害处理。当设计无要求时，应按下列规定进行：

1）当采用独立式基础或桩基础时，基础梁下部应进行掏空处理。强冻胀性土可预留200 mm，弱冻胀性土可预留100～150 mm，空隙两侧应用立砖挡土回填。

2）当采用条形基础时，可在基础侧壁回填厚度为150～200 mm 的混砂、炉渣或贴一层油纸，其深度宜为800～1 200 mm。

（2）设备基础、构架基础、支墩、地下沟道以及地墙等越冬工程，均不得在已冻结的土层上施工，且应进行维护。

（3）支撑在基土上的雨篷、阳台等悬臂构件的临时支柱，入冬后当不能拆除时，其支点应采取保温防冻胀措施。

（4）水塔、烟囱、烟道等构筑物基础在入冬前应回填至设计标高。

（5）室外地沟、阀门井、检查井等除应回填至设计标高外，尚应覆盖盖板进行越冬维护。

（6）供水、供热系统试水、试压后，不能立即投入使用时，在入冬前应将系统内的存、积水排净。

（7）地下室、地下水池在入冬前应按设计要求进行越冬维护。当设计无要求时，应采取下列措施：

1）基础及外壁侧面回填土应填至设计标高，当不具备回填条件时，应填充松土或炉渣进行保温。

2）内部的存积水应排净；底板应采用保温材料覆盖，覆盖厚度应由热工计算确定。

8.9.3　停、缓建工程

（1）冬期停、缓建工程越冬停工时的停留位置应符合下列规定：

1）混合结构可停留在基础上部地梁位置，楼层间的圈梁或楼板上皮标高位置。

2）现浇混凝土框架应停留在施工缝位置。

3）烟囱、冷却塔或筒仓宜停留在基础上皮标高或筒身任何水平位置。

4）混凝土水池底部应按施工缝要求确定，并应设有止水设施。

（2）已开挖的基坑或基槽不宜挖至设计标高，应预留 200～300 mm 土层；越冬时，应对基坑或基槽保温维护，保温层厚度可按《建筑工程冬期施工规程》（JGJ/T 104—2011）附录 C 计算确定。

（3）混凝土结构工程停、缓建时，入冬前混凝土的强度应符合下列规定：

1）越冬期间不承受外力的结构构件，除应符合设计要求外，尚应符合 8.4.1 中（1）的规定。

2）装配式结构构件的整浇接头，不得低于设计强度等级值的 70%。

3）预应力混凝土结构不应低于混凝土设计强度等级值的 75%。

4）升板结构应将柱帽浇筑完毕，混凝土应达到设计要求的强度等级。

（4）对于各类停、缓建的基础工程，顶面均应弹出轴线，标注标高后，用炉渣或松土回填保护。

（5）装配式厂房柱子吊装就位后，应按设计要求嵌固好；已安装就位的屋架或屋面梁，应安装上支撑系统，并应按设计要求固定。

（6）不能起吊的预制构件，除应符合 8.8.1 中（2）的规定外，尚应弹上轴线，作记录。外露铁件应涂刷防锈油漆，螺栓应涂刷防腐油进行保护。

（7）对于有沉降观测要求的建（构）筑物，应会同有关部门作沉降观测记录。

（8）现浇混凝土框架越冬，当裸露时间较长时，除应按设计要求留设伸缩缝外，尚应根据建筑物长度和温差留设后浇缝。后浇缝的位置，应与设计单位研究确定。后浇缝伸出的钢筋应进行保护，待复工后应经检查合格方可浇筑混凝土。

（9）屋面工程越冬可采取下列简易维护措施：

1）在已完成的基层上，做一层卷材防水，待气温转暖复工时，经检查认定该层卷材没有起泡、破裂、皱折等质量缺陷时，方可在其上继续铺贴上层卷材。

2）在已完成的基层上，当基层为水泥砂浆无法做卷材防水时，可在其上刷一层冷底子油，涂一层热沥青玛碲脂做临时防水，但雪后应及时清除积雪。当气温转暖后，经检查确定该层玛碲脂没有起层、空鼓、龟裂等质量缺陷时，可在其上涂刷热沥青玛碲脂铺贴卷材防水层。

（10）所有停、缓建工程均应由施工单位、建设单位和工程监理部门，对已完工程在入冬前进行检查和评定，并应作记录，存入工程档案。

（11）停、缓建工程复工时，应先按图纸对标高、轴线进行复测，并应与原始记录对应检查，当偏差超出允许限值时，应分析原因，提出处理方案，经与设计、建设、监理等单位商定后，方可复工。

9 施工现场消防安全

9.1 建筑防火

9.1.1 临时用房防火

（1）宿舍、办公用房的防火设计应符合下列规定：

1）建筑构件的燃烧性能等级应为 A 级。当采用金属夹芯板材时，其芯材的燃烧性能等级应为 A 级。

2）建筑层数不应超过 3 层，每层建筑面积不应大于 300 m^2。

3）层数为 3 层或每层建筑面积大于 200 m^2 时，应设置至少 2 部疏散楼梯，房间疏散门至疏散楼梯的最大距离不应大于 25 m。

4）单面布置用房时，疏散走道的净宽度不应小于 1.0 m；双面布置用房时，疏散走道的净宽度不应小于 1.5 m。

5）疏散楼梯的净宽度不应小于疏散走道的净宽度。

6）宿舍房间的建筑面积不应大于 30 m^2，其他房间的建筑面积不宜大于 100 m^2。

7）房间内任一点至最近疏散门的距离不应大于 15 m，房门的净宽度不应小于 0.8 m；房间建筑面积超过 50 m^2 时，房门的净宽度不应小于 1.2 m。

8）隔墙应从楼地面基层隔断至顶板基层底面。

（2）发电机房、变配电房、厨房操作间、锅炉房、可燃材料库房及易燃易爆危险品库房的防火设计应符合下列规定：

1）建筑构件的燃烧性能等级应为 A 级。

2）层数应为 1 层，建筑面积不应大于 200 m^2。

3）可燃材料库房单个房间的建筑面积不应超过 30 m^2，易燃易爆危险品库房单个房间的建筑面积不应超过 20 m^2。

4）房间内任一点至最近疏散门的距离不应大于 10 m，房门的净宽度不应小于 0.8 m。

（3）其他防火设计应符合下列规定：

1）宿舍、办公用房不应与厨房操作间、锅炉房、变配电房等组合建造。

2）会议事、艾化娱乐室等人员密集的房间应设置在临时用房的第一层，其疏散门心向疏散方向开启。

9.1.2 在建工程防火

（1）在建工程作业场所的临时疏散通道应采用不燃、难燃材料建造，并应与在建工程结构施工同步设置，也可利用在建工程施工完毕的水平结构、楼梯。

(2)在建工程作业场所临时疏散通道的设置应符合下列规定：

1)耐火极限不应低于 0.5 h。

2)设置在地面上的临时疏散通道,其净宽度不应小于 1.5 m;利用在建工程施工完毕的水平结构、楼梯作临时疏散通道时,其净宽度不宜小于 1.0 m;用于疏散的爬梯及设置在脚手架上的临时疏散通道,其净宽度不应小于 0.6 m。

3)临时疏散通道为坡道,且坡度大于 25°时,应修建楼梯或台阶踏步或设置防滑条。

4)临时疏散通道不宜采用爬梯,确需采用时,应采取可靠固定措施。

5)临时疏散通道的侧面为临空面时,应沿临空面设置高度不小于 1.2 m 的防护栏杆。

6)临时疏散通道设置在脚手架上时,脚手架应采用不燃材料搭设。

7)临时疏散通道心设置明显的疏散指示标识。

8)临时疏散通道心没置照明设施。

(3)既有建筑进行扩建、改建施工时。必须明确划分施工区和非施工区。施工区不得营业、使用和居住:非施工区继续营业、使用和居住时,应符合下列规定：

1)施工区和非施工区之间应采用不开设门、窗、洞口的耐火极限不低于 3.0 h 的不燃烧体隔墙进行防火分隔。

2)非施工区内的消防设施应完好和有效,疏散通道应保持畅通,并应落实日常值班及消防安全管理制度。

3)施工区的消防安全应配有专人值守,发生火情应能立即处置。

4)施工单位应向居住和使用者进行消防宣传教育,告知建筑消防设施、疏散通道的位置及使用方法,同时应组织疏散演练。

5)外脚手架搭设不应影响安全疏散、消防车正常通行及灭火救援操作,外脚手架搭设长度不应超过该建筑物外立面周长的 1/2。

(4)外脚手架、支模架的架体宜采用不燃或难燃材料搭设,下列工程的外脚手架、支模架的架体应采用不燃材料搭设：

1)高层建筑。

2)既有建筑改造工程。

(5)下列安全防护网应采用阻燃型安全防护网：

1)离层建筑外脚手架的安全防护网。

2)既有建筑外墙改造时,其外脚手架的安全防护网。

3)临时疏散通道的安全防护网。

(6)作业场所应设置明显的疏散指示标志,其指示方向应指向最近的临时疏散通道入口。

(7)作业层的醒目位置应设置安全疏散示意图。

9.2　临时消防设施

9.2.1　一般规定

（1）施工现场应设置灭火器、临时消防给水系统和应急照明等临时消防设施。

（2）临时消防设施应与在建工程的施工同步设置。房屋建筑工程中，临时消防设施的设置与在建工程主体结构施工进度的差距不应超过3层。

（3）在建工程可利用已具备使用条件的永久性消防设施作为临时消防设施。当永久性消防设施无法满足使用要求时，应增设临时消防设施，并应符合《建设工程施工现场消防安全技术规范》（GB 50720—2011）第5.2～5.4节的有关规定。

（4）施工现场的消火栓泵应采用专用消防配电线路。专用消防配电线路应自施工现场总配电箱的总断路器上端接入，且应保持不间断供电。

（5）地下工程的施工作业场所宜配备防毒面具。

（6）临时消防给水系统的贮水池、消火栓泵、室内消防竖管及水泵接合器等应设置醒目标识。

9.2.2　灭火器

（1）在建工程及临时用房的下列场所应配置灭火器：

1）易燃易爆危险品存放及使用场所。

2）动火作业场所。

3）可燃材料存放、加工及使用场所。

4）厨房操作间、锅炉房、发电机房、变配电房、设备用房、办公用房、宿舍等临时用房。

5）其他具有火灾危险的场所。

（2）施工现场灭火器配置应符合下列规定：

1）灭火器的类型应与配备场所可能发生的火灾类型相匹配。

2）灭火器的最低配置标准应符合表9.1的规定。

3）灭火器的配置数量应按现行国家标准《建筑灭火器配置设计规范》（GB 50140—2005）的有火规定经计算确定，且每个场所的灭火器数量不应少于2具。

4）灭火器的最大保护距离应符合表9.2的规定。

表9.1　灭火器的最低配置标准

项目	固体物质火灾		液体或可熔化固体物质火灾、气体火灾	
	单具灭火器最小灭火级别	单位灭火级别最大保护面积/(m² · A⁻¹)	单具灭火器最小灭火级别	单位灭火级别最大保护面积/(m² · B⁻¹)
易燃易爆危险哭喊存放及使用场所	3A	50	89B	0.5
固定动火作业场	3A	50	89B	0.5
临时动火作业点	2A	50	55B	0.5
可燃材料存放、加工及使用场所	2A	75	55B	1.0
厨房操作间、锅炉房	2A	75	55B	1.0
自备发电机	2A	75	55B	1.0
变配电房	2A	75	55B	1.0
办公用房、宿舍	1A	100	—	—

表9.2　灭火器的最大保护距离(m)

灭火器配置场所	固体物质火灾	液体或可熔化固体物质火灾、气体火灾
易燃易爆危险品存放及使用场所	15	9
固定动火作业场	15	9
临时动火作业点	10	6
可燃材料存放、加工及使用场所	20	12
厨房操作间、锅炉房	20	12
发电机房、变配电房	20	12
办公用房、宿舍等	25	—

9.2.3　临时消防给水系统

(1)施工现场或其附近应设置稳定、可靠的水源,并应能满足施工现场临时消防用水的需要。

消防水源可采用市政给水管网或天然水源。当采用天然水源时,应采取确保冰冻季节、枯水期最低水位时顺利取水的措施,并应满足临时消防用水量的要求。

(2)临时消防用水量应为临时室外消防用水量与临时室内消防用水量之和。

(3)临时室外消防用水量应按临时用房和在建工程的临时室外消防用水量的较大者确定,施工现场火灾次数可按同时发生1次确定。

(4)临时用房建筑面积之和大于1 000 m²或在建工程单体体积大于10 000 m³时,应设置临时室外消防给水系统。当施工现场处于市政消火栓 150 m 保护范围内,且市政消火栓的数量满足室外消防用水量要求时,可不设置临时室外消防给水系统。

(5)临时用房的临时室外消防用水量不应小于表 9.3 的规定。

表 9.3　临时用房的临时室外消防用水量

临时用房的建筑面积之和	火灾延续时间/h	消火栓用水量/(L·s⁻¹)	每支水枪最小流量/(L·s⁻¹)
1 000 m²<面积≤5 000 m²	1	10	5
面积>5 000 m²		15	5

(6)在建工程的临时室外消防用水量不应小于表 9.4 的规定。

表 9.4　在建工程的临时室外消防用水量

在建工程(单体)体积	火灾延续时间/h	消火栓用水量/(L·s⁻¹)	每支水枪最小流量/(L·s⁻¹)
10 000 m³<体积≤30 000 m³	1	15	5
体积>30 000 m³	2	20	5

(7)施工现场临时室外消防给水系统的设置应符合下列规定:

1)给水管网宜布置成环状。

2)临时室外消防给水干管的管径,应根据施工现场临时消防用水量和干管内水流计算速度计算确定,且不应小于 DN100。

3)室外消火栓应沿在建工程、临时用房和可燃材料堆场及其加工场均匀布置,与在建工程、临时用房和可燃材料堆场及其加工场的外边线的距离不应小于 5 m。

4)消火栓的间距不应大于 120 m。

5)消火栓的最大保护半径不应大于 150 m。

(8)建筑高度大于 24 m 或单体体积超过 30 000 m³ 的在建工程,应设置临时室内消防给水系统。

(9)在建工程的临时室内消防用水量不应小于表 9.5 的规定。

表 9.5　在建工程的临时室内消防用水量

建筑高度、在建工程体积(单体)	火灾延续时间/h	消火栓用水量/(L·s⁻¹)	每支水枪最小流量/(L·s⁻¹)
24 m<建筑高度≤50 m 或 30 000 m³<体积≤50 000 m³	1	10	5
建筑高度>50 m 或 体积>50 000 m³		15	5

(10)在建工程临时室内消防竖管的设置应符合下列规定:

1)消防竖管的设置位置应便于消防人员操作,其数量不应少于 2 根,当结构封顶时,应将消防竖管设置成环状。

2)消防竖管的管径应根据在建工程临时消防用水量、竖管内水流计算速度计算确定,且不应小于 DN100。

(11)设置室内消防给水系统的在建工程,应设置消防水泵接合器。消防水泵接合器应设置在室外便于消防车取水的部位,与室外消火栓或消防水池取水口的距离宜为 15 ~ 40 m。

(12)设置临时室内消防给水系统的在建工程,各结构层均应设置室内消火栓接口及消防软管接口,并应符合下列规定:

1)消火栓接口及软管接口应设置在位置明显且易于操作的部位。

2)消火栓接口的前端应设置截止阀。

3)消火栓接口或软管接口的间距,多层建筑不应大于 50 m,高层建筑不应大于 30 m。

(13)在建工程结构施工完毕的每层楼梯处应设置消防水枪、水带及软管,且每个设置点不应少于 2 套。

(14)高度超过 100 m 的在建工程,应在适当楼层增设临时中转水池及加压水泵。中转水池的有效容积不应少于 10 m³,上、下两个中转水池的高差不宜超过 100 m。

(15)临时消防给水系统的给水压力应满足消防水枪充实水柱长度不小于 10 m 的要求;给水压力不能满足要求时,应设置消火栓泵,消火栓泵不应少于 2 台,且应互为备用;消火栓泵宜设置自动启动装置。

(16)当外部消防水源不能满足施工现场的临时消防用水量要求时,应在施工现场设置临时贮水池。临时贮水池宜设置在便于消防车取水的部位,其有效容积不应小于施工现场火灾延续时间内一次灭火的全部消防用水量。

(17)施工现场临时消防给水系统应与施工现场生产、生活给水系统合并设置,但应设置将生产、生活用水转为消防用水的应急阀门。应急阀门不应超过 2 个,且应设置在易于操作的场所,并应设置明显标识。

(18)严寒和寒冷地区的现场临时消防给水系统应采取防冻措施。

9.2.4　应急照明

(1)施工现场的下列场所应配备临时应急照明:

1)自备发电机房及变配电房。

2)水泵房。

3)无天然采光的作业场所及疏散通道。

4)高度超过 100 m 的在建工程的室内疏散通道。

5)发生火灾时仍需坚持工作的其他场所。

(2)作业场所应急照明的照度不应低于正常工作所需照度的 90%,疏散通道的照度值不应小于 0.5 lx。

(3)临时消防应急照明灯具宜选用自备电源的应急照明灯具,自备电源的连续供电时间不应小于 60 min。

9.3 防火管理

9.3.1 一般规定

(1)施工现场的消防安全管理应由施工单位负责。

实行施工总承包时,应由总承包单位负责。分包单位应向总承包单位负责,并应服从总承包单位的管理,同时应承担国家法律、法规规定的消防责任和义务。

(2)监理单位应对施工现场的消防安全管理实施监理。

(3)施工单位应根据建设项目规模、现场消防安全管理的重点,在施工现场建立消防安全管理组织机构及义务消防组织,并应确定消防安全负责人和消防安全管理人员,同时应落实相天人员的消防安全管理责任。

(4)施工单位应针对施工现场可能导致火灾发生的施工作业及其他活动,制订消防安全管理制度。消防安全管理制度应包括下列主要内容:

1)消防安全教育与培训制度。

2)可燃及易燃易爆危险品管理制度。

3)用火、用电、用气管理制度。

4)消防安全检查制度。

5)应急预案演练制度。

(5)施工单位应编制施工现场防火技术方案,并应根据现场情况变化及时对其修改、完善。防火技术方案应包括下列主要内容:

1)施工现场重大火灾危险源辨识。

2)施工现场防火技术措施。

3)临时消防设施、临时疏散设施配备。

4)临时消防设施和消防警示标识布置图。

(6)施工单位应编制施工现场灭火及应急疏散预案。灭火及应急疏散预案应包括下列主要内容:

1)应急灭火处置机构及各级人员应急处置职责。

2)报警、接警处置的程序和通讯联络的方式。

3)扑救初起火灾的程序和措施。

4)应急疏散及救援的程序和措施。

(7)施工人员进场时,施工现场的消防安全管理人员应向施工人员进行消防安全教育和培训。消防安全教育和培圳应包括下列内容:

1)施工现场消防安全管理制度、防火技术方案、灭火及应急疏散预案的主要内容。

2)施工现场临时消防设施的性能及使用、维护方法。

3)扑灭初起火灾及自救逃生的知识和技能。

4)报警、接警的程序和方法。

(8)施工作业前,施工现场的施工管理人员应向作业人员进行消防安全技术交底。

消防安全技术交底应包括下列主要内容:

1)施工过程中可能发生火灾的部位或环节。

2)施工过程应采取的防火措施及应配备的临时消防设施。

3)初起火灾的扑救方法及注意事项。

4)逃生方法及路线。

(9)施工过程中,施工现场的消防安全负责人应定期组织消防安全管理人员对施工现场的消防安全进行检查。消防安全检查应包括下列主要内容:

1)可燃物及易燃易爆危险品的管理是否落实。

2)动火作业的防火措施是否落实。

3)用火、用电、用气是否存在违章操作,电、气焊及保温防水施工是否执行操作规程。

4)临时消防设施是否完好有效。

5)临时消防车道及临时疏散设施是否畅通。

(10)施工单位应依据灭火及应急疏散预案,定期开展灭火及应急疏散的演练。

(11)施工单位应做好并保存施工现场消防安全管理的相关文件和记录,并应建立现场消防安全管理档案。

9.3.2　可燃物及易燃易爆危险品管理

(1)用于在建工程的保温、防水、装饰及防腐等材料的燃烧性能等级应符合设计要求。

(2)可燃材料及易燃易爆危险品应按计划限量进场。进场后,可燃材料宜存放于库房内,露天存放时,应分类成垛堆放,垛高不应超过2 m,单垛体积不应超过50 m³,垛与垛之间的最小间距不应小于2 m,且应采用不燃或难燃材料覆盖;易燃易爆危险品应分类专库储存,库房内应通风良好,并应设置严禁明火标志。

(3)室内使用油漆及其有机溶剂、乙二胺、冷底子油等易挥发产生易燃气体的物资作业时,应保持良好通风,作业场所严禁明火,并应避免产生静电。

(4)施工产生的可燃、易燃建筑垃圾或余料,应及时清理。

9.3.3　用火、用电、用气管理

(1)施工现场用火应符合下列规定:

1)动火作业应办理动火许可证;动火许可证的签发人收到动火申请后,应前往现场查验并确认动火作业的防火措施落实后,再签发动火许可证。

2)动火操作人员应具有相应资格。

3)焊接、切割、烘烤或加热等动火作业前,应对作业现场的可燃物进行清理;作业现场及其附近无法移走的可燃物应采用不燃材料对其覆盖或隔离。

4)施工作业安排时,宜将动火作业安排在使用可燃建筑材料的施工作业前进行。确需在使用可燃建筑材料的施工作业之后进行动火作业时,应采取可靠的防火措施。

5)裸露的可燃材料上严禁直接进行动火作业。

6)焊接、切割、烘烤或加热等动火作业应配备灭火器材,并应设置动火监护人进行现场监护,每个动火作业点均应设置1个监护人。

7)五级(含五级)以上风力时,应停止焊接、切割等室外动火作业;确需动火作业时,应采取可靠的挡风措施。

8)动火作业后,应对现场进行检查,并应在确认无火灾危险后,动火操作人员再离开。

9)具有火灾、爆炸危险的场所严禁明火。

10)施工现场不应采用明火取暖。

11)厨房操作间炉灶使用完毕后,应将炉火熄灭,排油烟机及油烟管道应定期清理油垢。

(2)施工现场用电应符合下列规定:

1)施工现场供用电设施的设计、施工、运行和维护应符合现行国家标准《建设工程施工现场供用电安全规范》(GB 50194—1993)的有关规定。

2)电气线路应具有相应的绝缘强度和机械强度,严禁使用绝缘老化或失去绝缘性能的电气线路,严禁在电气线路上悬挂物品。破损、烧焦的插座、插头应及时更换。

3)电气设备与可燃、易燃易爆危险品和腐蚀性物品应保持一定的安全距离。

4)有爆炸和火灾危险的场所,应按危险场所等级选用相应的电气设备。

5)配电屏上每个电气回路应设置漏电保护器、过载保护器,距配电屏2 m范围内不应堆放可燃物,5 m范围内不直设置可能产生较多易燃、易爆气体、粉尘的作业区。

6)可燃材料库房不应使用高热灯具,易燃易爆危险品库房内应使用防爆灯具。

7)普通灯具与易燃物的距离不宜小于300 mm,聚光灯、碘钨灯等高热灯具与易燃物的距离不宜小于500 mm。

8)电气设备不应超负荷运行或带故障使用。

9)严禁私自改装现场供用电设施。

10)应定期对电气设备和线路的运行及维护情况进行检查。

(3)施工现场用气应符合下列规定:

1)储装气体的罐瓶及其附件应合格、完好和有效;严禁使用减压器及其他附件缺损的氧气瓶,严禁使用乙炔专用减压器、回火防止器及其他附件缺损的乙炔瓶。

2)气瓶运输、存放、使用时,应符合下列规定:

①气瓶应保持直立状态,并采取防倾倒措施,乙炔瓶严禁横躺卧放。

②严禁碰撞、敲打、抛掷、滚动气瓶。

③气瓶应远离火源,与火源的距离不应小于10 m,并应采取避免高温和防止曝晒的措施。

④燃气储装瓶罐应设置防静电装置。

3)气瓶应分类储存,库房内应通风良好;空瓶和实瓶同库存放时,应分开放置,空瓶和实瓶的间距不应小于1.5 m。

4)气瓶使用时,应符合下列规定:

①使用前,应检查气瓶及气瓶附件的完好性,检查连接气路的气密性,并采取避免气体泄漏的措施,严禁使用已老化的橡皮气管。

②氧气瓶与乙炔瓶的工作间距不应小于 5 m,气瓶与明火作业点的距离不应小于 10 m。

③冬季使用气瓶,气瓶的瓶阀、减压器等发生冻结时,严禁用火烘烤或用铁器敲击瓶阀,严禁猛拧减压器的调节螺丝。

④氧气瓶内剩余气体的压力不应小于 0.1 MPa。

⑤气瓶用后应及时归库。

9.3.4 其他防火管理

(1)施工现场的重点防火部位或区域应设置防火警示标识。

(2)施工单位应做好施工现场临时消防设施的日常维护工作,对已失效、损坏或丢失的消防设施应及时更换、修复或补充。

(3)临时消防车道、临时疏散通道、安全出口应保持畅通,不得遮挡、挪动疏散指示标识,不得挪用消防设施。

(4)施工期间.不应拆除临时消防设施及临时疏散设施。

(5)施工现场严禁吸烟。

10 建筑施工安全资料管理

10.1 安全生产责任制资料编制

项目安全生产责任制考核办法的编制：

安全生产责任制，是企业安全生产各项规章制度的核心，严格考核是执行安全生产责任制的关键。为了确保安全生产责任制落到实处，特制定项目安全生产责任考核办法。

1. 考核目的

考核项目管理人员安全生产责任制的执行情况。督促项目安全生产责任制的贯彻落实，激励项目安全管理机制的正常运行。

2. 考核对象

项目部各级管理人员，即项目经理、技术负责人、工长、安全员、质检员、材料员、消防保卫员、机械管理员、班组长等人员。

3. 考核办法

（1）采用评定表打分办法，应得分为 100 分，依据考核项目的完成情况和评分标准打分（详见考核评分表）。实得 80 分及其以上者为优良，70～80 分为合格，70 分以下为不合格。

（2）考核时间：每月月底进行一次考核。

（3）实行逐级考核，分公司接受总公司考核，项目部项目经理接受分公司考核，项目部由项目经理对项目所属管理人员进行考核。

4. 奖惩办法

（1）对实得分 80 分及其以上达优良标准者，给予 100～200 元奖励，并作为年终经济兑现、评选先进的重要依据之一。

（2）对实得分为 70 分以下的管理人员视其情节轻重，给予罚款 100～200 元，警告批评，以观后效或调离工作岗位等处理。

（3）安全生产责任制的考核奖惩均在月份工资中及时兑现。

5. 附表

项目管理人员安全生产责任制考核记录用表见表 10.1。

表 10.1　项目管理人员安全生产责任制考核记录汇总表

单位名称：　　　　工程名称：　　　　　　考核日期：　　年　　月　　日

序号	姓名	职务	考核结果	奖惩	备注

填表人：　　　　　　　　　　　　　审核人：

10.2　安全目标管理资料

1. 安全目标管理主要内容

项目制定安全生产目标管理计划时，要经项目分管领导审查同意，由主管部门与实行安全生产目标管理的单位签订责任书，将安全生产目标管理纳入各单位的生产经营或资产经营目标管理计划，主要领导人应对安全生产目标管理计划的制定与实施负第一责任。

安全生产目标管理还要与安全生产责任制挂钩。企业要对安全责任目标进行层层分解，逐级考核，考核结果应和各级领导及管理人员工作业绩挂钩，列入各项工作考核的主要内容。具体内容如下：

（1）安全责任考核制度　"各级管理人员安全责任考核制度"文件的具体内容：企业（单位）建立各级管理人员安全责任的考核制度，旨在实现安全目标分解到人，安全责任落实、考核到人。

（2）项目安全管理目标　"项目安全管理目标"的具体内容：

1）根据上级安全管理目标的条款规定，制定项目级的安全管理目标。

2）确定目标的原则：可行性、关键性、一致性、灵活性、激励性、概括性。

3）下级不能照搬照抄上级的目标，无论从定量或定性上讲，下级的目标总要严于或高于上级的目标，其保证措施要严格得多，否则将起不到自下而上的层层保证作用。

4）安全管理目标的主要内容：

①伤亡事故控制目标：杜绝死亡重伤，一般事故应有控制指标。

②安全达标目标：根据工程特点，按部位制定安全达标的具体目标。

③文明施工目标：根据作业条件的要求，制定文明施工的具体方案和实现文明工地的目标。

（3）项目安全管理目标责任分解　"项目安全管理目标责任分解"的具体内容：

把项目部的安全管理目标责任按专业管理层层分解到人，安全责任落实到人。

（4）项目安全目标责任考核办法　"项目安全目标责任考核办法"文件的具体内容：

依据公司（分公司）的目标责任考核办法，结合项目的实际情况及安全管理目标的具体内容，对应按月进行条款分解，按月进行考核，制定详细的奖惩办法。

(5)项目安全目标责任考核　"项目安全目标责任考核"的具体内容及记录：

按"项目安全目标责任考核办法"文件规定，结合项目安全管理目标责任分解，以评分表的形式按责任分解进行打分，奖优罚劣和经济收入挂钩，及时兑现。

2. 安全目标管理资料编制

(1)各级管理人员安全责任考核制度　根据"安全生产，人人有责"和"管生产必须管安全"的原则，为更好地贯彻执行"安全第一，预防为主"的安全生产方针和落实责任，特制定各级管理人员安全责任考核制度。具体内容如下：

1)考核内容

①伤亡控制指标(根据国家要求及企业的具体情况制定)。

②施工现场安全达标目标(合格率、优良率情况)。

③文明施工目标(创建文明工地等要求)。

2)安全责任落实

①企业的法人代表是企业安全生产的第一责任人，对本企业的安全生产负总责；所属单位的负责人是本单位安全生产的第一责任人，对本单位的安全生产负总责。

②各部门，如生产、技术等按各自的安全职责，对自己所负的安全职责负直接责任。

③项目经理是项目施工安全的第一责任者；项目经理部管理人员按目标责任分解负各自的安全责任。

3)考核办法

①实行逐级考核制度，公司接受上级考核；分公司接受公司考核；项目经理接受分公司考核；项目经理负责对项目部管理人员进行考核。

②根据各级要求及自己的具体情况制定考核办法，明确奖惩。

③考核结果作为评选先进、个人立功的重要依据之一。

4)安全责任考核制度化

①每月要求至少进行一次安全责任考核，并认真执行不走过场，防止流于形式。

②考核记录存入档案，作为个人业绩评价的重要依据之一。

(2)项目安全管理目标责任的分解　项目安全管理目标责任分解如图10.1所示。

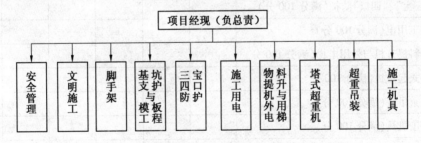

图10.1　项目安全管理目标责任分解图

(3)项目安全目标责任考核办法　为确保项目安全管理目标的实现，达到责任明确，责任落实到人，考核到人，特制定本考核办法。主要内容如下：

1)项目安全管理目标。制定年、月达标计划，并将目标分解到人，责任落实考核到人。

①杜绝死亡事故及重伤事故,年轻伤少于 3 人。

②确保每月施工安全及文明施工检查达优良标准。

③确保实现市级文明工地。

2)考核细则。

①用《建筑施工安全检查标准》(JGJ 59—2011)的各分项评分表,对各分项责任人进行打分考核。当分项检查评分表得分在 70 分以下时为不合格,70 分(包括 70 分)至 80 分为合格,80 分及其以上为优良。

②各分项检查评分表通过汇总所得出的结果用来评价项目经理安全目标责任落实情况,因为项目经理对项目的安全生产负总责,是第一责任者,各级管理人员目标责任落实的好坏,直接体现了项目经理安全管理的业绩。

③评分表采用《建筑施工安全检查标准》(JGJ 59—2011)中的相关表格。

④评分方法参见《建筑施工安全检查标准》(JGJ 59—2011)中的有关内容。

3)奖惩办法。

①达优良等级的奖 100 ~ 300 元。

②达不到合格等级时,罚 200 元;连续三次达不到合格等级的项目管理人员除经济处罚外,将采取下岗处理措施。

4)附表。项目管理人员安全目标责任考核评定用表见表 10.2。

表 10.2　项目管理人员安全目标责任考核评定表

单位名称:　　　　　　施工现场名称:　　　　　　　　　　　　年　　月　　日

序号	分项名称	责任人		实得分	经济挂钩		备注
		职务	姓名		奖励	罚款	
1	安全管理(满分 100 分)						
2	文明施工(满分 100 分)						
3	脚手架(满分 100 分)						
4	基坑支护与模板工程(满分 100 分)						
5	"三宝"、"四口"防护(满分 100 分)						
6	施工用电(满分 100 分)						
7	物料提升机与外用电梯(满分 100 分)						
8	塔式起重机(满分 100 分)						
9	超重吊装(满分 100 分)						
10	施工机具(满分 100 分)						
	小计						

评语:

　　　　　　　　　　　　　　　　　　　　　　　　　　　　项目经理:

10.3 安全检查资料编制

1. 安全检查主要内容

（1）安全检查可分为：社会安全检查、公司级安全检查、分公司级安全检查、项目安全检查。

（2）安全检查的形式：定期安全检查、季节性安全检查、临时性安全检查、专业性安全检查、群众性安全检查。

（3）安全检查的内容：查思想、查制度、查管理、查领导、查违章、查隐患。

（4）各级安全检查必须按文件规定进行，安全检查的结果必须形成文字记录；安全检查的整改必须做到"四定"，即定人、定时间、定措施、定复查人。

2. 安全检查资料编制

（1）定期安全检查制度。

1）企业单位对生产中的安全工作，除进行经常检查外，每年还应该定期地进行二至四次群众性的检查，这种检查包括普遍性检查、专业性检查和季节性检查，这几种检查可以结合进行。

①企业单位安全生产检查由生产管理部门总负责，企业安全管理部门具体实施。

②定期检查时间：公司每季一次，分公司每月一次，项目每周六均应进行安全检查；班组长、班组兼职安全员班前对施工现场、作业场所、工具设备进行检查，班中验证考核，发现问题立即整改。

③专业性检查：可突出专业的特点，如施工用电、机械设备等组织的专业性专项检查。

④季节性检查：可突出季节性的特点，如雨季安全检查，应以防漏电、防触电、防雷击、防坍塌、防倾倒为重点的检查；冬季安全检查应以防火灾、防触电、防煤气中毒为重点的检查。

2）开展安全生产检查，必须有明确的目的，要求和具体计划，并且必须建立由企业领导负责、有关人员参加的安全生产检查组织，以加强领导，做好这项工作。安全检查的内容：查思想、查制度、查管理、查领导、查违章、查隐患。

3）安全生产检查应该始终贯彻领导与群众相结合的原则，边检查、边改进，并且及时总结和推广先进经验，抓好典型。

4）对查出的隐患不能立即整改的，要建立登记、整改、检查、销项制度。要制定整改计划，定人、定措施、定经费、定完成日期。在隐患没有消除前，必须采取可靠的防护措施，如有危及人身安全的紧急险情，应立即停止作业。

（2）安全检查记录。安全检查记录见表10.3。

表10.3 安全检查记录表

施工单位：　　　　　　　　　　　　　　　　　　　日期：　　年　月　日

建设单位		工程名称	

检查情况记录：

接受单位负责人：　　　　　　　　　　　　检查人：

（3）事故隐患整改通知单。事故隐患整改通知单见表10.4。

表10.4 事故隐患整改通知单

工程名称：　　　　　　　　　　　　　　　　　　　编号：

<table>
<tr><td colspan="2">检查日期</td><td></td><td colspan="2">检查部位、项目内容</td></tr>
<tr><td colspan="2">检查人员签名</td><td></td><td colspan="2"></td></tr>
<tr><td colspan="6">检查发现的违章、事故隐患实况记录</td></tr>
<tr><td rowspan="5">整
改
通
知</td><td rowspan="2">对重大事故隐患列项实行
"三定"的整改方案</td><td>整改措施</td><td>完成整改的最后日期</td><td>整改责任人</td><td>复查日期</td></tr>
<tr><td></td><td></td><td></td><td></td></tr>
<tr><td rowspan="3">整改复查记录</td><td colspan="4">项目负责人签名：

安全员签名：

整改负责人签名</td></tr>
<tr><td>整改记录</td><td>遗留问题的处理</td><td colspan="2">整改责任人：

复查责任人：

安全生产责任人：</td></tr>
<tr><td></td><td></td><td colspan="2">　　　　年　　月　　日</td></tr>
</table>

（4）事故隐患整改复查单。事故隐患整改复查单见表10.5。

表 10.5　事故隐患整改复查单

施工单位：　　　　　　　　　　　　　　　　　　　日期：　　　年　　月　　日

建设单位		工程名称	

检查情况记录：

接受单位负责人：　　　　　　　　　　　　检查人：

10.4　安全教育记录资料编制

1. 建筑企业职工安全培训教育暂行规定

第一章　总　　则

第一条　为贯彻安全第一、预防为主的方针，加强建筑企业职工安全培训教育工作，增强职工的安全意识和安全防护能力，减少伤亡事故的发生，制定本暂行规定。

第二条　建筑企业职工必须定期接受安全培训教育，坚持先培训、后上岗的制度。

第三条　本暂行规定适用于所有的中华人民共和国境内从事工程建设的建筑业企业。

第四条　建设部主管全国建筑业企业职工安全培训教育工作。

国务院有关专业部门负责所属建筑业企业职工的安全培训教育工作。其所属企业的安全培训教育工作，还应当接受企业所在建设行政主管部门及其所属建筑安全监督管理机构的指导和监督。

县级以上地方人民政府建设行政主管部门负责本行政区域内建筑企业职工安全培训教育管理工作。

第二章　培训对象、时间和内容

第五条　建筑企业职工每年必须接受一次专门的安全培训。

(1)企业法定代表人、项目经理每年接受安全培训的时间，不得少于 30 学时。

(2)企业专职安全管理人员除按照建教(1991)522 号文《建设企事业单位关键岗位持证上岗管理规定》的要求，取得岗位合格证书并持证上岗外，每年还必须接受安全专业技术业务培训，时间不得少于 40 学时。

(3)企业其他管理人员和技术人员每年接受安全培训的时间，不得少于 20 学时。

(4)企业特殊工种(包括电工、焊工、架子工、司炉工、爆破工、机械操作工、起重工、塔吊司机及指挥人员、人货两用电梯司机等)在通过专业技术培训并取得岗位操作证后，每年仍须接受有针对性安全培训,时间不得少于 20 学时。

(5)企业其他职工每年接受安全培训的时间,不得少于 15 学时。

(6)企业待岗、转岗、换岗的职工,在重新上岗前,必须接受一次安全培训,时间不得少于 20 学时。

第六条　建筑业企业新进场的工人,必须接受公司、项目(或区、工程处、施工队,下同)、班组的三级安全培训教育,经考核合格后,方能上岗。

(1)公司安全培训的主要内容是:国家、省市及有关部门制订的安全生产的方针、政策、法规、标准、规程和企业的安全规章制度等。教育的时间不得少于 15 学时。

(2)项目安全培训教育的主要内容:工地安全制度、文明工地标准、施工现场环境、工程施工特点及可能存在的不安全因素等。教育的时间不得少于 15 学时。

(3)班组安全培训教育的主要内容:本工种的安全操作规程、事故案例剖析、劳动纪律和岗位讲评等。教育的时间不得少于 20 学时。

第三章　安全培训教育的实施与管理

第七条　实行安全培训教育登记制度,建筑业企业必须建立职工的安全培训教育档案,没有接受安全培训教育的职工,不得在施工现场从事作业或者管理活动。

第八条　县级以上地方人民政府建设行政主管部门制订本行政区域内建筑业企业职工安全教育规划和年度计划,并组织实施。省、自治区、直辖市的建筑业企业职工安全培训教育规划和年度计划,应当报建设部建设教育主管部门和建筑安全主管部门备案。

国务院有关专业部门负责组织制订所属建筑业企业职工安全培训教育规划和年度计划,并组织实施。

第九条　有条件的大中型建筑业企业,经企业所在地的建设行政主管部门或者授权所属的建筑安全监督管理机构审核确认后,可以对本企业的职工进行安全培训工作,并接受企业所在地的建筑行政主管部门或者建筑安全监督管理机构的指导和监督。其他建筑业企业职工的安全培训工作,由企业所在地建设行政主管部门或者建筑安全监督管理机构负责组织。

建筑业企业法定代表人、项目经理的安全培训工作,由企业所在地的建设行政主管部门或者建筑安全监督管理机构负责组织。

第十条　实行总分包的工程项目,总包单位要负责统一管理分包单位的职工安全培训教育工作。分包单位要服从总包单位的统一管理。

第十一条　从事建筑业企业职工安全培训工作的人员,应当具备下列条件:

(1)具有中级以上专业技术职称。

(2)有五年以上施工现场经验或者从事建筑安全教学、法规等方面工作五年以上的人员。

(3)以建筑安全师资格培训合格,并获得培训资格证书。

第十二条　建筑业企业职工的安全培训,应当使用经建设部教育主管部门和建筑安全主管部门统一审定的培训大纲和教材。

第十三条　建筑业企业职工的安全培训教育经费,从企业职工教育经费中列支。

第四章　附　　则

第十四条　本暂行规定自发布之日起施行。

2. 安全教育记录台账

安全教育记录台账见表 10.6。

表 10.6　安全教育记录台账

教育类别:三级安全教育(变换工种教育或其他类型教育)

姓名	性别	出生年月	工种	文化程度	家庭住址	入厂时间	受教育时间	教育内容	考核结果

3. 职工三级安全教育记录卡

职工三级安全教育记录卡见表 10.7。

表 10.7　职工三级安全教育记录卡

姓名:　　　　　　　　出生年月:　　　　　　　　文化程度:

部门:　　　　　　　　工　　种:　　　　　　　　入场日期:

家庭住址:　　　　　　　　　　　　　　　　　　　编　　号:

三级安全教育内容		教育人	受教育人
公司教育	进行安全基本知识、法规、法制教育,主要内容是: 1. 国家的安全生产方针、政策 2. 相关的安全生产法规、标准和法制观念 3. 本单位施工过程及安全生产制度 4. 本单位安全生产形势及历史上发生的重大事故及应吸取的教训 5. 发生事故后如何抢救伤员、排险、保护现场和及时进行报告	签名: 年　月　日	签名:

续表 10.7

| 工程处(队、项目)教育 | 进行现场规章制度和遵章守纪教育,主要内容:
1. 本单位施工特点及施工安全基本知识
2. 本单位(包括施工、生产现场)安全生产制度、规定及安全注意事项
3. 本工种安全技术操作规程
4. 高处作业、机械设备、电气安全基础知识
5. 防火、防毒、防尘、防爆知识及紧急情况安全处置和安全疏散知识
6. 防护用品发放标准及使用基本知识 | 签名:

年　月　日 | 签名: |
| 班组教育 | 进行本工种安全操作规程及班组安全制度、纪律教育,主要内容是:
1. 本班组作业特点及安全操作规程
2. 班组安全活动制度及纪律
3. 爱护和正确使用安全防护装置(设施)及个人劳动防护用品
4. 本岗位易发生事故的不安全因素及防范对策
5. 本岗位作业环境及使用的机械设备、工具的安全要求 | 签名:

年　月　日 | 签名: |

4. 安全教育记录

安全教育记录表见表 10.8。

表 10.8　安全教育记录表

教育类别:公司级教育(三级教育或其他类型教育)　　　　　　　年　月　日

主讲单位(部门)		主讲人	
受教育工种(部门)		人数	

教育内容:

　　　　　　　　　　　　　　　　　　　　　　　　　　记录人:

受教育者(签名):

5. 变换工种安全教育记录

变换工种安全教育记录表见表 10.9。

表 10.9 变换工种安全教育记录

原工种		变换工种		人数	

教育人签名		受教育 人签名	
教育时间			

注:特种作业人员变换工种须经市级有关部门重新培训考核发证。

6.周一安全教育记录

周一安全教育记录举例见表10.10。

表 10.10 周一安全教育记录

工程名称:　　　　　　　　　　　　施工单位:

年	月	日	星期	天气:

本周注意事项:

主讲人:

记录人:

10.5 班前安全活动资料编制

1.班前安全活动主要内容

(1)班组是施工企业的最基层组织,只有搞好班组安全生产,整个企业的安全生产才有保障。

(2)班组每变换一次工作内容或同类工作变换到不同的地点者要进行一次交底,交底填写不能简单化、形式化,要力求精练,主题明确,内容齐全。

(3)由班组长组织所有人员,结合工程施工的具体操作部位,讲解关键部位的安全生产要点、安全操作要点及安全注意事项,并形成文字记录。

(4)班组安全活动每天都要进行,每天都要记录。不能以布置生产工作替代安全活动内容。

2. 班前安全活动编写要点

(1)班前安全活动制度。见 3.(1)的具体内容。

(2)班组班前安全活动记录。根据工程中各工种安排的需要,按工种不同分别填写班组班前安全活动记录。工种主要有:

1)木工。

2)架子工。

3)钢筋工。

4)混凝土工。

5)瓦工。

6)机械工。

7)电工。

8)水暖工。

9)抹灰工。

10)油工。

11)其他班组。

3. 班前安全活动资料编制

(1)班组班前安全活动制度。

1)班组长应根据班组承担的生产和工作任务,科学地安排好班组班前生产日常管理工作。

2)班前班组全体成员要提前 15 min 到达岗位,在班组长的组织下,进行交接班,召开班前安全会议,清点人数,由班组长安排工作任务,针对工程施工情况、作业环境、作业项目,交代安全施工要点。

3)班组长和班组兼职安全员负责督促检查安全防护装置。

4)全体组员要在穿戴好劳动保护用品后,上岗交接班,熟悉上一班生产管理情况,检查设备和工况完好情况,按作业计划做好生产的一切准备工作。

5)班组必须经常性地在班前开展安全活动,形成制度化,并做好班前安全活动记录。

6)班组不得寻找借口,取消班前安全活动;班组组员决不能无原因不参加班前安全活动。

7)项目经理及其他项目管理人员应分头定期不定期地检查或参加班组班前安全活动会议,以监督其执行或提高安全活动会议的质量。

8)项目安全员应不定期地抽查班组班前安全活动记录,看是否有漏记,对记录质量状态进行检查。

(2)班组安全活动内容。

1)讲解现场一般安全知识。

2)当前作业环境应掌握的安全技术操作规程。

3)落实岗位安全生产责任制。

4)设立、明确安全监督岗位,并强调其重要作用。

5)季节性施工作业环境、作业位置安全。

6)检查设备安全装置。

7)检查工机具状况。

8)个人防护用品的穿戴。

9)危险作业的安全技术的检查与落实。

10)作业人员身体状况,情绪的检查。

11)禁止乱动、损坏安全标志,乱拆安全设施。

12)不违章作业,拒绝违章指挥。

13)材料、物资整顿。

14)工具、设备整顿。

15)活完场清工作的落实。

(3)班组班前安全活动记录。班组班前安全活动记录见表 10.11。

表 10.11　班组班前安全活动记录

工程名称：　　　　　　　　　　　　　　班组(工种)：

出勤人数		作业部位		月　　日　　星期	
工作内容及安全交底内容	工作内容： 交底内容：				
作业检查发现问题 及处理意见				兼职安全员：	
班组负责人			天气		

10.6　特种作业资料编制

1. 特种作业主要内容

特种作业的主要内容主要有：

(1)特种作业人员范围。特种作业范围：电工作业;锅炉司炉;压力容器操作;起重机械作业;爆破作业;金属焊接(气割)作业;机动车辆驾驶;登高架设作业等。

从事特种作业的人员,必须经过规定部门的培训,并持证上岗。

(2)特种作业人员条件。

1)年满十八周岁以上。但从事爆破作业和煤矿井下瓦斯检验的人员,年龄不得低于二十周岁。

2)工作认真负责,身体健康,没有妨碍从事本作业的疾病和生理缺陷。

3)具有本种作业所需的文化程度和安全、专业技术知识及实践经验。

(3)特种作业人员培训。

1)从事特种作业的人员,必须进行安全教育和安全技术培训。

2)培训方法为:企事业单位自行培训;企事业单位的主管部门组织培训;考核、发证部门或指定的单位培训。

3)培训的时间和内容,根据国家(或部)颁发的特种作业《安全技术考核标准》和有关规定而定。主要以本工种的安全操作规程为主,同时学习国家颁发的有关劳动保护法规,以及本公司的有关安全生产的规章制度。

4)专业(技工)学校的毕业生,已按国家(或部)颁发的特种作业《安全技术考核标准》和有关规定进行教学、考核的,可不再进行培训。

(4)特种作业人员复审。

1)取得操作证的特种作业人员,必须定期进行复审。

2)复审期限,除机动车驾驶按国家有关规定执行外,其他特种作业人员两年进行一次。

3)复审内容:复试本种作业的安全技术理论和实际操作;进行体格检查;对事故责任者检查。

4)复审由考核发证部门或其指定的单位进行。

5)复审不合格者,可在两个月内再进行一次复审,仍不合格者,收缴操作证。凡未经复审者,不得继续独立作业。

6)在两个月复审期间,做到安全无事故的特种作业人员,经所在单位审查,报经发证部门批准后,可以免试,但不得继续免试。

7)每次复审情况,负责复审的部门(单位)要在操作证上注目签章。

2.特种作业资料编制

资料整理要根据分工种编制的"特种作业人员名册登记表"的排列程序,依次整理特种作业人员上岗证复印件,并对应编排序号,以便于核实。

特种作业人员持证上岗必须实行动态管理;上岗证到期没有复审视同无证。

特种作业人员名册登记表见表10.12。

表10.12 特种作业人员名册登记表

序号	姓名	工种	所在单位	证号	进场时间

填表人:

10.7 安全资料的主要内容

资料是阐明所取得的结果或提供所完成活动的证据的材料,可以是纸张、图片、录像、磁盘等。安全资料是施工现场安全管理的真实记录,是对企业安全管理检查和评价的重要依据。安全资料的归档和完善有利于企业各项安全生产制度的落实和强化施工全过程、全方位、动态的安全管理,对加强施工现场管理,提高安全生产、文明施工管理水平起到经济的推动作用。有利于总结经验、吸取教训,为更好的贯彻执行"安全第一、预防为主"的安全生产方针,保护职工在生产过程中的安全和健康,预防事故发生提供理论依据。

安全资料主要包括以下几个方面:

1.前期策划安全资料

(1)××项目安全生产、文明施工保证计划。

(2)××项目危险源的辩识和风险性评价。

(3)××项目重大危险源控制措施。

(4)××项目安全生产责任制度。

(5)××项目安全生产检查制度。

(6)××项目安全生产验收制度。

(7)××项目安全生产教育培训制度。

(8)××项目安全生产技术管理制度。

(9)××项目安全生产奖罚制度。

(10)××项目安全生产值班制度。

(11)××项目消防保卫制度。

(12)××项目重要劳动防护用品管理制度。

(13)××项目生产安全报告、统计制度。

2.安全管理部分资料

(1)总、分包合同和安全协议。

(2)项目部安全生产责任制。

(3)特种作业的管理。

(4)安全教育的记录。

(5)项目劳动防护的管理。

(6)安全检查。

(7)安全目标管理。

(8)班前安全活动。

3.临时用电安全资料

(1)临时用电施工组织设计及变更资料。

（2）临时用电安全技术交底。

（3）临时用电验收记录。

（4）电气设备测试、调试记录。

（5）接地电阻的摇测记录。

（6）电工值班、维修记录。

（7）临时用电安全检查记录。

（8）临时用电器材合格证。

4. 机械安全资料

（1）机械租赁合同及安全管理协议书。

（2）机械拆装合同书。

（3）机械设备平面不止图。

（4）机械安全技术交底。

（5）塔吊安装、顶升、拆除验收记录。

（6）外用电梯安装验收记录。

（7）机械操作人员的上岗证书。

（8）机械安全检查记录

5. 安全防护资料

（1）施工中的安全措施方案。

（2）脚手架的施工方案。

（3）脚手架组装、升、降验收手续。

（4）各类安全防护设施的验收检查记录。

（5）防护安全技术交底。

（6）防护安全检查记录。

（7）防护用品合格证和检测资料。

10.8　安全资料的管理和保存

1. 安全资料的管理

（1）项目经理部应建立证明安全管理系统运行必要的安全记录，其中包括台账、报表、原始记录等。资料的整理应做到现场实物与记录符合，行为与记录符合，以便更好地反映出安全管理的全貌和全过程。

（2）项目设专职或兼职安全资料员，应及时收集、整理安全资料。安全记录的建立、收集和整理，应按照国家、行业、地方和上级的有关规定，确定安全记录种类、格式。

（3）当规定表格不能满足安全记录需要时，安全保证计划中应制定记录。

（4）确定安全记录的部门或相关人员，实行按岗位职责分工编写，按照规定收集、整理包括分包单位在内的各类安全管理资料的要求，并装订成册。

（5）对安全记录进行标识、编目和立卷，并符合国家、行业、地方或上级有关规定。

2. 安全资料的保存

(1)安全资料按篇及编号分别装订成册,装入档案盒内。

(2)安全资料集中存放于资料柜内,加锁并设专人负责管理,以防丢失损坏。

(3)工程竣工后,安全资料上交公司档案室保管,备查。

参考文献

[1] 国家标准. 建设工程施工现场消防安全技术规范（GB 50720—2011）[S]. 北京：中国计划出版社，2011.

[2] 行业标准. 建筑机械使用安全技术规程（JGJ 33—2012）[S]. 北京：中国建筑工业出版社，2012.

[3] 行业标准. 建筑工程冬期施工规程（JGJ/T 104—2011）[S]. 北京：中国建筑工业出版社，2011.

[4] 行业标准. 建筑施工门式钢管脚手架安全技术规范（JGJ 128—2010）[S]. 北京：中国建筑工业出版社，2010.

[5] 行业标准. 建筑施工扣件式钢管脚手架安全技术规范（JGJ 130—2011）[S]. 北京：中国建筑工业出版社，2011.

[6] 行业标准. 建筑施工模板安全技术规范（JGJ 162—2008）[S]. 北京：中国建筑工业出版社，2008.

[7] 行业标准. 建筑施工木脚手架安全技术规范（JGJ 164—2008）[S]. 北京：中国建筑工业出版社，2008.

[8] 行业标准. 建筑施工碗扣式钢管脚手架安全技术规范（JGJ 166—2008）[S]. 北京：中国建筑工业出版社，2009.

[9] 行业标准. 建筑施工工具式脚手架安全技术规范（JGJ 202—2010）[S]. 北京：中国建筑工业出版社，2010.

[10] 行业标准. 建筑施工起重吊装工程安全技术规范（JGJ 276—2012）[S]. 北京：中国建筑工业出版社，2012.

[11] 蔡禄全. 安全员实用手册[M]. 太原：山西科学技术出版社，2009.